KB098478

Randomized Controlled Trials for Experimental Study

임상실험을 위한
무작위 대조연구

임상실험을 위한
무작위 대조 연구

지은이 | 김지형
펴낸이 | 한기철
편집 | 우정은, 이은혜
디자인 | 사공예원
마케팅 | 조광재, 정선경, 최인호

2016년 10월 21일 1판 1쇄 박음
2016년 10월 31일 1판 1쇄 펴냄

펴낸곳 | 한나래출판사
등록 | 1991. 2. 25 제22-80호
주소 | 서울시 마포구 토정로 222, 한국출판콘텐츠센터 309호 (신수동)
전화 | 02-738-5637 · 팩스 | 02-363-5637 · e-mail | hannarae91@naver.com
www.hannarae.net

ⓒ 2016 김지형
published by Hannarae Publishing Co.
Printed in Seoul

ISBN 978-89-5566-197-2   93310

* 이 도서의 국립중앙도서관 출판예정도서목록(CIP)은 서지정보유통지원시스템 홈페이지(http://seoji.nl.go.kr)와 국가자료공동목록시스템(http://www.nl.go.kr/kolisnet)에서 이용하실 수 있습니다. (CIP제어번호: CIP2016023505)
* 불법 복사는 지적 재산을 훔치는 범죄 행위입니다. 이 책의 무단 전재 또는 복제 행위는 저작권법에 따라 5년 이하의 징역 또는 5000만 원 이하의 벌금에 처하거나 이를 병과할 수 있습니다.

머리말

초등학교 3학년, 처음 안경을 쓰게 되었을 때가 생각납니다. 어두웠던 칠판이 밝아진 느낌도 기억나고, 그런 저를 보며 무척이나 안타까워하시던 어머니의 모습도 기억납니다. 현미경으로 핸드폰 액정을 보면서 진짜 3원색으로 만들어졌다는 것을 같이 확인했던 아들과의 추억도 떠오릅니다. 이처럼 동일한 것이지만, 좀 더 자세히, 혹은 초점을 맞추어 관찰하면 놀라운 규칙을 발견하게 되곤 합니다. 여러 수치들 가운데서 규칙을 찾아내는 통계는 이와 비슷한 맥락에서 즐거움을 줍니다.

"Epidemiology is so beautiful and provides such an important perspective on human life and death, but an incredible amount of rubbish is published."

R. Peto라는 분이 한 말입니다. 정말 그렇습니다. 잘 사용하면 삶과 죽음을 통찰(通察)하는 통계(統計)가 잘못하면 마치 쓰레기통과도 같은 것이 될 수 있다는 사실에 책임감과 두려움을 느낍니다. 스마트폰이 누군가에게는 나침반이지만 누군가에게는 시야를 가려 사고를 일으키는 장애물이 될 수도 있듯이, 통계는 강력하지만 그만큼 책임이 따르는 학문이요 연구기법이라는 생각이 듭니다.

아직 통계에 대해서 공부하고 알아가는 중에 무언가 기록을 남긴다는 것은 두려운 일입니다. 의사들은 가끔 의학 관련 기사를 보고 '잘 알지도 못하면서……'라고 말합니다. 한편 환자들은 의사들의 말이 너무 어려워서 이해하기 힘들다고 합니다. 의학에 대해 잘 알면서 동시에 환자의 시야를 가진 사람이 필요하듯이, 통계와 의학을 이어줄 누군가가 필요하리라는 생각에 용기를 내어봅니다.

다행히 인터넷에는 많은 자료가 있고, 저명한 학자들이 알려주는 지식의 보고들이 있습니다. 저는 그저 그들이 이루어놓은 것을 초심자의 마음가짐으로, 가능한 한 쉽게, 가능한 한 정확하게 옮기기 위해 노력했습니다.

주 여호와께서 학자들의 혀를 내게 주사 나로 곤고한 자를 말로 어떻게 도와줄 줄을 알게 하시고 아침마다 깨우치시되 나의 귀를 깨우치사 학자들 같이 알아듣게 하시도다. (이사야 50:4)

저는 같은 연구자의 위치에서 그들의 마음을 이해하고 수고를 덜어줄 수 있는 연구자가 되고 싶습니다. 쏟아지는 데이터 속에서 '진실된 것은 무엇일까, 내가 보고 있는 것은 사실일까, 다른 착오는 없을까?'라는 어린아이 같은 호기심을 가지되, 어린아이 같은 미숙함은 범하지 않는 연구자가 되고 싶습니다.

많은 연구자들이 대학원에서 연구기법에 관한 공부를 하고, 통계도 그중 한 부분입니다. 이때 고급 통계기법보다 오히려 더 필요한 것은 연구의 기본적인 개념입니다. 이 책은 CONSORT를 중심으로 기본 개념을 충실하게 다루고 있어 대학원생들이 강의 시간이나 그룹 토의 시간에 교재로 활용할 수 있습니다. 또한 임상실험 연구와 논문을 쓰는 사람에게 필요한 개념뿐 아니라, 임상 논문을 읽을 때에 반드시 알아야 하는 개념들도 정리되어 있기 때문에 특히 논문 심사위원들이 정독하시기를 강력히 권합니다.

Maybe, now is a time to move over "Publish or Perish" to "Validate or Vanish."

CONSORT는 Consolidated Standards of Reporting Trialsd의 약자로서 무작위 대조 연구 논문에 보고해야 할 최소한의 양식을 공통적으로 정한 것입니다(an evidence-based, minimum set of recommendations for reporting randomized trials). 야구로 치면 마치 스트라이크와 아웃이 무엇인지를 정하는 규칙 같은 것이지요. 골목 야구가 아닌 다음에야 당연히 선수와 심판은 그 규칙대로 운동을 해야 하고, 관중도 그 규칙을 대충은 알고 있어야 재미있습니다. 우리가 골목 야구를 하겠다면 규칙을 임의로 바꿀 수도 있습니다. 시간이 없으니 3회까지만 하고, 어린이들은 스트라이크 6개면 아웃으로 하자, 뭐 이런 식으로 말이죠. 하지만 진짜 야구를 하려면 규칙이 필요하고, CONSORT는 그 규칙을 써둔 것입니다. 또한 이 규칙은 야구처럼 재미를 위해 만든 것이 아니라 인과성을 증명하기 위해 수학적으로 계산하여 만들어낸 규칙입니다. 그래서 이 책은 모든 연구자들에게 필요합니다. 이 책에 담긴 CONSORT가 야구의 규칙과 같다면, 모든 연구자와 논문 심사위원, IRB 위원들은 이 규칙을 꼭 숙지해야 할 선수와 심판이니까요.

물론 이 책에 단순히 CONSORT의 내용을 그대로 담은 것만은 아닙니다. 너무 당연하고 자연스러운 내용은 간략하게 다루거나 생략하고, 이해하기 어려운 부분은 CONSORT보다 더 자세히 다루기도 했습니다. 어느 정도 개념을 정리한 뒤에는 연구 계획, 즉 protocol에 관한 이야기를 하면서 SPIRIT 2013에 대해 다루었습니다. 그리고 한국적 토양에 맞추어서 한국형 protocol에 관한 이야기도 담았습니다.

모쪼록 이 책이 통계를 공부하는 연구자들에게 좋은 길잡이가 되기를 바랍니다.

2016년 가을, 김지형

차례

Ch1.
Primary Outcome
(end point)

primary outcome은 연구자가 가장 관심 있게 보고자 하는 결과입니다. 기능의 차이를 보고자 한다면, 기능 점수가 될 것이고 통증의 감소를 보고자 한다면, 통증 수치가 될 것입니다. 어떤 이들은 end point라는 말로 대신하기도 합니다. 같은 의미로 간주해서, 여기서는 outcome이라고 통칭하겠습니다. 우리말로는 '일차 유효성 변수', '주효과 변수'라고 하기도 합니다.

사실 이것에 대해서는 연구자들이 거의 모르는 바가 없습니다. 여기서는 그 이상의 것을 이야기하려고 합니다.

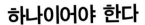

하나이어야 한다

Some trials may have more than one primary outcome. Having several primary outcomes, however, incurs the problems of interpretation associated with multiplicity of analyses (see items 18 and 20[1]) and is not recommended. (CONSORT 6a[2])

primary outcome은 (거의 대부분의 경우에) 하나이어야 합니다. 연구자는 간혹 한 번의 연구로 여러 개의 결과를 알게 되면 좋겠다는 생각을 합니다. '불안이 감소하는가'에 대한 연구를 할 때, 불안 척도가 여러 개 존재하고 각각 장단점이 있기 때문입니다. 어떤 척도는 유럽 쪽에서 많이 사용되고, 어떤 척도는 미국 쪽에서 많이 사용됩니다. 어떤 척도는 역사적으로 많이 사용되고 있지만, 최근에는 다른 척도가 점차 더 많이 사용되고 있기 때문에, 둘 다 측정하면 기존의 연구들과도 비교가 가능하고, 후속 연구와도 이어질 수 있을 것 같습니다. 또한 새로운 치료법이 하나의 효과만 있는 것은 아니기 때문에 여러 면에서 우수하다는 것을 증명하고 싶을 것입니다. 통증도 줄이고, 합병증도 줄이고, 회복 기간도 짧고, 기능도 좋다는 것을 한 번의 연구로 모두 증명하고 싶은 것입니다. 그렇지만, CONSORT에서는 하나를 권하고 있고, 대부분의 고급 논문들은 이를 지지합니다. 왜 그럴까요?

1_item이라는 것은 CONSORT의 item입니다. 여러 item이 있어서 직접 참고하면 더 많은 내용을 얻을 수 있습니다.

2_이런 표시는 CONSORT의 6a라는 item에서 따왔다는 뜻으로 이 책에서는 이렇게 표시하도록 하겠습니다.

먼저 비유로 설명하겠습니다. 1부터 20까지 적힌 주사위가 있습니다. 각 숫자가 나올 확률은 동일하므로 각각 5%의 확률을 가집니다. 나는 1이라는 숫자가 나오면 돈을 받기로 했습니다. 그렇다면 내가 돈을 벌 확률은 5%입니다.

만일 주사위를 두 개 던져서 하나라도 1이 나온다면 돈을 받는다고 합시다. 직관적으로 주사위 한 개만 던져서 1이 나오는 것보다 두 개를 던지고 한 번이라도 1이 나오는 조건이 더 유리하다는 느낌이 듭니다. 이때 내가 돈을 받을 확률은 얼마나 될까요?

이를 알기 위해서는 1번 주사위만 1이 나오거나, 2번 주사위만 1이 나오거나, 둘 다 1이 나올 확률을 계산해서 더하면 됩니다. 혹은 두 주사위 모두 1이 나오지 않을 확률을 계산해서 1에서 빼면 됩니다. 후자가 쉽겠군요.

$$1-(19/20)^2 = 9.75\%$$

9.75%라면 원래의 5%보다는 훨씬 큽니다. 이렇게 여러 개의 주사위를 던진다면 돈을 벌 가능성이 더 높아진다는 것은 계산으로도 알 수 있지만, 경험적으로도 대부분 알고 있습니다.

신약이 기존 약에 비해 우수한지 알아보는 실험을 할 때, 보통 유의수준으로 5%를 잡습니다. 이는 두 약이 차이가 없다고 하더라도 우연에 의해 차이가 있는 것으로 나올 확률이 5% 정도라는 것입니다. 즉 기존의 약과 별 차이가 없는 약이라 하더라도 우수한 것으로 인정받을 확률이 5% 정도는 있는 셈이지요[1].

다른 말로 하면, 제약회사 사장이 더 우수한 약물을 개발하지 않고 기존 약물과 똑같은 약을 만든 다음에 임상 실험을 20번 정도 하면 그중에 한 번은 차이가 있는 것으로 나올 확률이 있다는 뜻입니다. 또 40번 중에 한 번은 더 우수하다고 나올 것입니다. 이름만 달리하고, 포장만 달리해서 그렇다는 말이지요!

다시 우리의 주제인 primary outcome 이야기로 가서 생각해봅시다. 마치 주사위를 여러 개 던지다 보면 1이 나오는 주사위가 점점 많아지듯이, 여러 개의 primary outcome을 사용하면 그중에 어떤 outcome은 유의하게 나올 가능성이 많아집니다.

한 개의 주사위	한 개의 outcome
1이 나올 확률(약 5% 20면체 주사위라면)	p값이 0.05보다 작을 확률
여러 개의 주사위	여러 개의 outcome
그중에 몇 개는 1이 나온다.	그중에 몇 개는 p값이 0.05보다 나온다.

주사위와 조금 다른 점은 주사위의 눈은 각각 서로 독립적이지만, 여러 개의 outcome은 독립적이지 않기에 하나가 유의미하면 다른 것도 유의미할 가능성이 높을 수 있습니다. 완전히 독립적이라면 유럽식 우울증 척도에서는 유의미하더라도, 미국식 우울증 척도에서 유의미하게 나올 확률은 여전히 5%일텐데 실제로는 5%보다는 훨씬 높지요. 독립적이지 않다는 뜻입니다. 어쨌든 여러 primary outcome을 2개로 하면 우연에 의해 차이가 있을 확률이 9.75% 정도라는 뜻이 됩니다.

1_여기서, '두 약이 차이가 없다 = 귀무가설'이라고 부릅니다. 또 두 약이 차이가 없더라도 통계적으로 차이가 있다고 판단할 확률을 5%라고 한다면 '1종 오류가 5%이다'라고 말할 수 있습니다.

그 확률을 표로 나타내면 아래와 같습니다.

primary outcome 개수	유의수준을 5%로 정할 때 우연히 의미 있다고 나올 확률
2	9.750%
3	14.263%
4	18.549%
5	22.622%
6	26.491%
7	30.166%
8	33.658%
9	36.975%
10	40.126%
…	…
39	86.472%
40	87.149%
41	87.791%

만약 primary outcome을 여러 개 잡는다면 자신도 모르게, 의도치 않게 자신의 연구가 의미 있는 것처럼 보이게 할 수 있는 것이지요. 아예 primary outcome을 정하지 않고 여러 outcome을 측정한 뒤에 그중 의미 있는 것만 논문에 제시한다면 이 역시 비윤리적입니다. 마치 주사위를 여러 개 던진 뒤에 자기에게 맞는 것만 보여 주거나, 윷을 여러 번 던졌다는 말을 하지 않고, 그중에 잘 나온 것 하나만 말하는 것과 같은 셈입니다.

그렇기 때문에 primary outcome은 주사위를 던지기 전, 즉 연구를 시작하기 전에 어떤 척도를 보겠다고 미리, 그리고 하나만 정하고 던져야 합니다. CONSORT에서 권하지는 않지만, 굳이 2개 이상을 보고자 할 때 전체의 1종 오류가 증가하지 않도록 하는 방법은 뒤에서 다시 다루겠습니다.

시리얼 먹는 엄마가 남자를 낳는다?

그 예를 한번 찾아 볼까요?

You are what your mother eats: evidence for maternal preconception diet influencing foetal sex in human[1]

이 논문은 RCT는 아니고 관찰 논문인데 이런 식의 논문에서도 다중 검정의 문제는 역시나 존재하며, 많은 사람들이 이를 간과하곤 합니다. 제목이 상당히 자극적이고 기억에 잘 남을 것 같아서 이 논문의 예를 간략히 살펴보겠습니다.

England에서 무작위로 추출된 normal singleton pregnancies(쌍둥이 아님) 초기 임산부 740명 에게 전향적으로 초기 임신 기간의 식사를 적도록 하였습니다. 통계 방법에 보면 Given the multiplicity of testing, we interpreted p-values conservatively for individual nutrient items 라는 말이 언급되어 있습니다. 즉 다중성에 대해서 뭔가 고려를 했다는 것입니다. 저자들이 다중 검정의 문제를 모르지는 않았다는 뜻이지요. 어떻게 했는지 찾아볼까요?

Factor 1 score was a significant predictor of foetal sex preconception (Wald X2=6.74, p=0.00095), with male offspring being more frequent among women with high scores.

먼저 이런 말이 있네요. p=0.00095이므로 상당히 유의미한 결과군요. (대충 생각하면) Factor 1 점수가 높다면 남자 아이를 가지게 될 가능성이 상당히 높다는 결과입니다.

1_Mathews, Fiona, Paul J Johnson and Andrew Neil (2008). You are what your mother eats: evidence for maternal preconception diet influencing foetal sex in humans. *Proceedings of the Royal Society B: Biological Sciences.* 275(1643), 1661–1668. 무료로 볼 수 있는 논문이므로 한번 찾아보서도 좋습니다.

Table 2. Daily dietary intakes[a] by foetal sex.

	preconception		χ^2	p-value
	median (lower, upper quartile)			
	male foetus ($n=360$)	female foetus ($n=361$)		
energy (kcal)	2413 (1986, 2912)	2283 (1781, 2720)	4.80	0.029
total fat (g)	87.0 (70.7, 112.0)	85.5 (67.3, 106.2)	2.20	0.138
% energy from fat	33.5 (30.6, 37.0)	34.2 (31.0, 37.4)	0.59	0.441
protein (g)	95.9 (77.3, 113.9)	91.3 (73.7, 109.8)	7.25	0.007
% energy from protein	15.9 (14.3, 17.7)	15.7 (14.1, 17.6)	0.49	0.484
carbohydrate (g)	342 (281, 406)	323 (259, 384)	4.46	0.035
% energy from carbohydrate	52.8 (49.0, 56.1)	52.4 (49.0, 56.1)	0.08	0.784
vitamin C (mg)	111 (78, 72)	103 (72, 140)	2.29	0.130
vitamin E (mg)	8.0 (6.3, 10.4)	7.7 (6.0, 9.6)	2.75	0.097
β-carotene (μg)	1658 (998, 2564)	1479 (999, 2560)	0.00	0.975
retinol (μg)	469 (321, 888)	433 (302, 832)	0.14	0.708
vitamin B_{12} (μg)	7.2 (4.8, 10.9)	6.8 (4.5, 10.5)	0.02	0.875
folate (μg)	396 (321, 479)	367 (293, 460)	3.76	0.052
iron (mg)	14.6 (11.8, 18.3)	13.5 (11.1, 16.8)	4.14	0.042
zinc (mg)	12.0 (9.5, 14.9)	11.3 (9.1, 13.9)	4.45	0.035
sodium (mg)[b]	4267 (3445, 5105)	3944 (3226, 4807)	8.73	0.003
calcium (mg)	1246 (970, 1572)	1154 (905, 1437)	7.41	0.006
potassium (mg)	4630 (3952, 5492)	4342 (3646, 5190)	3.97	0.046

[a] Diet before conception was assessed using a food frequency questionnaire, and in early pregnancy using a 7-day food methodological differences, but good agreement is obtained for the ranking of subjects (see electronic supplementary mate
[b] Sodium intake is difficult to measure accurately with any dietary method due to variation between brands of processed f

Table 2에서 몇 가지 영양소들에 대해서 보여줍니다. 임신 전에 먹었던 단백질(p=0.007), sodium(p=0.003), calcium(p=0.006)을 포함하여 몇 가지가 0.05 이하입니다. 이것들은 모두 의미 있는 것일까요?

엄마의 상태(흡연 여부 등) 자료에 대해서도 자세히 조사하였습니다.

Table 3. Maternal characteristics and foetal sex.

	% (n) or mean [s.d.]			
	male foetus (n = 372)	female foetus (n = 368)	test statistic[a]	p-value
current smoker[b]	39.0 (145)	42.4 (156)	0.89	0.35
cigarettes yesterday (n)				
0	73.9 (275)	69.8 (257)	1.72	0.27
1–8	14.8 (55)	17.4 (64)		
9–16	8.6 (32)	9.2 (34)		
17 or more	2.7 (10)	3.5 (13)		
folic acid used prior to conception	34.4 (128)	34.2 (126)	0.002	0.96
education				
<O level	23.1 (86)	19.6 (72)	1.40	0.50
O level	51.1 (190)	53.5 (197)		
>O level	25.8 (96)	26.9 (99)		
age (years)	25.8 [5.0]	25.8 [4.9]	0.01	0.92
weight prior to conception (kg)[c]	62.8 [11.7]	62.6 [15.0]	0.06	0.80
weight at booking (kg)[d]	67.2 [12.5]	66.2 [12.3]	1.16	0.28
height (cm)	164.3 [6.5]	164.3 [6.6]	0.01	0.91
body mass index prior to conception (kg m^{-2})[c]	23.2 [4.0]	23.2 [5.3]	0.06	0.81
body mass index at first antenatal clinic (kg m^{-2})[d]	24.9 [4.3]	24.5 [4.3]	1.18	0.28

[a] Wald χ^2-test for continuous and categorical predictors in logistic models.
[b] Defined by self-report or by a serum cotinine concentration greater than 14 ng ml^{-1} in self-reported 'non-smokers'.
[c] Data missing from medical records for 18 (4.8%) mothers of boys and 11 (3.0%) mothers of girls.
[d] Data missing from medical records for 9 (2.4%) mothers of boys and 11 (3.0%) mothers of girls.

표에 의하면 엄마의 요인들은 p값이 대체로 큰 편이군요

We went on to test whether particular foods were associated with infant sex. Data of the 133 food items from our food frequency questionnaire were analysed, and we also performed additional analyses using broader food groups. Prior to pregnancy, breakfast cereal, but no other item, was strongly associated with infant sex (Wald X2=8.2, p=0.004). Women producing male infants consumed more breakfast cereal than those with female infants (figure 1). The odds ratio for a male infant was 1.87 (95% CI 1.31, 2.65) for women who consumed at least one bowl of breakfast cereal daily compared with those who ate less than or equal to one bowlful per week. No other foods were significantly associated with infant sex (given the multiplicity of testing, p≤0.01 was considered significant)

저자는 multiplicity에 대한 고려가 있었기 때문에 p≤0.01로 했는데, 사실 이렇게 많은 p값들을 조사했기 때문에 0.01도 부족한 셈이죠. 어쨌든 그들은 이런 기준으로 아침에 시리얼을 먹는 것이 유의하다고 평가하였습니다(p=0.004).

과연 그럴까요? 답은 '예'가 될 수도 있고, '아니오'가 될 수도 있습니다. 주어진 원자료로 다시 통계를 돌려보면 역시 똑같은 p값이 나올 것입니다. 통계 프로그램에 따라 유효숫자 처리에 의해서 아주 작은 수의 차이가 있을 수는 있지만 그 차이는 미미합니다.

그러면 앞으로 시리얼을 많이 먹는 엄마들은 유의하게 남자를 많이 출산하게 될까요? 이는 재현성에 관련된 이야기로, 정작 우리가 궁금한 것은 이러한 부분입니다. (이 결과가 앞으로 다른 엄마들에게도 똑같이 적용될 것이냐가 중요하죠.)

이 논문에 대해서 다른 분들이 어떤 이야기를 했는지 한번 찾아보죠.

Cereal-induced gender selection? Most likely a multiple testing false positive [1]

이 글의 저자들은 원 논문 저자들이 제시하였던 262개의 p값을 순서에 따라서 쭉 배열해보았습니다.

In addition, the p-value plot supports the conclusion that all the p-values are explainable by chance.

이런 p값들이 아마도 우연에 의해서 생겼을 가능성을 더 보여준다고 설명하고 있습니다.

우리도 동일한 실험을 한번 해볼까요? 만일 하나의 군, 즉 평균이 0이고 표준편차가 1인 무한히 큰 모집단에서 무작위 추출로 100개씩 1군과 2군을 뽑아서 p값을 조사해보기로 하죠. 당연히 한 집단에서 나왔기 때문에 두 군의 차이가 없을 것이 예상되고 p값도 0.05보다 클 것이 예상되죠?

1_Stanley Young, S., Heejung Bang, Kutluk Oktay (2009). Cereal-induced gender selection? Most likely a multiple testing false positive. *Proceedings of the Royal Society B: Biological Sciences*. 276(1660), 1211–1212. 역시 무료로 전문을 볼 수 있습니다.

	A	B	C	D
1	p	0.747055	③	
2	T	0.322975		
3	mean	0.012456	0.059683	②
4	sd	1.019868	1.047907	
5				
6	① 1	-2.31189	-0.33412	
7	2	1.665472	1.665233	
8	3	0.0503	-1.11508	
9	4	-1.40189	1.385789	
10	5	0.71925	0.80755	
11	6	-1.08299	2.541969	
12	7	0.020376	0.642438	
13	8	0.054736	-0.23688	
14	9	-0.58113	0.866106	
15	10	0.701163	-0.33972	
16	11	-1.05174	2.359301	
17	12	2.607674	-0.6982	
18	13	-0.85681	-0.50601	
19	14	-0.15117	0.559353	
20	15	-0.73166	1.050604	
21	16	-0.94081	0.402144	
22	17	-0.67334	-0.99954	

두 개의 군에 평균이 0이고, 표준편차가 1인 무작위 숫자를 100개씩 생성시킵니다①. 그 결과로 얻어진 평균과 표준편차가 위쪽에 보이는데 실제로 평균은 0에 가깝고, 표준편차도 1에 가깝습니다②. 이 값을 이용해서 t-test의 검정통계량 T와 이로부터 p값을 구했습니다③. 역시나 p=0.747로 통계적으로 무의미하다고 할 수 있습니다.

	A	B	C	D	E	F	G	H	I	J	K	L	M	N	O	P	Q	R	S
1	p	0.747055			0.157133			0.436131			0.866875			0.74302			0.924862		④
2	T	0.322975			1.420164			0.780325			0.167847			0.328315			0.094432		
3	mean	0.012456	0.059683		0.038928	0.23806		-0.04488	0.073166		0.079692	0.106618		-0.08476	-0.04004		-0.01881	-0.00564	
4	sd	1.019868	1.047907		0.952641	1.028867		1.158489	0.972765		1.26597	0.985325		0.976062	0.950089		0.961198	1.010722	
5																			
6	1	-2.31189	-0.33412		0.78014	0.355161		0.42986	0.419219		-0.90482	-1.16072		-2.68598	-0.84688		-0.502	-1.18917	
7	2	1.665472	1.665233		-0.4914	-0.3218		2.466697	-0.57678		-1.42053	2.011866		-0.96993	0.026592		-0.76306	-0.84984	
8	3	0.0503	-1.11508		0.053805	2.298744		1.386064	-0.22529		0.418336	1.723994		1.025073	1.688351		-0.81202	1.481624	
9	4	-1.40189	1.385789		-0.51722	0.417653		-1.04744	1.011682		0.953354	0.957322		0.696222	0.308005		-0.27967	-0.439	
10	5	0.71925	0.80755		1.251388	0.556293		-0.85123	-0.35335		1.688506	-0.20241		1.32605	-0.13073		1.02611	0.522004	
11	6	-1.08299	2.541969		0.386307	0.411874		-0.73707	-0.0883		0.882975	0.409351		-0.9331	0.220001		0.254787	-1.06078	
12	7	0.020376	0.642438		-0.77619	1.254702		1.313593	-0.0883		0.035679	-0.29608		-0.44223	0.8562		-0.88341	-0.04444	
13	8	0.054736	-0.23688		-0.76881	-0.76815		-0.44456	0.801304		0.349336	1.659687		-0.3648	-0.47662		-0.17829	2.544122	
14	9	-0.58113	0.866106		2.205489	1.301326		-1.62457	1.174433		2.278371	0.061699		1.421171	2.53639		0.830864	-0.08674	

이 실험을 6번 반복했더니, 그때마다 무작위 숫자가 생기고 그에 따라 6개의 p값이 생기는데 모두 0.05보다 큽니다④. 당연한(?) 일이겠지요.

	AL	AM	AN	AO	AP	AQ	AR	AS	AT	AU	AV	AW	AX	AY	AZ	BA	BB	BC
1	0.033608 ⑤			0.941556			0.212962			0.777796			0.70438			0.477928		
2	2.139638	0.073407					1.249486			0.282577			0.379963			0.710989		
3	0.181634	-0.12652		0.008178	-0.00277		0.065623	-0.12277		-0.05335	-0.01		-0.01782	-0.06947		-0.05442	0.048048	
4	1.007102	1.029562		0.971686	1.132233		1.056619	1.075624		1.122954	1.045347		0.956337	0.965928		0.937722	1.094501	
5																		
6	0.644237	0.792464		0.551683	0.165274		1.693437	0.388321		-1.22398	0.117873		-0.39228	0.247955		2.27152	0.056845	
7	0.63684	0.679643		-0.14755	0.230657		0.187273	1.540817		-1.49695	0.557925		0.873334	-0.83562		-0.97428	0.244629	
8	0.707119	2.100994		-1.06246	1.097533		0.608461	0.472111		0.002241	-0.44513		-0.64707	0.220687		-1.51901	-0.70576	
9	0.299676	-0.18718		-0.06759	0.386682		0.705753	1.639664		1.271918	-1.00742		0.354412	0.522823		-0.05949	0.180904	
10	2.240761	-0.34632		-1.49389	-1.49034		0.942083	-1.41196		-0.26285	1.110364		-0.50746	-2.2054		-0.4234	0.080097	
11	-0.18292	-0.48821		-0.38906	-1.69515		0.810531	-0.38484		-1.12831	-0.16253		0.154776	0.705567		-1.10914	-0.12771	

그런데 이 작업을 여러 번 반복했더니, 순전히 우연에 의해서 p값이 0.033으로 유의수준보다 낮게 나오는 경우가 생겼습니다⑤.

	A	B	C	D	E	F	G	H	I	J	K	L	M	N	O	P	Q	R	S
1	p	0.642364	⑥ 1		0.803723			0.002786 ⑦			0.904214			0.370653			0.763749		
2	T	0.46511			0.248865			3.028424			0.120495			0.897291			0.300976		
3	mean	-0.08021	-0.00667		-0.0058	-0.04058		0.107193	-0.35912		0.062964	0.046617		-0.04604	0.080451		0.004831	0.044392	
4	sd	1.08267	1.152539		0.935336	1.038116		1.149225	1.024809		1.028171	0.885003		1.044847	0.946282		0.954919	0.903244	
5																			
6	1	-0.8989	1.434806		0.015531	-0.44813		0.328091	0.884939		1.174839	-0.84332		-1.50264	0.458024		-0.41502	2.222	
7	2	-1.03728	-1.97207		-0.1071	0.387576		-1.15995	-1.12982		0.644197	-0.11651		-0.73686	-0.30403		0.479759	-0.34088	
8	3	0.284609	-0.92366		-2.10622	1.029994		-1.02615	0.146975		-0.14037	0.559108		-0.89092	-1.05104		-1.30387	0.431143	
9	4	-1.92751	0.688885		-0.35058	0.290784		-0.64645	-1.24993		3.904424	-0.27857		1.17147	0.742662		0.964216	1.617015	

노란 셀에 아무 숫자나 넣어보면⑥ 무작위 숫자가 새로 생기면서 p값이 계속 변하는데, 순전히 우연에 의해 p값이 0.0028이 되는 경우도 생깁니다⑦. 아니 이럴 수가!

이 경우를 조금 자세히 살펴보면 우연히 한쪽의 평균은 좀 크고(0.107) 다른 한쪽은 좀 작은(-0.36) 경우입니다. 이런 조건들이 우연히 맞아떨어지면 공식에 의해서 T값이 커지고 그에 따라 p값은 작아집니다.

그러면 두 집단의 평균은 차이가 없어야 하는데, 이렇게 무작위 추출을 반복하다보니 우연에 의해 p값이 0.05보다 작아질 확률이 5%입니다. 100번 중에 5번 정도인 셈이죠. 이런 경우는 1종 오류라고 부릅니다.

여러분도 이 실험을 직접 해보실 수 있습니다. http://me2.do/xNkFSBmE에서 직접 여러분의 실험을 해보시기 바랍니다.

다시 본래의 주제로 돌아와서, 여러 번 test를 하면 비록 모집단의 경우에 차이가 없더라도 우연에 의해 샘플의 p값이 작아질 확률이 발생합니다. 그러므로 하나의 모집단에서 무작위로 추출된 두 집단의 여러 항목, 예를 들면 나이, 키, 몸무게, 혈압, 혈당 등 다양한 항목을 측정해서 통계를 실행해보면 p값이 우연에 의해 매우 작아질 가능성이 증가합니다. 또 다중 회귀분석이나 logistic regression 등을 시행할 때도 여러 변수들을 한꺼번에 시행하면 역시 이러한 문제가 발생하게 됩니다.

그러므로 연구자는 이를 고려하여 p값의 유의수준을 조정해주거나 혹은 검토된 모든 p값을 제시함으로써 독자에게 이 결과가 다중성에 의한 우연임을 알려줄 필요가 있습니다. 독자 또한 $p<0.05$라 하더라도 우연에 의해 발생했을 가능성을 염두에 두고 받아들여야 합니다.

저보다 먼저 이런 엉뚱한 실험을 했던 사람들이 있습니다. 바로 피어슨이나 피셔, 고셋 같은 통계의 여명기에 있는 사람들입니다. 이런 분들을 어떤 이들은 빈도주의자(frequentist)라고 부릅니다. (빈도주의자들은 이상적인 주사위는 각 주사위의 값이 나올 빈도가 동일하다고 가정합니다.) 사실 이 실험은 p값의 정의와도 관련이 있습니다. p값은 귀무가설의 가정하에 동일한 한 집단에서 무한히 많은 두 집단을 뽑아서 이들의 차이를 배열해 놓았을 때의 순서와 관련된 것입니다.

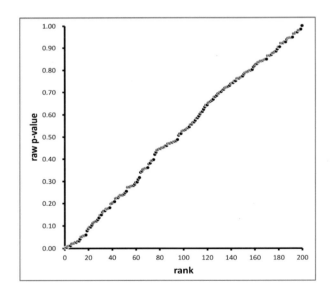

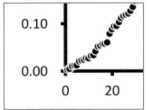

저는 지금 엑셀을 이용해서 실제 200쌍의 두 집단을 만들었고, 그것의 p값을 작은 값부터 큰 값의 순으로 배열해보았습니다. 그래프를 보면 거의 직선에 가깝다는 것을 알 수 있습니다. 계속해서 무한히 많은 쌍을 배열한다면 그래프는 직선이 될 것입니다. 오른쪽 그림은 그 귀퉁이를 확대한 것입니다. 이 그림에서 0.05보다 작은 p값들이 꽤 많이 있음을 알 수 있습니다. 200개 중에 약 10개가 있겠지요.

저는 직접 계산을 통해서 배열해보았지만, 선각자들은 순전히 머릿속으로, 펜으로만 계산해서 이렇게 p값의 개념과 숫자를 만들어냈습니다. 여기서 얻을 수 있는 결론은 수많은 p값을 얻어내다 보면 그중에 5% 정도는 유의미한 결과가 생긴다는 것입니다.

이 논문에서 또 주목하는 것은 당장 이런 시리얼과 성별의 관계보다도 그 앞에 나오는 역사적인 이야기 입니다.

> It has been long well-known, Cournot (1843), that multiple testing can easily lead to false discoveries when multiple hypothesis testing or comparisons are not adequately taken into account. Cournot commented, 'One could distinguish first of all legitimate births from those occurring out of wedlock, ⋯ one can also classify births according to birth order, according to the age, profession, wealth or religion of the parents.' Cournot goes on to point out that as one increases the number of such 'cuts' (of the material into two or more categories) it becomes more and more likely that by pure chance for at least one pair of opposing categories the observed difference will be significant.

프랑스어 논문이라 제가 읽을 수는 없지만, 영어로 된 인용 내용을 그대로 옮겨두겠습니다. Cournot은 1843년에 이미 여러 번 test하는 것이 false discovery의 위험을 높인다는 것을 이야기했습니다. 그리고 아주 똑같은 예를 들었지요. 출생과 관련한 예를 말이지요. 아래의 두 글도 원문 그대로 옮겨두겠습니다.

> Lest the reader thinks multiple testing is not important, we mention two historic examples. In the 1970s, many diseases were reported to be associated with an human leukocyte antigen (HLA) allele (schizophrenia, hypertension⋯ you name it!). Researchers did case-control studies with 40 antigens, so there was a very high chance, approximately 87 per cent, of at least one significant result in any study. Any result was reported without mention of the fact that it was the most significant of 40 tests (R. C. Elston 2008, personal communication). Westfall (1985) provided a solution to multiple testing for HLA analysis.

23

1970년대에는 HLA가 어떤 질병과 연관이 있는지에 관한 글이 많이 나왔습니다. HLA는 혈액형과 같이 모든 사람들이 가지고 있는 유전적 특징이며 혈액형보다는 훨씬 더 다양합니다. 고혈압이 어떤 유전형과 관련이 있는지를 살펴보면 40개의 유전형 중에 어느 하나라도 유의하게 보일 가능성이 높아집니다. 40개와 분석한다면 87%라고 하는군요(15쪽의 표 참조). 아마도 40개의 유전형과 몇 개의 질병을 조합하면 그렇게 되는 것 같습니다.

Another example is the reported association between reserpine (then a popular antihypertensive) and breast cancer. Shapiro (2004) gives the history. His team published initial results linking reserpine and breast cancer which were extensively covered by the media with a huge impact on the research community at the time. When the results did not replicate, he came to the conclusion that the initial findings were chance due to thousands of comparisons involving hundreds of outcomes and hundreds of different drugs under consideration. He hopes that we learn from his mistake. Given that the prevailing observational study paradigm is not to correct the multiple testing, Shapiro is indeed a brave admit and speaker against what he considers a bad practice.

또 다른 예가 당시(2004년)에는 유행했던 고혈압 약인 reserpine과 유방암의 연관성에 관한 것입니다. 이것은 미디어에 알려졌고 엄청난 영향을 미쳤습니다. 그러나 그 결과는 재현되지 못했습니다. 초기 연구 결과는 수백 종의 약물과 수백 종의 결과들 사이의 수천 번의 비교에 의한 것이었습니다.

이 이야기를 들으면 혹시 떠오르는 것이 없나요? 요즘 핫이슈인 빅데이터에는 혹시 이런 문제가 없을까요? 저는 빅데이터를 반대하지 않지만, 빅데이터를 분석함에 있어 이와 같은 다중 검정의 문제점을 충분히 고려해야 한다고 생각합니다.

사실 이 책의 주제는 multiplicity(다중 검정)가 아니므로 이쯤에서 정리하려고 합니다. 요약하면, "primary outcome은 거의 항상 한 개만 가능하다. 다른 논문에서 유의하다고 내린 결론이 진짜 유의할 수도 있지만, 다중 검정에 의한 착시 현상이었을 수도 있다. 다중 검정은 자기도 모르는 사이에 거짓말을 할 수 있는 비윤리적인 행위이다." 정도로 정리할 수 있겠습니다.

Why do we need clinical trials? Hormone replacement therapy.

History of clinical trials.　　　Intro to R. Simulations.

History of FDA. Phases of clinical trials in drug development

　　Design of dose-finding trials with toxicity endpoint

　　Design of dose-finding trials with toxicity endpoint (cont)

　　Methods for Phase 2 trials in non life-threatening diseases

Phase 1 trials in non life-threatening diseases. Phase 1 anticoagulant

Phase 2 trials, efficacy and toxicity outcomes

Phase 2 trials in oncology

Randomization: Simple; permuted block

Randomization; Response adaptive randomization; design-based

Phase 2 trials in non life-threatening diseases. Phase 2 CF example

Multiplicity (due to multiple endpoints, doses, subgroups)

Multiplicity

Phase 3 trials: regulatory considerations, e.g., ICH E9; end-of-phase 2

Sample size calculations

Sample size calculations

FALL BREAK

Multiplicity

Midterm

Regression to the mean; Use of baseline information

Covariate adjustment—parametric and nonparametric

Missing data methods; CAMP study

Crossover studies. Factorial design.

Bioequivalence, clinical equivalence, and non-inferiority trials

Sequential methods

Sequential methods

THANKSGIVING

Sequential methods

Data monitoring committees

Bayesian methods

외국의 한 통계학 교수님께서 자신이 학교에서 가르치는 한 학기 강의 제목을 보내주셨습니다. 30시간도 안 되는 강의 중에 3시간이 multiplicity에 관한 내용이었죠(한 줄이 한 강의입니다). 그만큼 중요한 주제임을 알려주셨습니다. 학생들도 아주 흥미롭게 듣는다고 하시더군요. 사실 카이제곱 검정은 어떻게 하고, t-test는 어떻게 하고, ANOVA는 어떤 것을 클릭하고 하는 이야기보다 훨씬 중요하고 기본적인 이야기인데, 이에 대해서는 많이 이야기되고 있지 않은 듯하여 안타깝습니다.

Primary outcome을 명확히 규정해야 한다

어떤 경우는 모수 검정을 해보거나 비모수 검정을 해보기도 하고, 연속변수를 명목변수로 전환하기 위해 적절한 구간으로 나누어서 분석하기도 합니다. 그냥 해보기도 하고, 교란변수를 교정하여 조금 더 복잡한 통계를 사용해보기도 합니다. 이것도 역시 앞에서 말한 것과 동일한 문제가 발생합니다.

Completely defined pre-specified primary and secondary outcome measures, including how and when they were assessed (CONSORT 6a)

그렇기 때문에 CONSORT에서는 이렇게 말하고 있습니다. 처치 후 몇 개월 시점에서 어떤 측정 도구를 이용해서, 누가 측정할 것인지를 명확히 규정하라는 뜻입니다.

3개월, 6개월, 9개월, 12개월 차례로 검사한 뒤에(보통 연구하지 않더라도 일반적으로 정기적으로 피험자를 추적하면서 조사하게 마련이므로), 그때마다 자료를 수집해두었다가 나중에 통계를 돌려 본 뒤에 의미 있는 변화가 6개월째에 발견되었다면 어떻게 간주할 수 있을까요? '초기에는 유의미한 결과가 없었는데, 어느 정도 회복한 뒤에 6개월부터는 의미 있는 차이를 보이게 되었다'고 말할 수 있을까요? 역시 앞에서 보았던 문제가 발생합니다. 여러 개의 주사위를 한꺼번에 던지는 것이 아니라 여러 번 주사위를 던지는 것과 같은 셈이죠.

A라는 검사법으로 검토했을 때는 차이가 없었는데, B라는 검사법으로 했더니 차이가 있으므로 B 검사법이 더 차이를 잘 보여주는 방법이고, 차이가 있다고 말할 수 있을까요? 역시나 같은 문제가 있습니다.

지금까지 설명했던 문제들을 통틀어서 multiplicity problem, 즉 '다중 검정의 문제'라고 번역할 수 있습니다.

다중 검정을 하게 되면 의미가 없는 것을 의미가 있는 것처럼 잘못 판단할 수 있습니다. 조금 유식한 말로 'type 1 error가 증가한다, 또는 alpha error가 증가한다'고 표현하기도 하는데 결국 같은 말입니다. 앞에서는 'false discovery가 증가한다'라고도 표현했는데 이 또한 같은 말입니다.

그렇기 때문에 항상 연구가 시작되기 전 미리 어떤 시점, 예를 들면 '수술 후 6개월 후(±2 주)에 A 검사법으로 잘 훈련된 사람이 측정하되 두 번 반복해서 평균하겠다' 등등의 구체적인 기록이 남아 있어야 합니다.

이것은 primary outcome뿐 아니라 secondary outcome도 마찬가지이며 총 몇 개의 outcome에 대해 조사할지, 어떻게 조사할지도 명확히 규정되어야 합니다. 그리고 primary outcome이 아닌 것은 secondary outcome이며, 거기에는 subgroup analysis 등도 모두 포함됩니다.

이런 경우도 생각해보죠. Primary outcome을 검토해보니 큰 차이가 없었습니다. 그래서 subgroup analysis를 해봅니다. 남녀를 구분해서 보니, 여자는 의미 있는 차이가 있습니다. 40 대 이상도 차이가 있습니다. 그러면 마치 새로운 발견을 한 양 기쁜 마음으로 전체적으로는 큰 차이가 없지만 여자와 40대 이상에게는 이 약물이 유용할 것으로 생각된다고 결론 낼 수도 있겠죠?

하지만 **그럴 수 없습니다.** 왜냐하면 subgroup analysis는 secondary outcome이기 때문에 그것을 믿을 수가 없으며, 여러 번 검사하기 때문에 발생하는 type 1 error의 증가 때문에 생긴 착시일 수 있습니다. 뭔가 찜찜한가요? '무시할 수 없는 차이'라고 반박하고 싶으실 것입니다. 진짜 그런지 확인해보기 위해서는 다시 여자, 또는 40대 이상을 primary outcome으로 잡고 연구를 계획해야 합니다. 이렇게 다시 새로운 연구를 하면 어떻게 될까요? 많은 경우에 의미가 없다고 나옵니다. 왜냐하면 착시이기 때문입니다. 그렇기 때문에 secondary outcome과 primary outcome과는 다르게 됩니다.

이 다중 검정의 문제는 국내서나 통계 강의 등에서 생각보다 많이 다루지 않는 것 같습니다. 심지어 조장하는 면도 있어서 통계 강의하는 사람들도 'subgroup analysis를 이렇게 해볼 수 있습니다', 't-test를 하다가 안 되면 결과변수를 구간으로 나누어서 카이제곱 검정을 해보세요.', 'interaction이 있다면 그것을 발견해서 이렇게 통계를 해보면 더 좋습니다', '카이제곱 검정을 했는데 이상이 없다면 Mantel-Haenszel test를 해서 혹시 차이가 있을 만한 변수를 통제해보세요' 등등의 이야기를 하는 것을 들은 적이 있습니다. 모두 다중 검정의 문제를 고려하지 않은 이야기입니다. (잘 계획되지 않은) 관찰 연구에는 탐색적으로 이런 저런 변수를 넣어보고, 구간을 적절히 나누어서 분석해볼 수도 있습니다. 그렇게 해서 다음에 이어질 계획된 연구의 기초 자료가 될 것입니다.

다중 비교가 ANOVA 등을 한 후에 사후 검정에서 쓰이는 용어로 이해하고 이때 p값을 조정해야 한다는 정도로 이해하는 경우도 있습니다. 사후 검정 역시 다중 비교의 한 영역이지만, 다중 비교 또는 다중 검정은 훨씬 광범위한 개념입니다.

Outcome을 정확히 기술하고 정확히 측정하라

When outcomes are assessed at several time points after randomisation, authors should also indicate the pre-specified time point of primary interest. For many non-pharmacological interventions it is helpful to specify who assessed outcomes (for example, if special skills are required to do so) and how many assessors there were.(CONSORT 6a)

언제 측정할지, 어떤 사람이 측정할지 명확하게 기술하라는 것은 단지 규칙이기 때문에 정해진 것이 아닙니다. 이는 연구자의 입장에서도 매우 중요합니다.

만일 분명히 차이가 있는 9cm 연필과 8cm 연필이 있다고 할 때, 이를 눈금이 10cm 단위인 자로 측정한다면 오차가 커서 둘 사이의 구분이 모호해질 수도 있습니다. 눈금이 1cm 단위로 된 자를 사용하면 더 정확하고, 1mm 단위라면 더욱 정확할 것입니다. 연속변수가 outcome인 경우 오차가 많다는 것은 분산이 더 증가한다는 뜻이므로 t-test를 하면 유의미하지 않게 나올 가능성이 커집니다.

ideal situation

		result		
		+	-	
exposure	+	40	160	200
	-	20	180	200
		60	340	400

real situation

sensitivity	0.9
specificity	0.9

52	148	200
36	164	200
88	312	400

명목변수로 측정될 때도 마찬가지입니다. 200명씩 두 군으로 나누어 실험했을 때, 한쪽은 20%, 다른 쪽은 10%의 발생이 있었다고 가정하면 이상적으로는 그림의 왼쪽과 같이 될 것입니다. 그러나 만일 민감도와 특이도가 90%인 검사법으로 검사했다면, 오른쪽의 table과 같은 결과가 될 것입니다. 계산식은 생략하겠습니다. 양성인 사람의 10%가 음성으로, 음성인 사람의 10%가 양성으로 바뀌게 되는 셈입니다.

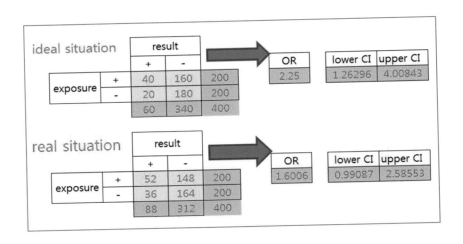

이상적인 경우에는 OR이 2.25가 되면서 두 군에 차이가 있는 결과가 되지만, 민감도, 특이도가 0.9인 경우는 OR이 1.6으로 낮아지고 통계적으로도 유의하지 않게 됩니다. 이것을 실제 상황과 적응시켜 본다면, 민감도, 특이도가 높은 검사 장비를 사용하거나, 숙달된 검사자가 검사하게 될 때는 유의하게 나와도, 그 반대의 경우에는 유의하지 않게 나올 수 있습니다. 그동안 많은 시간과 노력을 들여서 수술이나 약물을 투여했다고 하더라도 outcome을 측정하는 장비가 나쁘거나 , 숙달되지 않은 사람이 측정한다면 효과가 없게 나타날 수 있다는 뜻입니다.

만일 혈액 검사 등의 객관적인 검사라면 하루 중 시간에 따라 달라지기도 하고 식사에 따라 달라지는 면이 있을 수 있으므로 이에 대해서 변동성이 적은 시점을 알고 측정해야 합니다. 혈압을 측정하는 것과 같이 사람의 술기가 반영된 검사라면 숙련되지 않은 사람이 시행함으로써 발생하는 변동성을 최대한 줄여야 합니다. 현실적으로 피험자를 만나서 측정하는 일을 대학원생이나 레지던트 등이 하는 경우도 많은데, 되도록이면 숙지한 사람이, 정해진 대로 시행해야 변동성이 적어지겠지요.

설문조사라면 답하기 애매한 질문이나 중복되는 질문이 없이 답하기도 명확하고 측정하고자 하는 outcome에 합당해야 회수율도 좋아지고 변동성이 적어지게 될 것입니다. 회수율이 적어진다는 것은 나중에 다루게 될 ITT의 원칙에 크게 위배되는 것이므로 줄이기 위한 노력을 해야 합니다. 연구 수행자에게는 미리 예상되는 문제점을 극복하기 위한 방안을 적어 주고 숙지하도록 해야 합니다.

이런 점들을 잘 고려해서 가급적 측정이 용이하고 변동성이 적은 primary outcome을 선정하는 것도 좋겠습니다. 또한 선행 연구들과 비교하기 용이하도록 충분한 문헌 고찰이 병행되어야 합니다. 이런 변동성을 줄이기 위해 pilot study를 해보는 것도 좋겠지요.

Where available and appropriate, the use of previously developed and validated scales or consensus guidelines should be reported, both to enhance quality of measurement and to assist in comparison with similar studies. For example, assessment of quality of life is likely to be improved by using a validated instrument. Authors should indicate the provenance and properties of scales.

More than 70 outcomes were used in 196 RCTs of non-steroidal anti-inflammatory drugs for rheumatoid arthritis, and 640 different instruments had been used in 2000 trials in schizophrenia, of which 369 had been used only once. (CONSORT 6a)

이 부분도 살펴보면 좋겠군요. 자신만의 검사 항목을 사용하기보다 다른 연구자들이 사용했던 항목을 권장하는 것입니다. 우선 자신만의 검사 항목은 독창적일 수는 있지만 validation이 되지 않았을 가능성이 많으며, 다른 연구와 비교하기 힘들고, 앞으로 다른 연구에 적용할 수 있는 면에서 제한이 있을 수 있습니다.

한편 우리의 새로운 치료법이 outcome 중에서도 어떤 부분에 영향을 미치는지 고려해야합니다. 사과 농사에 좋은 새 방법이 사과의 당도를 좋게 하는지, 혹은 사과의 크기를 크게 하는지를 미리 아는 것은 연구 결과를 예측하는 데 아주 중요한 부분이 될 것입니다.

잠시 주제를 떠나서 연구 대상 population에 대해서도 생각해보죠. 우리의 새로운 방법이 사과의 크기를 크게 하는 데 도움이 된다고 가정해봅시다. 만일 사과와 오렌지와 배를 섞어서 연구를 한다면 분명 사과에는 조금 도움이 되겠지만, 오렌지와 배에는 별다른 차이가 없을 것입니다. 즉 population을 잘못 정함으로써 연구의 결과를 얻지 못하는 셈입니다. 그러므로 outcome을 명확히 정할 뿐 아니라, population도 명확해야 합니다.

만일 당뇨 치료제라고 할 때, 1형 당뇨에 효과가 있는지, 2형 당뇨에 효과가 있는지에 따라서 연구대상(population)을 정확히 정해야 합니다. 전반적인 혈당을 좋게 하는 것인지, 식사 직후의 당뇨를 좋게 하는지에 따라 언제 어떤 수치를 측정해야 할지가 달라집니다.

이런 점에서 선행 연구를 충분히 살펴보고, pilot test를 통해서 다시 확인하고, 우리 연구의 측정 장비가 연구에 나온 것처럼 비슷한 정도의 정확도가 나오는지, 연구원들은 측정에 충분히 익숙해졌는지 확인할 필요도 있습니다.

여러 가지 이유로 다국가 연구와 다기관 연구가 늘고 있습니다. 연구 센터 간에 population 에 대한 이해가 조금씩 다르고, outcome에 대한 이해가 조금씩 다르고, 측정 방법이 조금씩 달라진다면(같은 측정 방법도 기계가 달라지고 사람이 달라지므로) 연구 결과가 희석됩니다. 그렇기 때문에 사전에 충분히 교육하고, 연습하는 것이 필요합니다. 즉 prespecified라는 말은 연구 등록을 위해서나 IRB를 통과하기 위해서가 아니라 돈과 시간을 투자하는 연구가 가장 효과적으로 결과를 얻기 위해서 필요한 것이며, 단순히 장부상으로 규정할 뿐 아니라, 관계자가 숙지하여야 할 내용입니다.

샘플 수의 계산과 연구 계획

샘플 수를 계산할 때는 primary outcome을 이용해서 구하게 됩니다. 실제로 엉뚱하게도 샘플 수 계산은 다른 outcome으로 계산하고 (작은 숫자가 나오도록 하기 위해서인지) 결론은 그것과는 다른 outcome에 대해서 이야기하는 글을 본 적도 있습니다. 말도 안 되는 상황이지만, 왜 그렇게 하려고 하는지 짐작은 됩니다. 가능한 적은 샘플 수로 연구를 시작하고 싶은 마음 때문이겠지요. 적은 샘플 수로는 (할 수 있으면 좋지만) 연구의 결론을 내지 못하게 될 가능성이 크기 때문에 마냥 좋은 것이 아닙니다. 오히려 적은 샘플 수로도 연구의 결론이 날 수 있도록 미리 샘플 수를 계산해보는 것이 필수입니다.

예를 들어 기존의 약은 완치율이 50% 정도입니다. 그런데 우리가 실험할 새로운 약은 완치율이 60% 정도가 될 것으로 기대하고 있습니다.

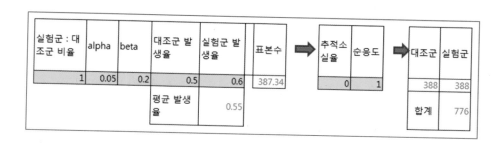

실험군 : 대조군 비율	alpha	beta	대조군 발생율	실험군 발생율	표본수		추적소실율	순응도		대조군	실험군
1	0.05	0.2	0.5	0.6	387.34		0	1		388	388
			평균 발생율	0.55						합계	776

샘플 수를 계산해보니 약 776명의 사람이 필요하군요. 만일 한 달에 10명 정도의 환자를 모을 수 있다면 77.6개월 즉 6년 반이 필요하고, 1년 후의 결과를 본다면 약 7년 반 후에 모든 결과가 모이겠군요. 이 정도면 시도할 만한 연구인가요? 충분히 가능하다면 차근차근 준비할 수 있을 것입니다. 만일 너무 오래 걸린다면 어떻게 해결할 수 있을까요? 어떤 연구자는 실험군의 성공률을 70% 정도로 올려서 계산해본다고 하더군요. 절대 안 될 일입니다. 실제 신약의 성공률이 그 정도가 안 될 경우에는 죽도 밥도 아닌 결과가 나오게 됩니다.

바람직한 해결 방법으로, 먼저 여러 연구자들과 합쳐서 피험자 숫자를 늘리는 방법을 생각할 수 있겠지요. 이런 이유 때문에 multicenter 연구가 활발합니다.[1] 또 primary outcome을 바꾸는 것도 생각해볼 수 있습니다. 새로운 약이 심혈관 질환자의 사망을 줄이는지 알고 싶지만, 심혈관 사망(death)보다는 심혈관 사고(cardiovascular accident)가 훨씬 더 빈번하게 일어나기에 바꾸어 계산해볼 수 있습니다.

실험군 : 대조군 비율	alpha	beta	대조군 발생율	실험군 발생율	표본수		추적소실율	순응도		대조군	실험군
1	0.05	0.2	0.1	0.05	434.43	➡	0	1	➡	435	435
			평균 발생율	0.075						합계	870

만일 death가 약 10%에서 일어나고 신약은 약 절반 정도 줄 것이 예상된다면 총 900명 가까운 인원이 필요할 것입니다. 심혈관 사고는 그보다는 많이 발생할 것이고, 그중에 일부는 death가 되며 일부는 응급조치를 잘해서 살 수 있을 것입니다. 어쨌든 심혈관 사고는 사망보다 높은 비율인 20% 정도로 발생하고 신약은 이를 절반 정도 줄인다고 예상하면 약 400명이 필요하겠습니다.

빈도가 많아지면 일반적으로 필요한 샘플 수가 줄어들 가능성이 큽니다. 골다공증성 골절을 예방하는 약물의 경우에 primary outcome을 고관절의 골절로 잡는다면 빈도가 적어서 효과를 확인하기가 쉽지 않습니다. 그래서인지 훨씬 빈도가 높은 척추 골절에 관한 연구가 많습니다.

어떤 경우에는 연구 세팅을 바꾸어서 matched로 바꾸면 샘플 수가 줄어듭니다만 정확히 matching하기가 어렵긴 합니다.

1_사실 multicenter 연구는 이런 이유뿐 아니라 지역에 따른 차이 등, 일반화의 문제와 관련한 다른 이유도 있겠지만, 우선 여기서는 샘플 수의 관점으로 생각해보겠습니다.

어쨌든 **샘플 수를 구하는 것은 연구의 첫 단계**입니다. 샘플 수를 구해야 전체 연구 기간과 비용, 인원을 예측할 수 있기 때문입니다. 그리고 이를 위해서 primary outcome을 미리 정해야 합니다. 머리와 종이로만 실험을 하는 것이지요. 그게 안 되면 primary outcome을 바꾸고, 다시 문헌을 조사하고 샘플 수를 계산하는 등등의 과정을 거치게 됩니다. 이런 과정을 몇 번 거치면서 결과적으로 연구 계획이 세워지게 되는 것입니다.

그리고 빠뜨릴 수 없는 것이 pilot study입니다. pilot study는 단순히 샘플 수를 계산하기 위한 전 단계가 아니라, 문헌에 나와 있는 대로 환자를 검사하고, 시술하고, 평가하는 모든 과정이 예상과 잘 일치하는지 검토하기 위한 것입니다. 또 대부분의 경우는 새로운 시술을 해보기 전에 연구자 스스로의 경험이 있기 때문에 어느 정도 pilot study가 되어 있는 경우도 많이 있습니다.

다시금 말씀드리지만, '샘플 수 계산'과 'primary outcome의 선정' 그리고 'pilot study'는 연구자를 괴롭히기 위해서 만들어진 것이 아닙니다. 또한 IRB를 통과하기 위해서 만들어진 절차가 아니고, 연구의 결과를 좋게 하기 위한 필수적인 과정입니다.

Reports of studies with small samples frequently include the erroneous conclusion that the intervention groups do not differ, when in fact too few patients were studied to make such a claim. Reviews of published trials have consistently found that a high proportion of trials have low power to detect clinically meaningful treatment effects. In reality, small but clinically meaningful true differences are much more likely than large differences to exist, but large trials are required to detect them. (CONSORT 7a)

제가 자주 드리는 말이자 빠뜨리지 말고 해야 할 말이 CONSORT에 분명히 있군요. 작은 수의 샘플인 경우에 잘못된 결론, 즉 두 군의 차이가 없다는 결론을 내곤 한다는 것이죠. 그런 결론은 비열등성 검정에서나 낼 수 있는 결론인데 말이죠. 충분한 숫자였더라면 다른 결론이 나왔을 법한 잘못된 논문이 상당수 있다는 것입니다.

> Results should be reported for all planned primary and secondary end points, not just for analyses that were statistically significant or "interesting." Selective reporting within a study is a widespread and serious problem. (CONSORT 17a)

앞서 '시리얼 먹는 엄마'의 예에서도 보았듯이 p값을 많이 구하는 것은 여러 에러가 생길 수 있는데, 그보다 더 심각한 문제는 여러 p값을 구해놓고, 그중에 한두 개의 의미 있는 것만 보고하는 것입니다. 그래서 자신이 해보았던 모든 p값은 원칙적으로 다 제시해야 합니다. 이유는 잘 아시겠지요?

독자들도 비판적인 시간을 가지고 p값을 보아야 합니다. 작은 p라 하더라도 우연에 의해서 생길 수 있으며, 여러 p값들 중 하나라면 다중 검정에 의해 더더욱 발생할 가능성이 많아진다는 것을 알아야 합니다. p값이 크다면 샘플 수가 커서 생긴 문제이지 두 군의 차이가 없다고 말하는 것은 잘못된 결론입니다.

샘플 수 계산의 이해

앞서 살펴보았듯이 샘플 수 계산은 매우 쉽고 단순합니다. 그런데 많은 사람들이 왜 그런 계산식이 나왔는지, 또 계산식의 의미가 무엇인지 이해하기 어려워합니다. 그래서 옛날 사람들이 머리와 펜으로만 계산했던 것을 따라서 우리도 실험을 해보겠습니다.

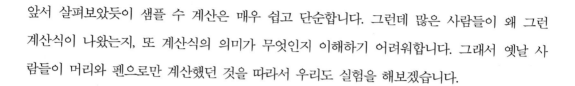

	A	B	C	D	E	F	G	H	I	J	K	L
1	1											
2												
3	p	0.270109261	❸		0.012419071			0.56501			0.12029	
4	T	1.119129751			2.624822246			0.5805			1.58926	
5	mean	0.217126172	0.56129	❷	-0.406690939	0.43696		0.09328	0.31797		-0.10556	0.3401
6	sd	0.897580531	1.04205		1.175622621	0.82705		1.26752	1.1789		0.95729	0.8101
7	mean diff		0.5	number	20	❶						
8	1	-1.173806953	0.12088	1	-1.796586495	1.95233	1	0.68863	1.37197	1	0.03793	1.43979
9	2	-0.241407953	1.37445	2	0.051945589	0.16067	2	0.32478	0.47536	2	-0.14847	1.08809
10	3	0.918580625	0.22734	3	-0.729442936	1.52943	3	1.76555	0.56917	3	-0.56885	-0.3198
11	4	-0.695203021	0.44507	4	-0.081262029	0.77474	4	-0.84167	0.41361	4	-1.9596	1.21518
12	5	1.526263263	-0.16187	5	0.11089749	1.36544	5	-2.18398	3.3723	5	-0.08316	-0.15955
13	6	-0.855214527	0.95285	6	0.784600998	1.48512	6	-1.21332	-0.44895	6	-0.30465	-0.58028
14	7	0.511263995	0.96924	7	-0.383839163	-0.36503	7	-1.53738	2.34057	7	-0.1624	0.82135
15	8	-0.796566919	0.75288	8	-2.200317094	-1.48374	8	0.34915	-0.6771	8	-0.19097	0.75421
16	9	0.891349176	0.35001	9	2.523658826	0.21773	9	1.42244	0.8966	9	-0.00612	0.56214
17	10	1.452108165	0.39939	10	0.658058223	0.6664	10	1.64466	-1.0657	10	-1.83901	0.17704
18	11	-1.231060911	1.63032	11	-1.46219304	0.72802	11	-0.1859	-0.34698	11	1.65738	-0.83189
19	12	-0.541840296	2.91505	12	-1.594161625	-0.21911	12	-0.61741	-0.03251	12	0.20475	0.36961

앞서 실험에서는 평균 0, 표준편차 1인 무한히 큰 하나의 모집단에서 100개씩 두 집단을 추출해서 t-test를 반복해보았습니다(20쪽 참조). 두 집단이 하나의 모집단으로부터 나왔다는 것, 즉 이것이 귀무가설이 됩니다.

이번에는 평균 0, 표준편차 1인 무한히 큰 하나의 모집단에서 20개를 추출하고, 평균 0.5, 표준편차 1인 무한히 큰 **다른** 모집단에서 20개를 추출하였습니다❶. 각 집단의 평균과 표준편차를 구하고❷ p값을 계산해봅니다. 분명히 **다른 두 집단**에서 추출한 것인데, p값은

0.2701…… 로 차이가 없게 나옵니다❸. 이런 무작위 추출을 1000번 반복하여 p값을 구해 봅시다.

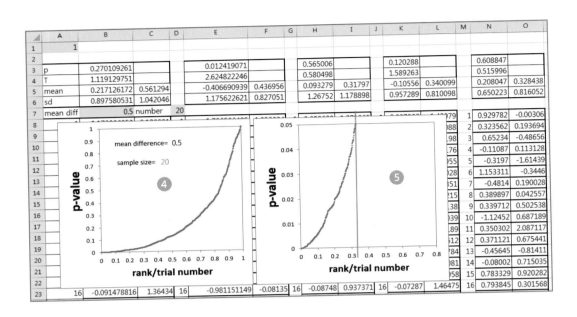

이렇게 구한 1000개의 p값(3행에 있는 값들)을 작은 것부터 큰 것까지 배열해보았고❹, X축 은 0.8까지, Y축은 0.05까지 부분을 확대해보았습니다❺. 0.05 이하인 p값이 약 33% 정도 (1000개 중에 330개)인 것을 ❺를 보고 알 수 있습니다. 이 말은 분명히 차이가 있는 두 모 집단으로부터 추출된 두 개의 표본 집단을 분석했을 때 약 67%의 경우는 차이가 없다 (p>0.05)고 판단할 것이라는 뜻입니다. 이것을 흔히 하는 말로 2종 오류(β error)라고 합니 다.

검정력(power)은 33%입니다. **power는 차이가 있는 두 모집단에서 각각 추출한 두 표본집단 을 차이가 있다고 말해줄 수 능력이므로 '검정력'이라고 합니다.**

20개보다 더 많은 샘플을 추출해 봅시다.

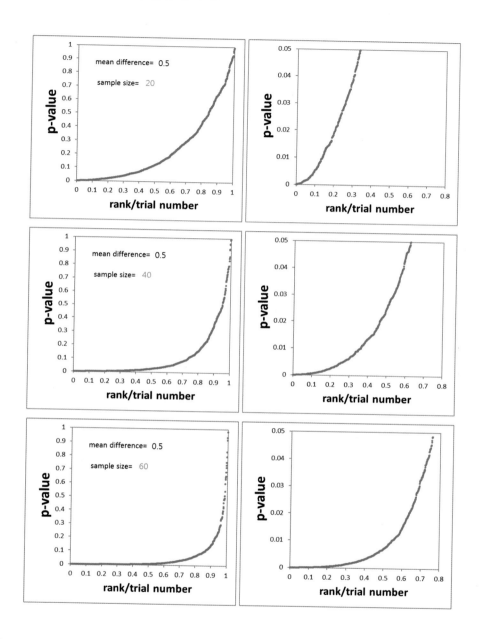

20개, 40개, 60개로 표본 집단의 숫자를 올려갈수록 점들은 조금씩 아래쪽으로 처지고, 60개가 되면 거의 80%에 가까운 점들이 0.05 이하로 내려옵니다.

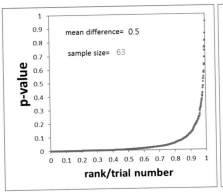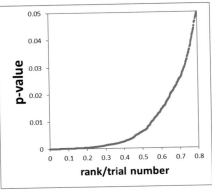

이제 샘플의 숫자를 63개로 했더니 거의 80%의 점들이 0.05 이하로 내려왔습니다. 다른 말로 하면 power를 80% 정도로 확보하려면 샘플 수가 63개 정도는 되어야 한다는 뜻입니다. 이것이 바로 샘플 수를 구하는 방식입니다.

실험군 : 대조군 비율	alpha	beta	표준편차	평균 차이	표본수
1	0.05	0.2	1	0.5	62.791038

샘플 수를 계산해보면 63명이 필요하다고 나옵니다. 1000개의 점(p값) 중에 800개의 점(p값)이 0.05 이하로 내려오도록 샘플 수를 점차 늘려 가는 방법 대신에 좀더 쉽게 수식으로 구한 것이 샘플 수를 구하는 공식입니다.

자, 이제 power에 대해서 이야기해봅시다.

여러분이 제약회사의 사장이라고 가정해보지요. 제약회사는 그동안 수많은 임상 전 실험을 해왔습니다. 그래서 **효과가 있는 약이라면 이번 임상실험에서 확실히 효과가 있다고 결과가 나와야 합니다.** 그동안 투자한 노력과 비용을 생각해볼 때 말이죠. 그렇다고 너무 많은 샘플을 잡는 것은 역시 비용이 많이 듭니다. 그래서 가급적 정확히 예상되는 평균과 표준편차를(또는 발생률을) 구하고 감당할 수 있는 가장 높은 power를 설정해서 샘플 수를 구합니다. 또는 샘플 수에 대한 예산이 정해져 있다면 power가 얼마나 나올 수 있을지 계산합니다. 제약회사 입장에서는 확실히 효과가 있다고 나오길 바라기 때문에 power를 90%라든지, 94% 정도로 높게 잡는 경우도 허다합니다. 이 말은 지금까지의 신약 개발을 위해 투자해 온 비용과 시간을 날려 버릴 확률이 10% 또는 6% 정도 된다는 뜻입니다. 이 가능성을 줄여야 하지 않을까요?

연구자의 입장도 크게 다르지 않습니다. 투자할 시간과 노력을 생각해볼 때, 확실히 차이가 있다고 나와주어야 하니, 그렇게 될 가능성은 얼마나 될지 미리 표준편차와 평균을(또는 발생률을) 가능한 한 정확히 알아보고 필요한 샘플 수를 계산해본 다음 연구를 진행하는 것이 필요합니다.

바람직하지 않은 습관을 한번 소개해보죠.

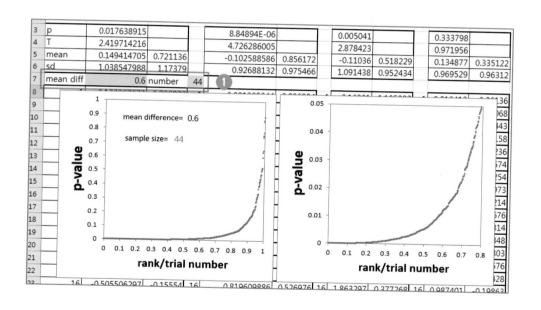

필요한 샘플 수를 줄이기 위해 아무런 근거도 없이 평균차이를 조금 늘려서 0.5에서 0.6으로 바꾸어봅시다. 필요한 숫자가 약 65명에서 45명으로 줄었습니다❶.

실험군 : 대조군 비율	alpha	beta	표준편차	평균 차이	표본 ❷
1	0.05	0.2	1	0.6	43.604887

샘플 수를 계산하는 공식으로도 동일하게 44가 계산됩니다❷.

이런 식으로 샘플 수를 좀 줄이기 위해서 예측 값을 조절한다면 IRB를 통과할 수는 있겠으나 결국 더 적은 수로 검정했으므로 연구 결과로 가설을 증명하지 못할 가능성이 더 늘어납니다. 만일 샘플 수 계산에서의 예측 값보다 실제 값의 차이가 작을 경우(이런 경우가 자주 있고 예제 230쪽에서도 보임) 결론 없는 연구, 즉 p>0.05가 될 가능성이 많아진다는 뜻입니다. 또 IRB에서 통과하지 못할 수도 있습니다. 왜 그렇게 근거를 잡았는지 제시하지 못한다면 말입니다. IRB가 제 기능을 한다면 그런 점을 지적해야겠죠

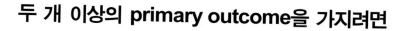

두 개 이상의 primary outcome을 가지려면

만일 정말 알아보고자 하는 것이 둘 이상이라서 primary outcome을 꼭 둘 이상으로 잡고 싶다면 어떻게 해야 할까요? 이런 경우에는 p값을 교정하는 방법을 사용할 수 있습니다. 이 부분에 대해서는 CONSORT에 자세히 나오지는 않습니다.

대표적인 방법인 Bonferroni 방법이나 Holm-Bonferroni 방법 같은 것들이 이미 개발되어 있습니다. http://statistics4everyone.blogspot.com/2016/04/multiple-p-values-bonferroni-holm.html에는 이에 대해서 자세히 설명해주었을 뿐 아니라, 실제 계산할 수 있도록 해두었습니다. 자세한 설명은 이 글을 읽어보시기 바랍니다.

order of		P value	compare to b	answer	compare to
1	1	0.0000149	0.0025	significant	0.0025
2	2	0.0004000	0.0025	significant	0.002631579
3	3	0.0007851	0.0025	significant	0.002777778
4	4	0.0011702	0.0025	significant	0.002941176
5	5	0.0015554	0.0025	significant	0.003125
6	6	0.0019405	0.0025	significant	0.003333333
7	7	0.0023256	0.0025	significant	0.003571429
8	8	0.0027107	0.0025	not significant	0.003846154
9	9	0.0030959	0.0025	not significant	0.004166667
10	10	0.0034810	0.0025	not significant	0.004545455
11	11	0.0070000	0.0025	not significant	0.005
12	12	0.0080000	0.0025	not significant	0.005555556
13	13	0.0090000	0.0025	not significant	0.00625
14	14	0.0091000	0.0025	not significant	0.007142857
15	15	0.0092000	0.0025	not significant	0.008333333
16	16	0.0093000	0.0025	not significant	0.01
17	17	0.0100000	0.0025	not significant	0.0125
18	18	0.0200000	0.0025	not significant	0.016666667
19	19	0.0400000	0.0025	not significant	0.025
20	20	0.0550000	0.0025	not significant	0.05
21					
22					
23					

Sheet1 | Sheet2 | Sheet3

실제 자신이 구한 여러 p값들을 노란 칸에 입력해봅시다. 단 작은 순서부터 큰 순서로 입력해야 합니다. 엑셀에서 정렬해서 붙여넣기 해도 됩니다. 이 그림에는 제가 실제 논문을 쓰면서 사용한 20개의 p값이 입력되어 있습니다. Bonferroni method에 의한 기준이 왼쪽에 보이는데, 모두 0.0025를 기준으로 하였고, 7개의 p값이 유의미한 것으로 보입니다.

그 오른쪽에 보이는 값들도 기준이 되는 값인데, 제일 아래의 것이 0.05이고, 그 위로 차례대로 0.05/2, 0.05/3, 0.05/4…… 이렇게 배열되어 있습니다. 이 값이 다음 쪽의 Holm-Bonferroni method와 Hochberg-Bonferroni method의 기준이 되는 것입니다.

여러 개의 p값을 입력하면 자동으로 그에 맞추어 기준이 되는 p값이 달라지도록 만들어져 있습니다.

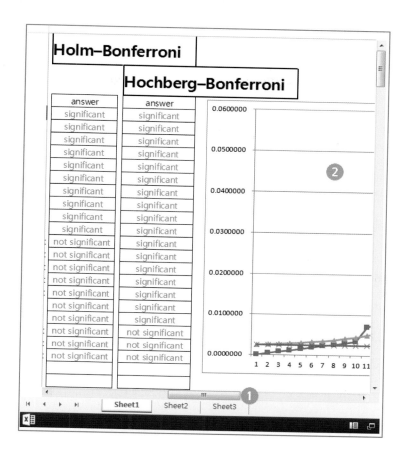

아래쪽의 스크롤 막대❶를 움직여 보면 오른쪽에 Holm-Bonferroni method와 Hochberg-Bonferroni method에 의한 결과들이 보이는데, 후자에서 더 많은 수의 p가 의미 있다고 보여집니다. 즉 Bonferroni method이 가장 보수적이고, Hochberg-Bonferroni method이 가장 덜 보수적입니다. Holm-Bonferroni method는 not significant한 것이 있으면 그 아래는 모두 not significant하게 됩니다. Hochberg-Bonferroni method는 significant한 것이 있으면 그 위는 모두 significant하게 됩니다. 오른쪽의 그래프❷를 보는 것은 블로그 내용을 참고하시기 바랍니다.

중간분석(intrim analysis)

앞서 잠깐 이야기했던 중간분석에 대해서도 알아봅시다. 하나의 outcome이지만, 여러 번 반복해서 분석하는 것입니다. 어떤 경우에 중간분석을 하게 되며 중도에 연구를 종결하는 이유는 무엇일까요?

확실한 차이가 있을 때(열등한 것을 계속 적용하는 것은 비윤리적), 확실히 차이가 없을 때(더 이상 연구비를 지불하는 것이 아까워서), 확실한 부작용이 있을 때(역시 비윤리적), 연구가 지지부진하거나 데이터의 질이 나빠서 연구를 계속하는 것이 시간 낭비이며 이 상태로는 결론내지 못한다고 생각될 때, 다른 연구에서 분명한 결론이 나서 연구를 계속할 의미가 없을 때 등이 있을 수 있겠지요.

중간분석의 경우도 역시 동일한 '다중 검정의 문제'가 발생합니다.

planned analyses		p-value threshold / Z threshold							
		Haybittle–Peto		O'Brien-Fleming		Fleming-Harrington-O'Brien	Pocock	
2	1	0.001	3.290	0.005	2.797		0.0294	2.178
	2 (final)	0.05	1.962	0.048	1.977		0.0294	2.178
3	1	0.001	3.290	0.0005	3.471		0.0221	2.289
	2	0.001	3.290	0.014	2.454		0.0221	2.289
	3 (final)	0.05	1.964	0.045	2.004		0.0221	2.289
4	1	0.001	3.290	0.00005	4.049	0.0067	0.0182	2.361
	2	0.001	3.290	0.0039	2.863	0.0083	0.0182	2.361
	3	0.001	3.290	0.0184	2.338	0.103	0.0182	2.361
	4 (final)	0.049	1.967	0.0412	2.024	0.0403	0.0182	2.361
5	1	0.001	3.290	0.00001	4.562		0.0158	2.413
	2	0.001	3.290	0.0013	3.226		0.0158	2.413
	3	0.001	3.290	0.008	2.634		0.0158	2.413
	4	0.001	3.290	0.23	2.281		0.0158	2.413
	5 (final)	0.049	1.967	0.41	2.040		0.0158	2.413

그런데 이 경우는 동일한 검사를 반복하기 때문에 각 검사가 독립되어 있지 않은 것이 명확하기에 약간 달리 접근해야 합니다.

여기에 대해서도 역시 이미 많은 해결책들이 있습니다. O'Brien-Fleming의 방법이나 Fleming-Harrington-O'Brien 방법이 대표적인 방법이죠. 앞의 표는 여러 방법을 한꺼번에 열거한 것입니다. 예를 들어 O'Brien-Fleming의 방법으로 총 3번의 검정을 하기로 했다고 하면, 첫 번째에는 0.0005, 두 번째는 0.014 세 번째는 0.045를 기준으로 p값을 판단해서 결정하게 됩니다(빨간 상자).

이렇게 하는 이유는 총 type 1 error를 5%로 통제하기 위함입니다. 첫 번째 test에서 샘플 수도 몇 개 안 되는 상황에서 p=0.0005가 되려면 심각한 정도로 차이가 있어야 합니다. 그만큼 매우 희박한 일입니다. 그렇기 때문에 단순하게 말하면 '중간분석은 하지 않는다.'라고 생각하는 것이 일반적입니다.

이처럼 초기에 연구를 중단하기 위한 조건을 까다롭게 하는 것은 그만큼 강력한 증거가 없다면 믿어주지 않겠다는 뜻입니다. 마치 범죄를 다루는 수사관이 본인의 자수와 CCTV나 지문 같은 확실한 증거가 나와야 수사를 중단하는 것과도 비슷하겠지요(그냥 비유일 뿐입니다). 또 다른 이유로 중도 절단을 하게 되면 그 약이나 치료법의 부작용을 충분히 검증할 기회를 버리게 되는 것이므로 그만큼 엄격하게 조절하는 것이지요

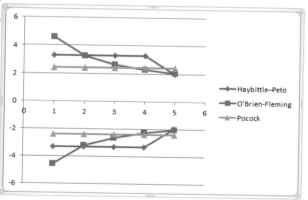

	Haybittle-Peto	O'Brien-Fleming	Pocock
1	3.29	4.562	2.413
2	3.29	3.226	2.413
3	3.29	2.634	2.413
4	3.29	2.281	2.413
5	1.967	2.04	2.413
1	-3.29	-4.562	-2.413
2	-3.29	-3.226	-2.413
3	-3.29	-2.634	-2.413
4	-3.29	-2.281	-2.413
5	-1.967	-2.04	-2.413

중간분석을 공부해보면 이런 그래프를 볼 수 있을 것입니다. 이것은 앞의 표에서 Z값을 추출해서 비교해본 것입니다. 5번의 분석을 한다고 할 때의 경계가 되는 Z값이 어떻게 되는지 비교하는 것이지요. Z값이 0보다 크거나 작을수록 p값은 작아지고, 유의하다고 결론나기가 어려워집니다.

초기에는 O'Brien-Fleming이 가장 어렵고, 나중에는 가장 쉬워진다는 것을 그림으로 금방 알 수 있습니다. 가장 쉬워지더라도 그 차이는 매우 작습니다.

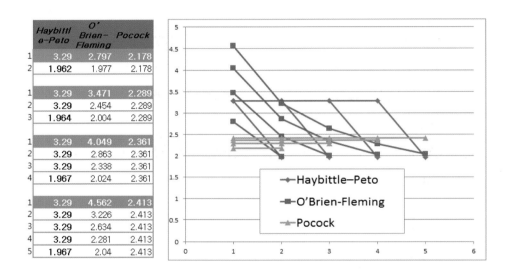

이런 표는 거의 보신 적이 없으실 텐데, 중간분석을 많이 할수록 더 엄격해진다는 것을 쉽게 알 수 있습니다. 그중에서도 특히 O'Brien-Fleming이 아주 가파르게 엄격하다는 것도 알 수 있습니다. 그만큼 더 보수적이고, 그래서 더 많이 사용되는지도 모릅니다.

어쨌든 실제로는 이렇게 중간분석에서 유의하게 나오는 경우는 드물다고 합니다. 중간분석에서 유의하게 나오지 않는 경우에는 오히려 최종에 가서야 유의성을 보게 되는데, 그 경우에는 유의수준이 더 작아지기 때문에 중간분석 없이 하는 전통적인 경우보다 더 어려워지는 셈입니다. 그러므로 유의하게 우수하다는 것을 증명하고 싶을 때 중간분석은 신중하게 고려되어야 합니다.

또 이와 같은 중간분석을 계획한다면, 더 많은 샘플 수를 필요로 합니다. 보통 샘플 수를 계산할 때는 끝까지 샘플이 모일 것을 예상하고 샘플 수를 계산합니다. 그렇지만 중간분석을 하게 된다면 샘플 수도 달라져야 합니다. 또, 언제 중간분석을 할지도 정해야 합니다.

제일 흔히 사용되는 O'Brien-Fleming 방법을 이용할 때의 샘플 수 계산을 해보겠습니다. 우리는 4번의 검사, 즉 3번의 중간분석을 하고, 4번째를 마지막 분석으로 한다고 할 때를 가정해봅시다. 단, α =0.05, β =0.20로 정한다고 합시다.

K	β=0.20 α=0.01	β=0.20 α=0.05	β=0.20 α=0.10	β=0.10 α=0.01	β=0.10 α=0.05	β=0.10 α=0.10
1	1.000	1.000	1.000	1.000	1.000	1.000
2	1.001	1.008	1.016	1.001	1.007	1.014
3	1.007	1.017	1.027	1.006	1.016	1.025
4	1.011	1.024	1.035	1.010	1.022	1.032
5	1.015	1.028	1.040	1.014	1.026	1.037
6	1.017	1.032	1.044	1.016	1.030	1.041
7	1.019	1.035	1.047	1.018	1.032	1.044
8	1.021	1.037	1.049	1.020	1.034	1.046
9	1.022	1.038	1.051	1.021	1.036	1.048
10	1.024	1.040	1.053	1.022	1.037	1.049
11	1.025	1.041	1.054	1.023	1.039	1.051
12	1.026	1.042	1.055	1.024	1.040	1.052
13	1.028	1.045	1.058	1.026	1.042	1.054
14	1.030	1.047	1.061	1.029	1.045	1.057

이 표에서 얻어진 값이 1.024입니다.

카이제곱 검정	실험군:대조군 비율	alpha	beta	대조군 발생율	실험군 발생율		샘플수
	1	0.05	0.2	0.6	0.75		151.87
				평균 발생율	0.675		

대조군은 60%, 실험군은 75% 정도의 성공을 예상해보았더니, 고전적인 방법으로 152명이 필요하다고 계산되었다고 합시다. 이 152에 앞에서 구한 1.024를 곱하여 얻은 값을 4로 나누어서 152*1.024/4=38.4≒39명을 계산합니다. 즉 39명이 되었을 때 1차 중간분석, 78명이 되었을 때 2차 중간분석, 117명이 되었을 때 3차 중간분석, 156명이 되었을 때 최종분석을 계획하게 됩니다. 최종분석까지 가게 될 경우에는 원래의 150명보다 더 많은 숫자가 필요하게 되는 셈입니다.

152 classic sample size							adjusted level								

K	$\beta=0.20$ $\alpha=0.01$	$\beta=0.20$ $\alpha=0.05$	$\beta=0.20$ $\alpha=0.10$	$\beta=0.10$ $\alpha=0.01$	$\beta=0.10$ $\alpha=0.05$	$\beta=0.10$ $\alpha=0.10$
1	152	152	152	152	152	152.000
2	77	77	78	77	77	78.000
3	52	52	52	52	52	52.000
4	39	39	40	39	39	40.000
5	31	32	32	31	32	32.000
6	26	27	27	26	27	27.000
7	23	23	23	23	23	23.000
8	20	20	20	20	20	20.000
9	18	18	18	18	18	18.000
10	16	16	17	16	16	16.000
11	15	15	15	15	15	15.000
12	13	14	14	13	14	14.000
13	13	13	13	12	13	13.000
14	12	12	12	12	12	12.000

2 →
0.005
0.048

3 →
0.0005
0.014
0.045

4 →
0.00005
0.0039
0.0184
0.0412

K	$\beta=0.20$ $\alpha=0.01$	$\beta=0.20$ $\alpha=0.05$	$\beta=0.20$ $\alpha=0.10$	$\beta=0.10$ $\alpha=0.01$	$\beta=0.10$ $\alpha=0.05$	$\beta=0.10$ $\alpha=0.10$
1	152	152	152	152	152	152.000
2	154	154	156	154	154	156.000
3	156	156	159	153	156	156.000
4	156	156	160	156	156	160.000
5	155	160	160	155	160	160.000
6	156	162	162	156	162	162.000
7	161	161	161	161	161	161.000
8	160	160	160	160	160	160.000
9	162	162	162	162	162	162.000
10	160	160	170	160	160	160.000
11	165	165	165	165	165	165.000
12	156	168	168	156	168	168.000
13	169	169	169	156	169	169.000
14	168	168	168	168	168	168.000

이 숫자를 쉽게 계산하기 위해서 만든 엑셀 시트입니다. 39라는 숫자가 계산되고, 오른쪽에는 다시 4번 반복하여 필요한 총 숫자(156)가 계산됩니다. 4명이 증가한다는 것을 쉽게 알 수 있죠. 이 파일은 http://cafe.naver.com/easy2know/6939에 첨부해두었습니다.

한번 생각해봅시다. 첫 중간분석에서의 p값이 0.0005보다 작아지려면 대체 어느 정도의 결과가 나와야 하는 것일까요?

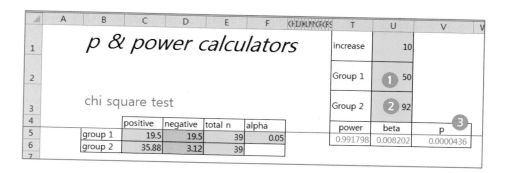

	positive	negative	total n	alpha
group 1	19.5	19.5	39	0.05
group 2	35.88	3.12	39	

increase	10	
Group 1	① 50	
Group 2	② 92	③
power	beta	p
0.991798	0.008202	0.0000436

하나의 예로, 대조군이 만일 50% 정도의 성공률을 보였다면❶, 실험군에서는 92% 정도의 성공률❷을 보여야 p=0.0000436 정도❸의 값을 보여줍니다. 만일 도무지 이 정도의 차이가 생길 것 같지 않다면 굳이 중간분석을 시도할 필요도 없지요.

그러면 4번 조사하는 것이 아니라, 3번 조사하는 것으로 조절해서 계획을 잡아봅시다. 첫 조사의 샘플 수는 52명이 나오고, 기준이 되는 p값이 0.0005이므로, 이렇게 될 수 있는 가능성을 한번 따져보기로 하죠.

p & power calculators

chi square test

	positive	negative	total n	alpha
group 1	26	26	52	0.05
group 2	43.16	8.84	52	

increase	10	
Group 1	50	
Group 2	83	
power	beta	p
0.956662	0.043338	0.0003638

83% 정도 성공률을 보인다면 p값이 0.0003638 정도 되므로 해볼 만하다고 생각된다면, 3번을 검정하는 방식으로 중간분석을 계획해볼 수 있습니다. 만일 이것도 도무지 안 될 것 같으면 2번 검정하는 것으로 하든지, 결국 중간분석 없이 하는 방법을 고려해야 합니다. 중간분석 등의 모든 과정도 사전 연구 계획서에 모두 기록되어야 하기 때문이지요.

이 모든 옵션들은 첫 피험자를 모으기 전에 연구 계획서에 기록되어야 합니다. 어떤 방법으로 언제 중간분석을 하기로 했는지 말입니다. 그리고 그 연구 계획서는 일반인들도 볼 수 있도록 공개된 사이트에 등록하도록 하고 있습니다. 한국의 cris.nih.go.kr라든지 미국의 Clinicaltrials.gov 등이 유명합니다. 임상연구의 등록(Clinical Trial Registry)에 대해서는 뒤에서 다시 다루도록 하겠습니다.

또 중간 분석은 단순히 유의한 결과가 나왔는지 보기 위한 것이 아니라, 목표한 숫자가 잘 모이고 있는지, 연구 참여자들이 충분히 숙지한 상태로 임하고 있는지, 검사는 제대로 이루어지고 있는지 등을 점검하기 위한 장치이기도 합니다. 예측하지 못한 부작용이 발생하지는 않는지도 확인할 수 있습니다. 중간분석 결과에 따라서 연구를 중단할지 말지, 누가 책임자로서 중단할 지도 연구계획서에 기록 되어야겠지요.

Trial Design

여기서 잠깐 Trial Design에 대한 이야기를 해야 할 것 같습니다. 사실 훨씬 앞(CONSORT 3a)에 나오는 내용이지만, 미리 이야기하면 더 혼돈을 줄 수 있을 것 같아 지금 간단히 이야기하겠습니다.

parallel은 흔히 보는 것이 이 디자인입니다. 한 사람에게서 나온 정보는 다른 사람의 정보와 완전히 독립되어 있고 전혀 영향을 미치지 않습니다. 보통의 경우 two parallel groups에 대한 연구가 권장됩니다. 무작위로 두 군으로 배정하고 치료를 적용하고 시간이 지난 뒤에 각 피험자로부터 결과를 얻는 방식입니다.

The main alternative designs are multi-arm parallel, crossover, cluster, and factorial designs. (CONSORT 3a)

multi-arm이라는 것은 3군 이상의 비교를 말하는 것입니다. crossover의 경우는 split-body와 마찬가지로 한 사람에게서 두 가지 결과(또는 그 이상)를 얻게 됩니다. 약물을 투여 후 결과를 얻고, 휴지기를 가진 뒤, 다른 약물을 투여 후 결과를 얻는 경우이죠. split-body는 오른쪽 다리와 왼쪽 다리에 다른 치료를 하고 그 결과를 얻는 것인데 역시 한 사람에게서 두 가지 결과를 얻게 됩니다.

factorial designs은 two-way ANOVA가 사용되는 그런 경우입니다. 혹자는 한번에 여러 가지를 볼 수 있어서 좋다고 생각하고 이를 권하는 통계책도 있지만 너무 고려할 것이 많아서 저는 선호하지 않습니다.

반대로 Pennstate 대학의 페이지(https://methodology.psu.edu/ra/most/factorial)에는 상당히 Factorial Designs을 옹호하는 글이 있습니다. 'Factorial Designs이 많은 샘플을 필요로 하는 것이 아니다, efficient하다.' 등등의 이야기가 나옵니다.

일반적으로는 이런 factorial design은 매우 조심해서 다루어야 하며 어떤 경우에는 오히려 비효율적일 수 있습니다.

cluster 디자인은 특별히 따로 다루고 있으므로, 별도로 취급해야 할 것 같습니다. 어떤 수술법이나 심장약은 주어지는 것도 개인적으로 주어지고, 결과도 개인에 따라 달라질 수 있습니다만, 어떤 처치는 집단에게 주어지고, 결과도 집단에 따라 달라집니다.

예를 들어 새로운 강의법은 class를 대상으로 시행되며, 교육의 효과도 class에 의해 좌우되므로 사람을 무작위 배정할 것이 아니라, 반을 무작위 배정하든지 혹은 학교를 무작위로 배정해야 할 것입니다. 기생충 질환을 포함하여 많은 전염병은 주위 사람에게 상호 감염될 수 있습니다. 새로운 기생충약이 효과적인지 보기 위해서는 한 지역을 통째로, 혹은 한 가정을 통째로 A약을 먹이거나, B약을 먹이는 것이 합리적입니다. 수돗물에 불소를 함유하는 것을 무작위 대조 연구로 실험하려고 하면 지역을 대상으로 할 수밖에 없습니다. 여기에는 여러 가지 다른 요인들이 관여합니다. 당장 윤리적인 문제가 발생합니다. 통계적으로 지금까지의 것과는 차원이 다른 접근이 필요합니다. 그러므로 CONSORT에서도 별도의 CRTs(cluster randomised trials)에 대한 extension을 마련하였고 이 책에서는 다루지 않습니다.

한편 비슷한 이름으로 Group Randomized Trials 혹은 Place Randomized Trials라는 용어도 쓰입니다.

Ch2.
Randomization

RCT, 즉 무작위 대조 연구의 꽃은 역시 무작위 배정이라고 할 수 있습니다. radomization (영국식 영어를 쓰는 CONSORT에서는 z 대신에 s를 사용합니다.), 또는 random allocation 이라고 합니다.

진정한 radomization을 통해서 우리는 특별히 보고자 하는 treatment의 효과를 제외한 다른 요인들(교란변수들)을 통제할 수 있게 됩니다. 알려진 교란요인뿐 아니라, 알려지지 않은 미지의 것들이 배정에 미치는 영향을 이 radomization을 통해서 통제할 수 있는 것입 니다.

흔히 생각하는 '무작위 배정' 중에 잘못된 것은 날짜에 따라 환자를 배정하거나, 차트 번호 에 따라 배정하는 것입니다. 이는 진정한 무작위가 될 수 없습니다. 또 방문한 순서에 따라 번갈아 배정하는 것도 다음에 올 환자가 어떤 치료를 받는지 모두 알려지게 되므로 무작위 배정이 아닙니다. 동전 던지기 등도 권장되는 방법은 아닙니다. 요즘은 당연히 컴퓨터가 제공하는 무작위 순서를 많이 사용하는데, 방법이 매우 단순하며 약간의 이해가 필요하므 로 함께 알아보도록 하겠습니다.

Simple randomization(단순 무작위 배정)

이것은 매우 단순한 방법입니다.

http://statistics4everyone.blogspot.kr/2016/03/randomization-why-and-how.html를 방문해볼까요?

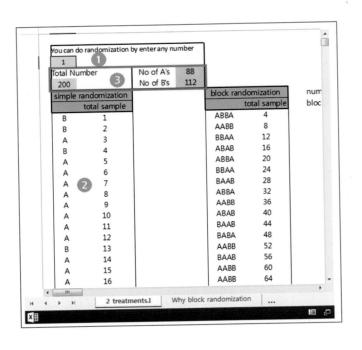

제가 만든 엑셀 시트를 인터넷에서 이용할 수 있도록 만든 블로그 글입니다. 1이라고 적힌
노란 칸에 아무 숫자나 넣으면❶ 아래쪽에 A와 B가 무작위로 생성됩니다❷. 오른쪽에는 숫
자가 나와 있으므로 필요한 숫자만큼 복사해서 사용하면 됩니다. 위쪽에 200이라고 쓴 칸은
총 200명의 샘플을 취한다고 할 때, A는 88명, B는 112명에게 배정되었다는 것을 보여 줍니
다❸. 이건 무작위로 배정되어 매번 달라집니다.

이렇게 무작위 배정은 순전히 무작위로 이루어지니까 매우 단순합니다. 그래서 단순 무작위
배정이라고 부릅니다.

그런데 위의 경우에서처럼 양 군에 배정되는 숫자가 일치하지 않는 경우가 허다합니다. 오히려 정확히 일치하는 경우가 더 적죠. 우리는 당연히 200명이라면 100대 100이 되길 기대하지만 이렇게 되는 경우는 생각보다 적습니다.

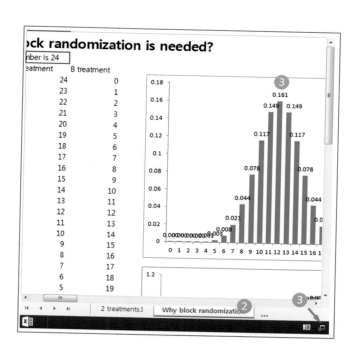

두 번째 시트❷를 클릭해봅시다. 이것은 24명을 2군으로 배정할 때 어떻게 배정이 되는지 그 확률을 보여주는 것입니다. ❸을 클릭하면 전체 화면으로 보여서 보기에 좋습니다. 우리가 기대하는 대로 12명씩 배치될 확률은 16.1%군요. 생각보다 작습니다. 11:13 또는 13:11로 배치될 확률은 이보다 작은 각각 14.9%입니다. 이것들을 합치면 모두 45.9%이군요. 그렇다면 그 나머지 약 56%는 10:14 이상으로 숫자가 불균형을 이룬다는 뜻이 됩니다.

이렇게 simple randomization으로는 양 군의 숫자 불균형을 해결할 수가 없습니다. 특히 이것은 전체 숫자가 적을 때 더욱 현저하게 발생합니다. 어떻게 해결할 수 있을까요? 첫 번째 생각할 수 있는 방법은 몇 번 반복 시행해서 양 군의 숫자가 비슷한 것을 고르는 방법입니다. 그것도 하나의 방법이겠지만, 학자들이 다른 방법을 생각해냈습니다. 바로 block randomization이라는 방법이지요.

Block randomization(블록 무작위 배정)

block randomization는 말 그대로 block을 randomization하는 것입니다.

예를 들어 AB 또는 BA를 무작위 배정하면 언제든지 짝수가 될 때마다 양쪽의 숫자가 동일하게 될 것입니다. 그런데 이렇게 AB 또는 BA로만 정하면 A가 나오면 항상 그 다음은 B라는 것을 알기 때문에 처치하는 사람은 다음 사람을 쉽게 예상할 수 있게 됩니다. 이것도 무작위 배정의 원칙에 위배되는 것입니다. 그래서 AABB, ABAB, ABBA, BBAA, BABA, BAAB, 이렇게 block의 크기를 4개로 해서 이 block을 무작위 배정하면 좀 더 알기 어려울 것입니다. 그리고 두 집단의 숫자 차이는 많아야 2 이상이 되지 않습니다.

물론 이것도 아주 예리한 사람은 짐작할 수 있지요. AA가 나오면 여지없이 그 다음은 BB겠구나 짐작하고 있다가 역시나 맞다고 생각한다면 말이지요. 그래서 이렇게 block randomization을 할 때도 block size는 숨겨야 하고 size를 여러 개 섞어서 사용하는 것이 더 좋습니다. 적절히 큰 size를 사용하는 것도 도움이 되고요.

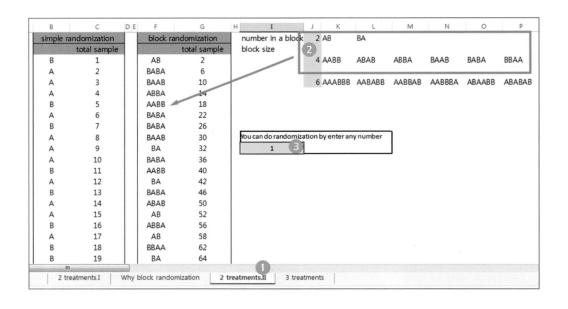

제가 만든 엑셀 시트의 세번째 것❶을 클릭해보면 block size가 2인 것과 4인 것을 무작위로 섞어서 만든 배열❷을 얻을 수 있습니다. 역시 ❸번 칸에 아무 숫자나 넣으면 그때마다 새로운 배열을 얻게 됩니다.

제가 만든 엑셀 시트를 사용할 수도 있지만, 사실 이것은 강의용으로 만든 것이고 http://randomization.com에 좀 더 실제적인 것이 있습니다.

Welcome to Randomization.com!!!
(where it's never the same thing twice)
There are now three randomization plan generators.

❶ e first (and original) generator randomizes each subject to a single treatment by using the method of *randomly permuted blocks*. Now with random block sizes!!!

March 29, 2013: A small problem with the code that has been corrected_. Its effect, if any, would be to interfere with reproducing a randomization plan when random block sizes were used, there were more block sizes (sizes, not blocks) than treatments, and many plans were generated at once. Otherwise, results should be unchanged. When there is only one block size, both version with random block sizes should produce the same results as the original generator, which allowed for only one block size. Click on the appropriate link to access the generator that was featured through August 2, 2007 or through March 29, 2013.

❷ second generator creates random permutations of treatments for situations where subjects are to receive all of the treatments in random order.

❸ third generator generates a random permutation of integers. This is particularly useful for selecting a sample without replacement.

이 사이트에서 먼저 ❶로 가보겠습니다.

Randomization Plans

Randomizing subjects to a single treatment

Treatment labels: (enter as many as necessary)

A_drug	B_drug	①	

Number of subjects per block/number of blocks: 2 / 10
Number of subjects per block/number of blocks: 4 / 10
Number of subjects per block/number of blocks: 6 / 10 ②
Number of subjects per block/number of blocks: / 1
Initial subject ID number 1

③ Generate Plan Help

To reproduce an earlier plan, enter its labels, numbers of subjects and blocks, and its seed

For additional help, contact HelpDesk@randomization.com
Return to Home Page

Last modified: 03/30/2013 00:36:10.

A약과 B약을 입력합니다❶. 만일 배치를 1:2로 하기 원한다면, B_drug을 두 번 넣으면 됩니다. 그다음에 block size와 개수를 입력합니다❷. 총 숫자를 지정할 수 있습니다. 그리고 generate plan❸을 클릭합니다.

```
113. A_drug_____
114. B_drug_____
115. B_drug_____
116. A_drug_____
117. A_drug_____
118. A_drug_____
119. B_drug_____
120. B_drug_____


            120 subjects randomized into blocks of
          4 4 6 6 4 2 4 6 4 2 4 6 4 6 2 2 6 2 4 2
                4 2 2 6 4 6 6 2 2 6
            To reproduce this plan, use the seed 72
     along with the number of subjects per block/number of blocks
     and (case-sensitive) treatment labels as entered originally.
     Randomization plan created on 2016. 3. 22. 오후 9:05:00
```

그러면 이렇게 배정의 결과가 나옵니다. 아래쪽에 날짜와 시간이 나오고 예상했던 것처럼 총 120명의 결과입니다. 이것을 복사해서 사용하면 됩니다.

> "Randomization sequence was created using Stata 9.0 (StataCorp, College Station, TX) statistical software and was stratified by center with a 1:1 allocation using random block sizes of 2, 4, and 6."

CONSORT 8a에 나오는 예제를 보면 어떤 식으로 표현되는지 알 수 있습니다. 위에는 Stata 라는 프로그램을 사용했고, block size는 2, 4, 6을 섞었군요.

> "Participants were randomly assigned following simple randomization procedures (computerized random numbers) to 1 of 2 treatment groups."

이것은 simple randomization을 했습니다. 이제는 이해하기도 쉽고 만들 수도 있겠지요? 이런 것은 연구와 독립된 사람이 만들고 그 내용은 연구가 끝날 때까지 비밀로 해야 합니다.

> Otherwise, the methods used to restrict the randomisation, along with the method used for random selection, should be specified. For block randomisation, authors should provide details on how the blocks were generated (for example, by using a permuted block design with a computer random number generator), the block size or sizes, and whether the block size was fixed or randomly varied. If the trialists became aware of the block size(s), that information should also be reported as such knowledge could lead to code breaking.(CONSORT 8a)

제가 길게 설명 드린 내용을 이렇게 간단히 요약하고 있군요.

위의 예제를 보면 stratified by center라는 말이 나오는데 이것이 무엇인지 알아보겠습니다.

Stratified randomization(층화 무작위 배정)

만일 어떤 중요한 변수가 결과에 영향을 미칠 것으로 예상된다고 해봅시다. smoking이 중요하다고 할 때 무작위 배정으로 하면 양 군에 동일한 숫자가 배정될 것으로 기대하지만, 순전히 무작위를 하면 앞서 보았듯이 약간 치우친 경우가 생길 수 있습니다. 보다 더 엄격하게 양 군에 smoking을 배정하고자 한다면 smoking을 층(strata)으로 간주할 수 있습니다. 즉일단 층으로 나눈 다음 그 안에서 무작위 배정을 하는 것입니다.

비유를 하자면 이런 것입니다. 축구 시합을 하는데, 22명을 11명씩 둘로 나눌 때 양쪽의 실력이 비슷하도록 한 팀의 여자와 남자의 숫자가 비슷하게 나눕니다. 이 경우에는 여자끼리 일단 둘로 나누고, 남자끼리 둘로 나눕니다. 그러면 양 팀에 여자 숫자가 같아지죠.

이와 같이 smoker용 무작위 배정표와 non-smoker용 배정표를 둘 다 만들어서(각각 배정표에는 앞서의 방법으로 A와 B가 비슷한 숫자로 들어 있겠죠) 각각을 사용하면 A군과 B군에는 smoker가 거의 동수로 배정될 것입니다.

이 경우 strata가 1개이지만 내용이 2개(smoker, non-smoker)라서 배정표는 2개가 필요합니다. 만일 내용이 3개인 strata가 있다면(Korean, Japanese, Chinese) 3개의 배정표가 필요하겠지요. 만일 strata가 둘이라면 어떻게 될까요? 즉, 흡연 여부와 민족 여부를 모두 통제하고 싶다면 총 몇 개의 배정표가 필요할까요?

그때는 총 6개가 필요합니다. 새로운 피험자가 오면 물어본 다음에 6개 중의 한 개의 배정 표 묶음을 선택하고 그중에 첫 번째 봉투를 열어서 배정 결과를 보게 되는 것이죠.

Authors should specify whether stratification was used, and if so, which factors were involved (such as recruitment site, sex, disease stage), the categorisation cut-off values within strata, and the method used for restriction. Although stratification is a useful technique, especially for smaller trials, it is complicated to implement and may be impossible if many stratifying factors are used. (CONSORT 8a)

제가 길게 설명 드린 내용을 간단히 요약하고 있습니다. strata가 많아지면 매우 복잡해지고, 각 strata당 배정되는 환자가 적어지기 때문에 보통 두 개 정도의 strata가 사용되고 그 이상 은 드뭅니다.

그리고 보통 multicenter study의 경우 center를 strata로 두는 경우가 많습니다. center가 중요 한 변수이기도 하고, 또 현실적으로 배정봉투를 공간적으로 다른 곳에 두어야 하기 때문이 기도 합니다. 나중에 concealment를 공부하게 되면 더 잘 이해할 수 있을 것입니다.

그 외 radomization

Welcome to Randomization.com!!!
(where it's never the same thing twice)

There are now three randomization plan generators.

1 first (and original) generator randomizes each subject to a single treatment by using the method of *randomly permuted blocks*. Now with random block sizes!!!

March 29, 2013: A small problem with the code that has been corrected*. Its effect, if any, would be to interfere with reproducing a randomization plan when random block sizes were used, there were more block sizes (sizes, not blocks) than treatments, and many plans were generated at once. Otherwise, results should be unchanged. When there is only one block size, both version with random block sizes should produce the same results as the original generator, which allowed for only one block size. Click on the appropriate link to access the generator that was featured through August 2, 2007 or through March 29, 2013.

2 second generator creates random permutations of treatments for situations where subjects are to receive all of the treatments in random order.

3 third generator generates a random permutation of integers. This is particularly useful for selecting a sample without replacement.

이 웹사이트가 나온 김에 다루도록 하겠습니다. 다음 **2**는 cross-over design에 적당한 것입니다. 한 사람에게 A_drug과 B_drug을 모두 투여하되, 'A_drug + 휴지기 + B_drug' 또는 'B_drug + 휴지기 + A_drug'의 순서는 무작위로 배정되도록 하는 것이지요. 만약에 약물이 A, B, C 세 종류라면 순서가 좀 복잡해집니다. ABC, ACB, BAC, BCA, CAB, CBA, 이렇게 순서가 정해집니다.

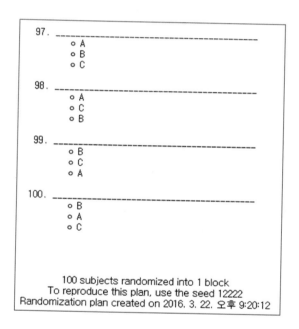

총 3개의 약물을 투여한다고 하여 A, B, C를 넣었습니다❶. 총 환자 숫자도 입력합니다❷.
그 다음 generate plan을 클릭하면,

이렇게 결과물이 나옵니다. 즉 100명의 사람에게 이런 순서로 투약하게 될 것입니다.

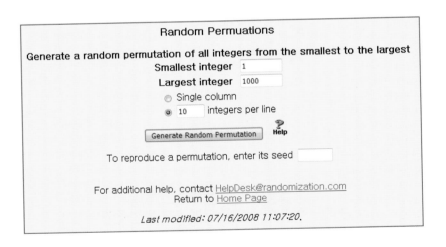

Welcome to Randomization.com!!!
(where it's never the same thing twice)

There are now three randomization plan generators.

1 first (and original) generator randomizes each subject to a single treatment by using the method of *randomly permuted blocks*. Now with random block sizes!!!

March 29, 2013: A small problem with the code that has been corrected*. Its effect, if any, would be to interfere with reproducing a randomization plan when random block sizes were used, there were more block sizes (sizes, not blocks) than treatments, and many plans were generated at once. Otherwise, results should be unchanged. When there is only one block size, both version with random block sizes should produce the same results as the original generator, which allowed for only one block size. Click on the appropriate link to access the generator that was featured through August 2, 2007 or through March 29, 2013.

2 second generator creates random permutations of treatments for situations where subjects are to receive all of the treatments in random order.

3 third generator generates a random permutation of integers. This is particularly useful for selecting a sample without replacement.

❸도 한번 클릭해봅시다. 이것은 사실 이 책의 전체 내용과는 크게 관련이 없습니다만, 웹 페이지에 나와 있는 메뉴이므로 알아보겠습니다.

Random Permuations

Generate a random permutation of all integers from the smallest to the largest

Smallest integer `1`

Largest integer `1000`

○ Single column

◉ `10` integers per line

[Generate Random Permutation] **?** Help

To reproduce a permutation, enter its seed `_____`

For additional help, contact HelpDesk@randomization.com
Return to Home Page

Last modified: 07/16/2008 11:07:20.

1부터 1000까지의 숫자를 무작위로 배치하려는 것입니다. 1번부터 1000명까지의 피험자 중에서 100명을 무작위로 추출하려고 할 때 좋습니다.

```
A Random Permutation
        from
http://www.randomization.com

Read this way ---->
888 376 22 621 578 387 698 611 440 727
940 587 840 949 68 378 505 165 169 568
643 687 23 743 73 188 245 721 338 739
91 24 386 952 670 61 405 171 192 885
560 159 408 356 311 608 679 527 630 559
901 443 246 529 625 673 173 285 332 834
855 696 112 481 476 700 612 350 57 790
538 745 780 21 781 428 84 785 416 429
770 531 363 140 584 728 691 19 570 86
597 868 877 812 55 250 650 474 296 359
881 5 690 148 244 706 70 167 841 530
845 674 127 509 651 715 595 450 121 850
178 161 510 381 989 787 965 125 838 825
663 116 756 788 675 200 242 277 933 899
970 197 846 340 304 657 187 123 267 265
539 573 640 887 266 738 283 801 351 274
291 208 886 160 761 100 922 821 278 137
63 117 995 986 763 789 976 826 302 82
```

이렇게 만들어진 숫자 중에 앞에서 100까지의 숫자를 이용하면 100명을 무작위로 추출할 수 있습니다.

사실 이 경우의 샘플은 웹페이지보다 엑셀을 이용하는 것이 더 좋습니다. 엑셀에도 무작위 수를 만드는 함수가 있는데, =RAND()를 입력하면 0부터 1까지의 무작위 수를 생성합니다. 이 수를 생성시킨 뒤에 그 수의 값만 복사하여 붙여 넣고 정렬하면 무작위로 배열됩니다. 그 다음 100개를 뽑으려면 위에서 100개를 고르면 됩니다. 저는 엑셀을 이용한 방법을 선호합니다.

보통의 경우에는 자료가 적지만, 어떤 경우에는 너무 많은 데이터가 있어서 오히려 과적합의 문제가 발생하게 되고, 예측 모형을 만들기 위해 3000개 정도 되는 자료 중에서 약 800개를 추출해야 하는 등의 경우가 생길 수도 있습니다. 이때 웹페이지에서 만든 번호를 골라내려면 매우 복잡합니다. 차라리 3000개의 자료를 무작위로 재배열시킨 뒤에 위에서 800개를 골라내는 방법이 더 간단합니다.

통계 강의를 할 때도 가끔 사용되죠. 실제 자료가 너무 많아서 강의할 때 손쉽게 사용할 수 있도록 이런 식으로 추출해서 작은 예제 파일을 만드는 데 유용합니다.

Concealment(은닉 또는 숨김)

무작위 배정된 것을 최후의 순간까지 잘 숨기는 문제는 매우 중요합니다.

The allocation concealment should not be confused with blinding (see item 11). Allocation concealment seeks to prevent selection bias, protects the assignment sequence until allocation, and can always be successfully implemented. In contrast, blinding seeks to prevent performance and ascertainment bias, protects the sequence after allocation, and cannot always be implemented. Without adequate allocation concealment, however, even random, unpredictable assignment sequences can be subverted. (CONSORT 9)

concealment(숨김)와 blinding(가림)은 혼동하지 말아야 한다고 마침 CONSORT에서도 설명하고 있군요. 철자는 다르지만, seal(봉투)과 concealment(숨김)는 관련이 있습니다.

	Randomization	concealment	blinding
시기	연구가 시작되기 전 완전히 끝난다. 그 결과는 숨겨진다.	Treatment가 시작되기 직전에 개별적으로 끝난다.	분석 결과가 나올 때까지 혹은 그 이후에도 유지된다.
필수성	RCT에서 항상 이루어진다. 가능하다.	RCT에서 항상 이루어진다. 가능하다.	중요하지만 항상 가능하지는 않다.
방법	Simple, block……	봉투, 전화, 인터넷……	Single, double……

이렇게 표로 정리하면 이해하기 쉬울 것 같군요. 뒤에 한번 더 blind에 대해 배우면 더 이해하기 쉬울 것입니다. 이해를 돕기 위해 예를 들어 설명해보겠습니다.

"The doxycycline and placebo were in capsule form and identical in appearance. They were prepacked in bottles and consecutively numbered for each woman according to the randomisation schedule. Each woman was assigned an order number and received the capsules in the corresponding prepacked bottle." (CONSORT 9)

독시사이클린과 위약은 모양으로 구분이 안 되게 똑같이 만들었고, 미리 만들어둔 무작위 배정표에 따라 순서대로 번호가 붙은 병에 넣었습니다. 그리고 피험자에게 그 순서대로 병을 지급하게 됩니다. 이렇게 병에 넣은 사람은 연구와 독립된 사람(A)으로 이 병들을 의사 또는 간호사(B)에게 전달하는데 (B)는 겉모양만으로 이것을 판단할 수 없습니다. **여기까지가 concealment의 과정입니다.**

환자(C)는 무슨 약인지 잘 모르는 가운데 약을 지급받고, 투여받습니다(blind). 일정 기간이 지난 뒤 혈액검사나 문진을 하는 평가자(D)도 환자의 이름이나 ID는 알지만 무슨 약을 투여 받았는지 알 수 없습니다(blind). 이렇게 해서 처음 배정표를 만들거나 병에 약을 넣은 사람(A)과 나머지 사람은 완전히 분리되고, (B), (C), (D)는 가림(blinding)이 되므로 3중 가림(3중 맹검)이 성공적으로 됩니다.

추가로 자료를 취합하여 통계 분석자(E)에게 전달할 때도 약의 이름이 노출되지 않도록 하여 (E)도 알 수 없도록 하기도 합니다. 이 방법은 약이나 주사 등, 보관이 용이하여 미리 여러 개를 만들어둘 수 있는 경우에 해당합니다.

"The allocation sequence was concealed from the researcher (JR) enrolling and assessing participants in sequentially numbered, opaque, sealed and stapled envelopes. Aluminium foil inside the envelope was used to render the envelope impermeable to intense light. To prevent subversion of the allocation sequence, the name and date of birth of the participant was written on the envelope and a video tape made of the sealed envelope with participant details visible. Carbon paper inside the envelope transferred the information onto the allocation card inside the envelope and a second researcher (CC) later viewed video tapes to ensure envelopes were still sealed when participants' names were written on them. Corresponding envelopes were opened only after the enrolled participants completed all baseline assessments and it was time to allocate the intervention." (CONSORT 9)

독립된 연구자(통계학자, 약사 등)가 주로 컴퓨터를 이용해서 무작위 배정을 하여 표를 가지고 있습니다(randomization). 어떤 시술(수술, 교육 등)을 시행하는 경우에는 시술 방법을 봉투에 넣습니다(concealment). 이 concealment 하는 사람은 무작위 배정 내용을 보지만, 연구에는 전혀 참여하지 않고, blind의 대상이 되는 환자와 시술자, 평가자와의 접촉이 없습니다. 봉투는 무작위 배정에 따라 차례로 순서가 적혀 있으며 봉해져서 볼 수 없습니다. 위의 예에서는 불에 비추어도 내용을 알 수 없도록 알루미늄 호일을 봉투 안에 넣었군요. 게

다가 이 봉투가 열어야 할 순간까지 열리지 않았다는 것을 확실하게 알 수 있도록 봉투를 여는 순간을 녹화했다고 합니다. 이 정도까지 하는 경우는 잘 없지만 CONSORT에는 어쨌든 이런 concealment 과정을 명확히 하도록 하고 있습니다.

또 봉투의 분실, 지진, 화재 등 만일의 사태를 대비하여 동일한 순서와 표지 번호, 내용이 적힌 또 다른 묶음을 다른 장소에 보관하는 것이 좋습니다. 만일 피험자가 왔는데, 봉투를 분실했다면 책임자에게 연락한 뒤에 여분의 봉투를 열어 보도록 준비할 수도 있겠습니다.

봉투를 열어 보는 시기(concealment의 끝)는 되도록 최후가 좋습니다. 환자가 마음이 바뀌어서 처치를 받지 않을 수도 있고, 때에 따라서는 적응증이 안 될 수도 있기 때문입니다. 예를 들어 심혈관 질환에서, 심장 수술을 위해 A stent와 B stent를 비교하는 연구를 한다고 할 때 환자가 정해지면 배정봉투를 열어 보는 것이 아니라, 환자를 검사하고 시술할 모든 준비를 하고 stent를 삽입할 적응증이 되는지 확인한 다음, 수술장의 침대에 누워서 마취 및 소독이 끝나고 기본적인 검사가 끝난 후 stent를 삽입하기 직전에 간호사가 배정봉투를 열어 봅니다. 여기까지가 **concealment**에 해당합니다. 그에 해당하는 A stent와 B stent를 의사에게 건네줍니다. 할 수만 있다면 의사는 어떤 stent인지 알 수 없어야 합니다. 이것은 **blind**에 해당합니다. 간혹 stent의 모양이 워낙 다르게 생겼다면 의사가 모를 수 없겠죠. 그것은 blind의 실패이지만, concealment의 실패는 아닙니다. 어떤 경우에 환자가 자신의 가슴 x-ray 사진을 보았는데 stent의 길이가 달라서 알게 되었다고 하면 역시 blind의 실패이지 concealment의 실패는 아닙니다.

concealment를 가능한 한 늦게까지 유지해야 하는데, 만일 환자가 입원하면서 일찍 봉투를 열어 보았다면, 수술장에서 마취를 하려는데 heart attack이 발생해서 사망한다거나, 환자의 마음이 바뀌어 병원에서 무단 퇴원한다거나 하는 등의 상황이 생길 수도 있기 때문입니다.

When external involvement is not feasible, an excellent method of allocation concealment is the use of numbered containers. The interventions (often drugs) are sealed in sequentially numbered identical containers according to the allocation sequence. Enclosing assignments in sequentially numbered, opaque, sealed envelopes can be a good allocation concealment mechanism if it is developed and monitored diligently. This method can be corrupted, however, particularly if it is poorly executed. Investigators should ensure that the envelopes are opaque when held to the light, and opened sequentially and only after the participant's name and other details are written on the appropriate envelope. (CONSORT 9)

이렇게 설명하고 있습니다. 봉투를 열기 전에 다시 한 번 적응증에 맞는 환자인지 제외될 환자인지 확인한 다음, 시술받을 환자의 이름과 정보를 겉면에 기록한 뒤에 봉투를 열게 됩니다.

이보다 더 바람직하고 편리한 방법도 있습니다. 기술의 발달 덕분이죠.

Centralised or "third-party" assignment is especially desirable. Many good allocation concealment mechanisms incorporate external involvement. Use of a pharmacy or central telephone randomisation system are two common techniques. Automated assignment systems are likely to become more common. (CONSORT 9)

전화기를 이용해서 전화를 걸고 환자의 번호와 비밀번호를 넣으면 환자의 배정을 알려주는 시스템도 있고, 인터넷을 이용해서 화면으로 볼 수 있도록 된 것도 있습니다. 인터넷과 스마트 기기를 이용한 방법도 있습니다. eCRF (electric Case report form)에서는 무작위 배정, 숨김, 가림을 모두 도와주기도 합니다.

다음 그림은 실제 제가 만든 '무작위 배정 통지표'이고 진행하고 있는 연구에서 사용 중인 것을 약간 변형한 것으로 MS워드 파일(docx)로 만든 것입니다. 가난한 연구자들을 위해 정말 단순하게 만든 것입니다. A4용지로 출력하도록 되어 있습니다.

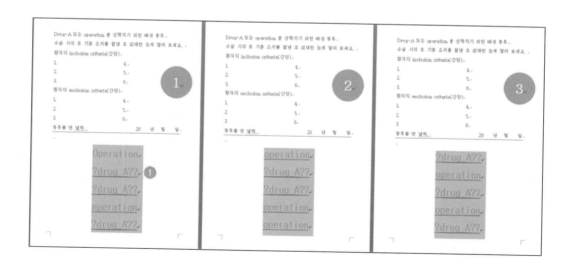

먼저 drug 등 treatment에 해당하는 부분에 커서를 두고, 전체 선택(Ctrl A)을 한 뒤에 자신의 배정 결과를 붙여넣기(Ctrl V) 합니다❶. 이때 '?drug_A??'에 물음표를 넣은 것은 'operation'과 글자수를 맞추어서 혹시라도 불빛을 비추어 보았을 때 구분하기 어렵도록 하기 위해서입니다. '바꾸기(Ctrl H)'를 이용하면 쉽게 할 수 있습니다. 역시 같은 이유로 글자 색도 약간 희미하게 하였습니다. 대신 잘 보이도록 크기는 충분히 크게 합니다.

가운데 선을 기준으로 위쪽은 봉투의 겉면이 되고, 아래쪽은 봉투의 안쪽에 숨겨집니다. 즉 A4 용지의 4분의 1이 되도록 종이를 접어서 봉투 및 내용이 한 장에 출력되도록 한 것입니다. 이 선 위쪽은 워드 프로세서의 '머리말'로 처리되어 있어서 글자를 바꾸면 문서 전체에서 모두 바뀌도록 되어 있습니다. 배정의 순서는 '쪽 번호'를 삽입한 것으로 봉투 겉면에서 제일 잘 보이도록 큰 동그라미로 표현하였습니다. 봉투를 접은 다음 삼면을 봉하면 바깥쪽에는 배정번호와 간단한 inclusion criteria와 exclusion criteria가 보이도록 만들어서 봉투를 열기 직전에 혹시라도 착오가 없도록 하였습니다.

이 배정의 순서는 네이버 웹하드에 저장되어 있고, 다른 사람은 열어볼 수 없게 되어 있습니다. 제3의 장소에 보관되어 있고, 숨겨져 있으므로 개인 PC에 있는 것보다는 안전하고 논문에는 '비밀번호를 사용하여 제3의 장소에 보관하였다'라고 기록할 수 있겠죠.

이것은 가난한 연구자들을 위한 간편 방법으로 제약회사와 같이 연구하게 된다면 보다 좋은 시설과 장비로 할 수 있겠지만, 그렇지 못할 때 가급적 원칙을 벗어나지 않고 시행해볼 수 있는 방법입니다.

> Trials in which the allocation sequence had been inadequately or unclearly concealed yielded larger estimates of treatment effects than did trials in which authors reported adequate allocation concealment. These findings provide strong empirical evidence that inadequate allocation concealment contributes to bias in estimating treatment effects.

concealment가 잘된 논문과 그렇지 않은 논문은 결과에서 차이가 납니다. 그만큼 중요하다는 것이죠.

Despite the importance of the mechanism of allocation concealment, published reports often omit such details. The mechanism used to allocate interventions was omitted in reports of 89% of trials in rheumatoid arthritis, 48% of trials in obstetrics and gynaecology journals, and 44% of trials in general medical journals. In a more broadly representative sample of all randomised trials indexed on PubMed, only 18% reported any allocation concealment mechanism, but some of those reported mechanisms were inadequate.

중요성에 비해 concealment가 잘 묘사된 논문은 드문 편입니다. 제가 속한 분야는 외과 계열인데, 그래서인지 수술 방법에 대해서는 과할 정도로 자세하게 기술되어 있지만 논문을 쓴 방법은 자세히 기술되어 있지 않은 경우가 많습니다.

eCRF(electric Case Report Form)

앞에서 잠깐 종이로 배정표를 만드는 것도 보았고, 전화로 할 수 있다는 이야기도 했습니다. 보다 구체적인 방법을 아는 것은 실무에서 도움이 될 뿐 아니라, 개념을 이해하는 데에도 도움이 됩니다. 그중에서 전자화된 몇 가지 예를 알아보겠습니다.

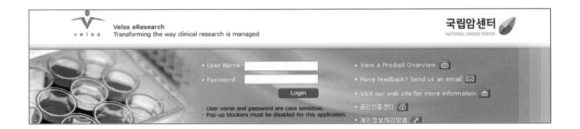

국립암센터(http://eresearch.ncc.re.kr)는 외국의 유명한 시스템인 Velos를 대여하여 사용하고 있습니다. 외부 연구자도 사용할 수 있지만, 매우 고가입니다.

질병관리본부에서 만든 iCReat(http://icreat.nih.go.kr)는 무료이며, 교육을 받은 사람만이 사용하도록 되어 있습니다. 사용법이 좀 까다롭기 때문입니다. 몇몇 병원들은 병원 내에 자체적으로 상주하는 팀이 있어서 그 팀들의 도움을 받아서 사용할 수 있습니다. 제가 알기로는 분당 서울대병원, 충북대병원 등에 상주하는 지원센터가 있습니다.

서울대학교병원의 MRCC(https://mrcc.snuh.org/)는 연구 시작 단계에서 연구를 계획하고 준비하며 무작위 배정과 분석을 도와줍니다. 유료이며 서울대병원의 연구에 국한됩니다.

무작위배정 결과표

이 무작위배정은 김 **연구원** 년 01월 06일에 진행하였습니다.

서울대학교병원 L D 피험자는 **A** 에 배정되었습니다.

연구과제명	치유에 미치는 영향: 다기관, 무작위배정, 이중맹검. 위약 대조군 연구
연구책임자	서울대학교병원 내과 김 교수

■ 기본정보

피험자 이니셜	L D		
동의취득일	01월 06일	시험기관	서울대학교병원
생년월일	10월 23일	연령	만 55 세

■ 층화정보

기관	서울대학교병원	절제된 표본의 장경	3Cm이상

■ 선정기준

조직검사로 확진된		예
2.		예
3. 30-75세		예
4. 연구의 목적, 내용 등에 대하여 충분히 설명을 듣고 서면 동의한 자		예

이것은 MRCC의 '배정 결과표'의 한 예입니다. 어떤 연구자가 언제 배정을 만들었는지 기록되어 있고, 피험자가 A 치료법에 배정되었다고 통보됩니다. 어떤 연구이고, 누가 책임자인지와 환자의 기본 정보도 나와 있습니다. 층화(strata)는 두 개가 있군요. '병원'과 '표본의 장경'으로 층화하였습니다. 아래의 '선정 기준'은 환자가 대상자가 맞는지 최종적으로 확인하는 과정입니다.

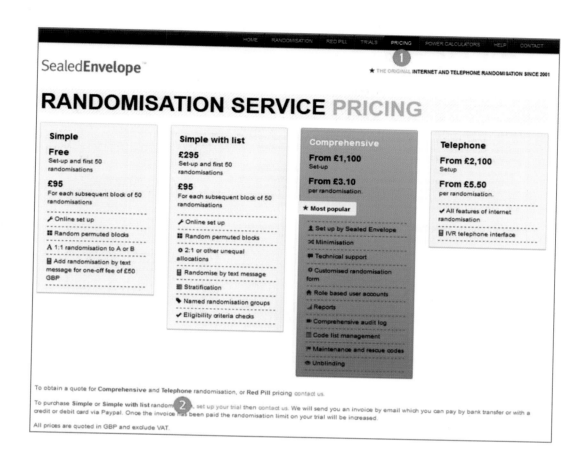

제가 인터넷에서 발견한 외국의 한 상업회사에서는 무작위 배정과 입력하는 폼 등을 웹상에서 만들어줍니다(https://www.sealedenvelope.com/). 샘플 사이즈 계산 등을 할 수 있고, 전화 또는 인터넷을 이용하여 아주 적은 샘플 수로도 연습해볼 수 있습니다.

REDcap(http://www.project-redcap.org/)은 Vanderbilt University에서 개발되어 현재는 NIH 등으로부터도 후원을 받는 공적인 것으로 Research Electronic Data Capture의 약자입니다.

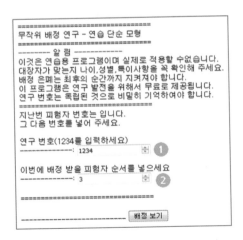

최소한의 기능으로 간단하게 할 수 있도록 제가 만든 것이 http://me2.do/GLfv88BS에 있습니다. 비밀번호 겸용인 연구 번호를 넣고❶ 배정환자의 번호를 넣은 다음❷ '배정 보기'를 클릭하는 단순한 구조입니다.

이 환자는 operation으로 배정되었습니다. 다음 환자는 4번을 입력하면 다음 배정을 볼 수 있습니다.

스마트폰으로도 어떤 배정인지 알 수 있으므로, 시술하기 직전 스마트폰으로 편리하게 배정을 볼 수 있습니다. 누군가 이렇게 만들어주길 바라며 prototype으로 만들어보았습니다.

앞서 보았던 전자 시스템들은 concealment도 되면서 동시에 환자의 개별 정보도 모두 입력하도록 되어 있어서 분석하기도 좋고, 그 자료들을 나중에 통계로 돌리기도 좋습니다. 알람 기능도 있어서 시술 후 3개월째에 중간 결과를 입력해야 한다면 그 전에 알려주는 기능도 있다고 들었습니다. 제가 만든 것은 이런 것들이 너무 복잡해서 concealment의 가장 기본적인 기능으로만 구성한 시스템입니다.

Ch3.
데이터 모으기

CONSORT는 데이터를 모으는 방법에 대해서 특별히 설명하고 있지 않습니다. 그렇지만 이는 연구자들에게 현실적으로 매우 필요한 부분이기 때문에 언급하고자 합니다.

앞서 보았던 몇몇 전자적인 방법(eCRF)은 매우 훌륭하고, 편리합니다. 요즘에는 스마트기기와 인터넷의 발달로 시간과 공간의 제약이 줄었기 때문입니다. 이들은 단순히 종이를 대신하는 것 이상으로 정확하고 신속합니다.

엑셀(Excel)

엑셀은 아마도 현실적으로 가장 많은 사람들이 사용하는 방법일 것입니다. 비록 한 회사의 제품이긴 하지만 워낙 여러 면에서 우수한 점이 많기 때문에 아마도 당분간 표준으로 계속 유지될 것 같습니다. 보급도 많이 되어 있어서 호환성 문제도 거의 없습니다.

그래서 통계를 돌리기 전에 엑셀로 자료를 수집하는 경우가 많고, 입력 오류를 수정할 때도 편리하게 사용할 수 있습니다. 대부분의 통계 프로그램은 엑셀 파일을 읽을 수 있도록 되어 있고 내보낼 때도 엑셀 파일 형태로 내보낼 수 있습니다.

한편, 워낙 자유도가 높기 때문에 잘못 만들어진 경우도 많아서 정리하면서 난처할 때가 종종 있습니다. 그러므로 정리 작업(실수로 잘못 입력된 것을 해결하거나, 실수로 빠진 것을 넣는 등)은 가능하면 엑셀에서 처리하는 것이 좋겠습니다. 이런 작업은 통계 프로그램에서 처리하기가 익숙하지 않기 때문입니다.

필드명 정하기

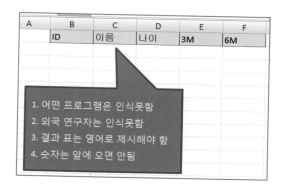

엑셀에서 첫 줄은 필드의 이름입니다. 한글이 좋을 때도 있지만, 어떤 프로그램은 인식하지 못하므로 영어를 쓰는 것이 좋습니다. 필드명에는 숫자가 앞에 오는 것도 안 됩니다(3M, 6M 안됨). 숫자가 중간에 오는 것은 가능합니다. 너무 긴 것도 좋지 않지만, 가급적 의미를 알 수 있도록 하는 것이 좋습니다. 띄어쓰기나 특수문자는 좋지 않고, _(underbar : shift와 −를 같이 해서)를 자주 활용하면 좋습니다.

그림의 오른쪽에 보이는 예시 같은 경우가 적당합니다. 그림의 왼쪽처럼 두 줄로 만드는 경우가 아주 많은데, 절대 안 됩니다.

명목변수와 더미 변수

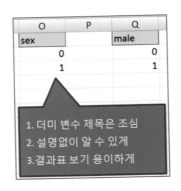

더미 변수의 처리가 아주 조심스럽습니다. 왼쪽처럼 나타내면 0과 1이 각각 어떤 의미인지 알기 어렵습니다. 오른쪽처럼 표현하면 1이 male이고, 0은 그 반대임을 은연 중에 알 수 있습니다. 이렇게 더미 변수의 이름을 정하는 것은 나중에 통계처리 결과, 특히 logistic regression이나 Cox regression의 경우, 오즈비를 해석할 때 정반대로 해석하는 문제를 예방하는 데 아주 중요합니다. 그렇기 때문에 미리 정해야 하는데, 그림의 오른쪽처럼 정하는 것을 추천드립니다.

G	H	I	J	K	L	M	N
phone		samsung	lg	iphone	others		phone
0		0	1	0	0		samsung
1		0	0	0	1		lg
2		1	0	0	0		iphone
3		0	0	1	0		others
❶			❷				❸

문제는 이렇게 3 이상의 더미 변수 처리입니다. ❶처럼 숫자로 코딩하는 방식이 가장 많이 쓰는 방식인데 코딩북을 따로 적어서 의미하는 바를 적어두어야 한다는 단점이 있고, 간혹

통계 프로그램이 연속변수로 처리하기도 합니다.

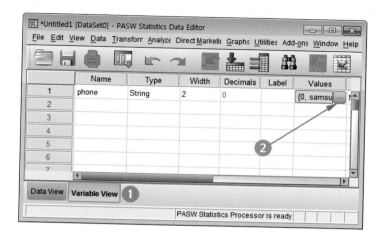

SPSS에서라면 'variable view❶'에서 'value❷'를 선택해주면 편리합니다.

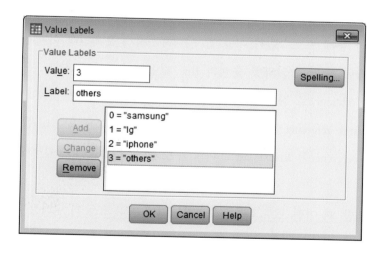

이렇게 코딩북에 해당 내용을 입력해두면 편리합니다.

G	H	I	J	K	L	M	N
phone		samsung	lg	iphone	others		phone
0		0	1	0	0		samsung
1		0	0	0	1		lg
2		1	0	0	0		iphone
3		0	0	1	0		others
❶			❷				❸

아예 더미 변수를 분리해서 ❷처럼 코딩하는 경우는 많지 않은 듯한데, ❶방법을 프로그램이 자동으로 ❷처럼 더미 변수로 바꾸어주기도 합니다. 이 방식은 따로 코딩북이 없어도 의미하는 바를 알 수 있고, 더미 변수의 reference를 사용자가 마음대로 설정하기 좋은 장점이 있습니다. 단, 더미 변수가 뭔지, reference가 뭔지를 알아야 하죠. 파일이 복잡해지고 가독성이 떨어지는 것은 피할 수 없는 단점입니다.

지금 많이 쓰이는 방식, 그리고 제가 권장하는 방식은 ❸입니다. 그 자체로도 어떤 의미인지 알 수 있기 때문에 코딩북이 필요 없고, 문자로 되어 있어서 연속변수로 처리될 가능성도 없습니다. 다만 통계 프로그램이 이를 잘 인식하는지가 문제인데 이제는 많은 프로그램들이 잘 처리해줍니다. 단지 알파벳 순서의 first 값을 reference로 잡는 것을 더 권하는데, SPSS는 last 값을 reference로 잡도록 default로 되어 있어 바꾸어주는 것을 권장합니다. 단순한 dBSTAT는 first를 reference로 잡고 바꾸어줄 수 없습니다. Web-R도 last를 기준으로 잡습니다. MedCalc는 reference를 first와 last로 바꿀 수도 있고 결과표에서 쉽게 알 수 있도록 표현해줍니다.

이는 자료를 정리할 때 어떤 프로그램을 사용하는지에 따라 조금씩 달라질 수 있습니다. 만일 통계 프로그램과 상관없이 first를 reference로 삼으려 한다면, 변수명을 조절해주는 방법도 있습니다. samsung을 a_samsung으로 바꾸어서 알파벳상 처음으로 바꾸면 자동으로 reference가 되는 방식입니다. 이것은 통계 프로그램에 상관없이 쓸 수 있는 방법이지만 조금 신경이 쓰이는 방법입니다.

dummy 변수가 무엇이고 어떻게 처리되며 어떻게 표현되는지를 개념적으로 알고 있다면 변수를 정리하는 요령이 생길 것입니다. 자신이 사용하는 통계 프로그램의 성격도 미리 알고 있으면 더욱 좋습니다.

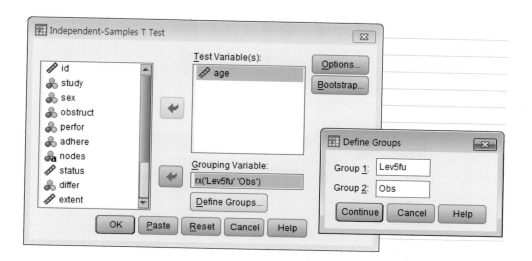

예를 들어 SPSS에 두 군의 나이를 t-test 해본다고 합시다. Define group으로 이렇게 각 변수에 해당하는 것을 입력합니다.

Warnings

The Independent Samples table is not produced.

Group Statistics

	rx	N	Mean	Std. Deviation	Std. Error Mean
age	Lev5fu	0[a]	.	.	.
	Obs	630	59.45	11.964	.477

a. t cannot be computed because at least one of the groups is empty.

그런데 결과에 'Lev5fu' 군에는 한 명도 없는 것으로 나왔습니다. 왜일까요?

Lev5FU의 FU가 대문자로 입력되어 있었기 때문입니다. 이 경우에 N=0이 나왔기 때문에 인식할 수 있었는데, 만일 대부분 fu로 되어 있고, 일부가 FU로 되어 있었다면, 즉 대문자와 소문자가 약간씩 섞여 있었다면 그냥 t-test를 하고 분석 결과를 믿었을 것입니다.

아마도 이런 부분은 SPSS 강의나 책으로 많이 접하지 못한 내용일 것입니다. 예제로는 항상 정리가 잘된 자료만 나오니까요. 그러나 실무에서는 이런 사소한 것 때문에 분석 결과가 완전히 다르게 나올 수 있습니다. 통계 프로그램은 사용자의 이런 면을 고려해서 실수를 예방할 수 있도록 해주어야 합니다.

이 그림은 dBSTAT의 경우로, 집단을 선택할 때 소문자와 대문자가 섞여서 잘못 코딩 된 것을 변수 선택할 때 미리 알 수 있어서 실수를 예방할 수 있습니다. 이런 점 때문에 명목 변수의 코딩은 매우 주의를 요하고 사용하는 통계 프로그램이 어떤 성격인지를 미리 알고 있어야 합니다.

어떤 통계 프로그램에서든 사용이 가능하도록 이런 작은 오류들을 미리 예방하는 것이 좋습니다. 이어서 배울 엑셀의 '데이터 유효성 검사'는 이에 매우 유용합니다. 또 만들어진 자료를 미리 살펴서 이런 오류가 없도록 하는 것도 중요합니다.

데이터 유효성 검사

체중을 입력하려고 한다면 셀을 선택한 뒤에 '데이터>데이터 유효성 검사'를 클릭합니다❶.

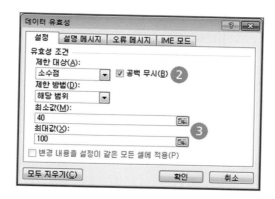

제한 대상을 '소수점'으로 하고❷ 체중이니까 40에서 100정도로 제한하겠습니다❸. 구체적인 숫자는 연구 계획에 따라 달라지겠지요.

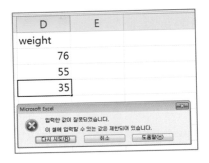

만약에 이곳에 35를 입력하면 경고문이 발생합니다. 아예 입력이 안 되도록 근본적으로 차단하는 것이지요. 실제 연구에서는 '나이'나 '체중' 등을 미리 제한해둔 경우가 많습니다.

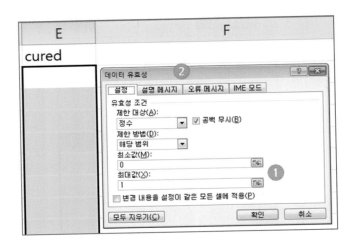

결과변수(의존변수, dependent variables)로 질병이 나았다는 것을 표시할 때 필드명을 cured라고 정했고, 1이면 나은 것, 0이면 낫지 않은 것이라고 간주해봅시다. 앞서 설명했듯이 문자로 cured/not 이런 식으로 코딩할 수 있으면 좋겠는데 아직까지 제가 아는 프로그램들은 모두 logistic regression이나 Cox regression의 결과변수는 꼭 0과 1로만 코딩하도록 되어 있습니다. 이것이 꼭 나쁜 것은 아닙니다.

동일한 방법으로 최대값과 최소값을 0과 1로 하면 어차피 정수라서 0/1 둘만 넣을 수 있습니다❶. '설명 메시지'와 '오류 메시지'를 한번 클릭해봅시다❷.

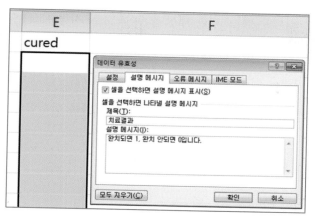

그림처럼 제목과 메시지를 넣을 수 있습니다. 오른쪽 그림과 같이 해당 셀에 입력하려고 하면 설명이 나타나서 도움을 줍니다.

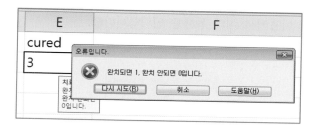

오류 메시지는 오류가 발생했을 때 보이는 메시지입니다. 3으로 입력하니 잘못되었다고 입력한 메시지를 보여줍니다.

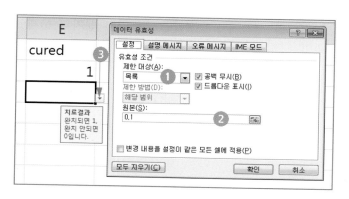

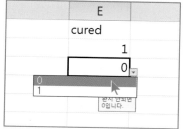

그렇지만, 지금처럼 0과 1 정도만 입력할 때는 '제한 대상'을 '목록'으로 지정하고❶ '원본'에 '0,1'을 입력하면❷ 셀 옆에 '드롭다운'이 표시됩니다❸. 입력을 위해서, '드롭다운'을 클릭하면 이렇게 0과 1 중에 하나를 클릭해서 입력할 수 있습니다. 즉 정수형에는 없던 '드롭다운' 기능이 '목록'에서 나타나고 이것은 특히 명목변수인 경우에 강력한 효과를 발휘합니다.

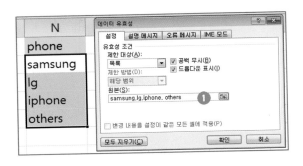

이렇게 원본에 콤마를 이용해서 여러 목록을 입력합니다❶.

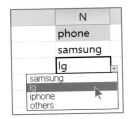

그러면 '드롭다운' 아래에 정해진 목록을 선택하여 입력할 수 있습니다. 이렇게 설정해두면 엉뚱한 글자를 입력하지 않을 수 있습니다. 앞 챕터에서 발생했던 소문자, 대문자의 문제도 생기지 않습니다.

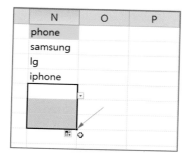

한번 설정된 양식은 오른쪽 아래의 작은 사각형(자동 채움)을 잡고 아래쪽으로 쭉 끌어당기면 그대로 복사됩니다.

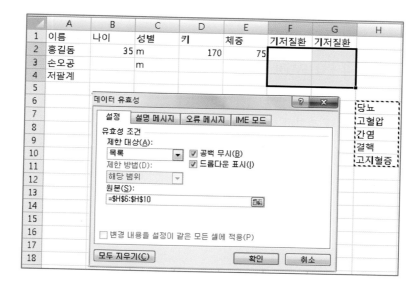

어떤 경우에는 몇 개의 목록을 다른 셀에 넣어두고 이것을 참고하여 만들 수도 있습니다.

이런 식으로 엑셀을 이용하더라도 미리 준비하고 계획된 가운데 자료를 수집하면 나중에 수정할 필요가 적고, 연구자 간 의사 소통에 오해가 없으며, 특히 다기관 연구에서 자료의 불일치를 미연에 방지할 수 있습니다.

이런 '데이터 유효성 검사'를 포함해서 어떤 항목을 조사할 것인지는 연구 계획 단계에서 결정해야 하고, pilot study를 통해서 검정해본다면 더욱 좋을 것입니다. 또 장기간의 연구, 여러 사람이 관여한 연구일수록 원활한 의사소통을 위해 이런 도구들이 필요합니다.

구글 설문조사, 네이버 폼, 엑셀 survey

엑셀의 '데이터 유효성 검사'를 이해했다면 이 챕터도 이해하기 쉽습니다. 구글 설문조사, 네이버 폼, 엑셀 survey, 이들 각각의 기능은 거의 동일하며, 이미 사용법이 널리 알려져 있어서 간단히 설명해도 될 것 같습니다. 저의 다른 책인 ≪논문 쉽고 편하게 쓰자≫에서도 오래전에 소개한 바 있고, 인터넷에서도 쉽게 검색이 가능합니다.

현재는 네이버 폼이 기능이 다양하고, 디자인도 예쁘고, 빠르기 때문에 가장 권장합니다. 배우기도 매우 쉽습니다. 사실 배우기는 위의 세 가지 모두 쉽습니다.

네이버 오피스 아이콘❶을 클릭합니다. '워드', '슬라이드', '셀' 옆에 있는 '폼❷'을 클릭하면, '설문조사', '교육 학업', '생활' 등의 카테고리❸로 나뉘어져 있는 총 29종의 미리 만들어진 서식이 있습니다. 이를 변경하거나, 새로 만들어서 사용할 수 있습니다❹.

새로운 항목을 추가할 때, 이미 다양한 목록이 구비되어 있으므로 원하는 것을 바로 알 수 있어서 매우 직관적입니다. '확장형'에 있는 것들도 적절히 활용하면 편리하게 설문지를 작성할 수 있습니다. 설문이 길어지는 경우에는 '그룹'과 '페이지'를 활용하면 좋습니다❷.

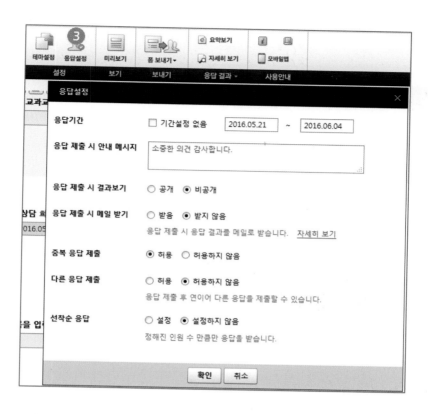

'응답 설정❸'도 매우 편리한 기능으로 '구글 설문 조사' 등에 비해서도 우수한 점입니다. 사실 저도 이런 점 때문에 '네이버 폼'을 '구글 설문 조사'보다 많이 활용하고 있습니다.

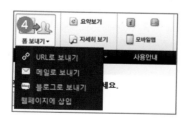

다양한 형태로 '폼 내보내기❹'를 할 수 있고, URL을 복사하여 카카오톡 등의 SNS를 통해 각종 스마트 기기로 자료를 입력할 수도 있습니다.

MS의 onedrive(onedrive.live.com) 안에 있는 'Excel 설문 조사'(왼쪽)와 google 드라이브 (https://drive.google.com/drive) 안에 있는 'google 설문지'(오른쪽)도 역시 동일한 기능을 가지고 있습니다.

이런 방식을 이용하면 비싼 eCRF 기능의 일부분을 대신할 수 있습니다. 이 방식은 RCT에 국한된 것은 아니며 각종 연구 및 다양한 사회 활동에도 사용할 수 있는 범용 서비스인데, 굳이 이 글에서 소개하는 것은 보수적인 연구자들이 잘 활용하기를 바라는 마음에서 비롯한 것입니다. 이런 것들을 충분히 활용한 후에 더 필요한 것이 있다면 앞서 다루었던 eCRF를 이용할 수 있습니다.

Ch4.
가림(blinding)

환자가 어떤 치료군에 속했는지, 환자와 치료자와 평가자 모두 알 수 없도록 하는 것을 blinding 혹은 masking이라고 합니다. blinding이 되지 않는다면 치료 효과에 잠재적인 영향을 주게 되므로 특히 주관적인 평가의 경우에 상당히 중요한 비뚤림의 요인이 됩니다. 벤자민 프랭클린의 실험 이후 placebo 효과와 blinding의 필요성에 대한 이해는 워낙 일반화 되어 필요성을 모르는 사람은 거의 없는 듯합니다. 구체적으로 어떻게 시행해야 할지, 또 시행한 것을 논문에 어떻게 표현해야 할지에 대해서 좀 더 알아본다면 보다 비뚤림이 없는 연구가 될 것입니다.

가림

가림은 bias를 줄이는 아주 강력한 방법으로, 가림이 되고 안됨에 따라서 많은 차이가 있습니다. blinding의 개념은 concealment와 다르며, 이것은 앞서 설명한 것으로 이해하실 수 있을 것입니다. 또 3중 blinding이 무엇을 의미하는지도 이미 아실 것입니다.

Blinding may not always be appropriate or possible. Blinding is particularly important when outcome measures involve some subjectivity, such as assessment of pain. Blinding of data collectors and outcome adjudicators is unlikely to matter for objective outcomes, such as death from any cause. Even then, however, lack of participant or healthcare provider blinding can lead to other problems, such as differential attrition. In certain trials, especially surgical trials, blinding of participants and surgeons is often difficult or impossible, but blinding of data collectors and outcome adjudicators is often achievable. For example, lesions can be photographed before and after treatment and assessed by an external observer. Regardless of whether blinding is possible, authors can and should always state who was blinded (that is, participants, healthcare providers, data collectors, and outcome adjudicators). (CONSORT 11a)

blinding은 특히 주관적인 평가(예를 들면 통증 평가)일 때 매우 중요합니다. 반면에 아주 객관적인 평가 항목일 때는 별로 중요하지 않은 경우도 있습니다. 사망이나 혈액 검사와 같은 경우에 그럴 수 있습니다.

blinding은 항상 가능한 것은 아닙니다. 특히 외과적 처치를 하는 경우에는 더더욱 그렇습니다. 수술자가 수술 기구가 무엇인지 모르고 수술한다는 것은 거의 불가능하기 때문입니다. 그렇지만 평가자는 대부분 blinding이 가능합니다. CONSORT의 예에서도 보듯이 상처의 변화라면 사진을 찍어서 제삼자가 평가하도록 하는 방법이 있습니다.

저의 경우에도 멍의 크기를 사진으로 찍어서 제삼자가 평가하도록 한 적이 있습니다. 통증의 경우에는 특히 주관적이기 때문에 blinding이 매우 중요합니다. 어떤 시술을 받았는지 모르는 사람이 체크해야 하고, 그는 심지어 차트도 보아서는 안 될 뿐 아니라, 사진이나 수술

상처(상처를 보면 어떤 처치인지 아는 경우도 있으므로)도 보지 않는 것이 필요할지 모릅니다.

blinding이 가능하든 하지 않든 상관없이 어떤 사람에게 blinding이 되었는지 아닌지는 꼭 기술하여야 하며, blinding을 위해서 최선의 노력을 하여야 합니다.

간혹 blinding이라는 용어는 masking이라는 용어로 대체되기도 하지만, CONSORT의 공식적인 명칭은 blinding입니다. 한편 이 용어의 정의가 상당히 혼란스럽게 쓰이는 면이 있는데, CONSORT에서는 If done, who was blinded after assignment to interventions (for example, participants, care providers, those assessing outcomes) and how 라고 표현하고 있고, 쉽게 말해 환자, 의사나 간호사, 평가자, 이 삼자가 blinding 되는 것을 기본으로 하고 있습니다.

예제

다음의 예를 보면서 정리해봅시다.

"Whereas patients and physicians allocated to the intervention group were aware of the allocated arm, outcome assessors and data analysts were kept blinded to the allocation."(CONSORT 11a)

patients(환자), physicians(의사), outcome assessors(평가자), data analysts(통계 처리하는 사람)가 blinding 되었음을 표현합니다.

"Blinding and equipoise were strictly maintained by emphasising to intervention staff and participants that each diet adheres to healthy principles, and each is advocated by certain experts to be superior for long-term weight-loss. Except for the interventionists (dieticians and behavioural psychologists), investigators and staff were kept blind to diet assignment of the participants. The trial adhered to established procedures to maintain separation between staff that take outcome measurements and staff that deliver the intervention. Staff members who obtained outcome measurements were not informed of the diet group assignment. Intervention staff, dieticians and behavioural psychologists who delivered the intervention did not take outcome measurements. All investigators, staff, and participants were kept masked to outcome measurements and trial results."(CONSORT 11a)

interventionists, 즉 이 경우는 다이어트를 지도하는 사람, 그리고 행동 치료를 하는 사람들이 어떤 처치를 하는지 모를 수는 없지요. 그래서 blinding이 안 되었습니다. investigators and staff는 blinding 되었고요. 마지막에 결과는 또 다른 독립된 사람에 의해서 평가되었군요. 마지막에는 mask라는 단어를 사용했네요.

실제 blinding을 위해서 sham 수술, sham 기구를 사용하는 경우도 많이 있습니다. 동일한 상처가 있어야 환자도 평가자도 모르니까요. 이 경우는 윤리적으로 문제가 될 수도 있을 것 같은데 어쨌든 그에 대해서는 환자의 동의를 미리 구해야 합니다. sham 주사를 맞기도 합니다. 먹는 약과 주사약을 비교하는 경우에는 가짜 먹는 약과 가짜 주사약을 맞다 보니 색깔만 비슷한 맹물 주사약, 모양만 비슷한 캡슐약을 따로 준비해서 제공하기도 합니다. 물리치료 기구라면 생김새도 똑같고, 소리나 불빛은 동일한데 실제로 에너지는 발생하지 않는 기구를 만들어서 시행하게 됩니다. 시행하는 사람도 몰라야 하기 때문에 때마다 기구에 번호를 바꾸어두기도 합니다. 이런 것을 double dummy라고 합니다. blinding이 완벽하게 되도록 하기 위해서 양쪽 모두에 가짜 치료를 하는 것입니다.

We randomly assigned participants in a 1:1 ratio to receive either vaccine or placebo using an online centralized randomization system. Participants were stratified according to region and age group (50 to 59, 60 to 69, and ≥70 years). Because the appearance of the reconstituted HZ/su vaccine differed from the placebo solution, injections were prepared and administered by study staff who did not participate in any study assessment. The investigators, participants, and those who were responsible for the evaluation of any study end point were unaware of whether vaccine or placebo had been administered.[1]

여기서는 백신 주사제의 색깔이 placebo와 달랐기 때문에 주사를 준 사람은 blinding이 안 되었고, 그 사람은 연구의 다른 분야에 참여하지 않았다고 되어 있습니다. 3 blinding 중에 하나는 불가능했지만, 결과에 영향을 주지 않도록 접촉하지 않은 것입니다. 만약 주사제를 알루미늄 호일 등으로 감싸서 실행하면 가능할 수도 있겠지만, 그런 경우 공기가 들어가는 등의 안전 문제가 생길 수도 있기 때문에 그렇게까지 하지는 않았을 것입니다. 또한 주사를 주는 사람이 안다고 해도 백신의 효과에 영향을 주지 않을 가능성이 크다고 판단하였을 것입니다.

A spreadsheet program (Lotus Symphony, Lotus) was used to generate a list of random numbers. Since patients could have calcific tendinitis in one or both shoulders, randomization was conducted according to shoulders rather than patients. Thus, a patient could receive sham treatment for one shoulder and ultrasound treatment for the other. A therapist who was not involved in treatment handed out the treatment

---

1_Lal, Himal, Anthony L. Cunningham, Olivier Godeaux, Roman Chlibek, Javier Diez-Domingo, Shinn-Jang Hwang, Myron J. Levin et al. (2015). Efficacy of an Adjuvanted Herpes Zoster Subunit Vaccine in Older Adults. *New England Journal of Medicine*. 372(22), 2087–2096. doi:10.1056/NEJMoa1501184.

assignments, which were in sealed, opaque envelopes. Thus, the patients, the therapists applying the therapy, and the evaluator were all unaware of the treatment assignments.

The therapist who made the treatment assignments also switched the ultrasonic generator to either active or sham mode. Since the intensity of ultrasound therapy was usually below the threshold of sensitivity, patients were theoretically unable to distinguish between genuine and sham ultrasonography.[1]

이 경우는 초음파 기계를 환자에게 적용하는 치료였는데, sealed, opaque envelopes를 열어본 사람이 초음파 장치를 건네주면서 기계 장치의 스위치를 바꾸었기 때문에 환자나 물리치료사는 어떤 치료가 되었는지 알 수 없었다고 합니다. 물리치료나 마사지 같은 것은 처치하는 사람의 태도(꼼꼼한 정도나 말의 뉘앙스 등)에 따라서 효과가 달라질 수 있기 때문에 blinding이 매우 중요할 수 있습니다. 그래서 위와 같은 방법으로 실행했습니다. 이렇게 blinding에 대해서도 구체적이고 분명한 기술이 필요합니다. 사실 통계 방법보다 훨씬 중요한 것이 이런 부분입니다.

In trials with blinding of participants or healthcare providers, authors should state the similarity of the characteristics of the interventions (such as appearance, taste, smell, and method of administration).(CONSORT 11a)

여기에서는 구체적인 색깔, 맛, 냄새도 차이가 있었는지 등을 표현하도록 하고 있으므로 앞서 보여드렸던 예들이 결코 지나친 것은 아닙니다.

1_Ebenbichler, Gerold R., Celal B. Erdogmus, Karl L. Resch, Martin A. Funovics, Franz Kainberger, Georg Barisani, Martin Aringer(1999). Ultrasound Therapy for Calcific Tendinitis of the Shoulder. *New England Journal of Medicine*, 340(20), 1533-1538. doi:10.1056/NEJM199905203402002.

Blinding의 평가

Blinding은 무작위 대조 연구에 매우 중요하지만, CONSORT에서 이에 대한 평가는 자세히 다루고 있지 않습니다.

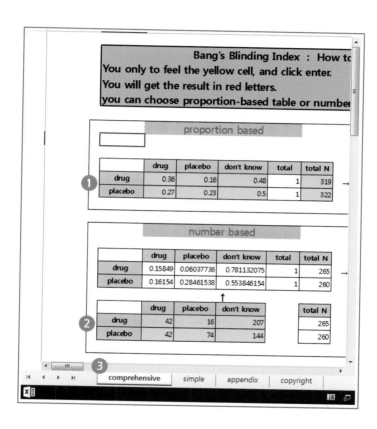

blinding이 얼마나 잘 되었는지를 평가하기 위한 blinding index가 몇 종류 개발되어 있고, 그 중에 하나인 Bang Index[1] 는 제가 http://me2.do/xk3TyGC5에 만들어두었습니다. 쉽게 사용할 수 있도록 사용법도 설명해두었습니다.

비율을 이용하거나❶ 실제 숫자를 이용해서❷ 노란 칸에 입력합니다. 스크롤 막대❸를 이용해서 오른쪽으로 움직여보면 결과가 계산됩니다.

❹

BI	var	95% CI	
		lower	upper
0.2000	0.001504702	0.1240	0.2760
0.0400	0.001547826	-0.0371	0.1171

BI	var	95% CI	
		lower	upper
0.09811	0.000789591	0.0430	0.1532
0.12308	0.001657715	0.0433	0.2029

❺

interpretation : if confidence interval include 0, then "random guessing"	
20.0%	of participants correctly guessed the treatment identity beyond chance in the study treatment.
4.0%	of participants correctly guessed the treatment identity beyond chance in the study treatment.

interpretation : if confidence interval include 0, then "random guessing"	
9.8%	of participants correctly guessed the treatment identity beyond chance in the study treatment.
12.3%	of participants correctly guessed the treatment identity beyond chance in the study treatment.

이렇게 결과값과 95% 신뢰구간을 구해주고❹ 또 본문에 표현할 수 있는 영어 표현도 얻어집니다❺. 실제 논문에서는 어떻게 표현하는지 한번 살펴보죠.

1_Bang H, Nib L, Davis CE (2004). Assessment of blinding in clinical trials. *Controlled Clinical Trials*, 25(2), 156. doi: 10.1016/j.cct.2003.10.016

The physicians, patients, and outcome assessors were unaware of the assigned treatment (blinding index in the glucocorticoid–lidocaine group, 0.04; 95% CI, −0.02 to 0.09; blinding index in the lidocaine-alone group, 0.04; 95% CI, −0.02 to 0.10).[1]

이렇게 표현할 수 있습니다.

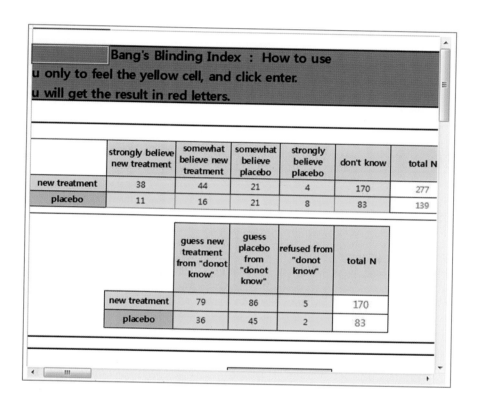

한편 blinding을 물어볼 때 좀 더 자세히 물어보는 경우가 있습니다. 즉 2X5 table 형태가 되는 경우의 Bang Index는 http://me2.do/IMebs99X의 것을 이용할 수 있습니다.

1_Friedly, Janna L., Bryan A. Comstock, Judith A. Turner, Patrick J. Heagerty, Richard A. Deyo, Sean D. Sullivan, Zoya Bauer et al. (2014). A Randomized Trial of Epidural Glucocorticoid Injections for Spinal Stenosis. *New England Journal of Medicine*, 371(1), 11-21. doi:10.1056/NEJMoa1313265.

이 경우에 don't know로 대답했던 사람에게 다시 질문하여 그래도 짐작할 수 있는지 물어 보아 다시 아래의 3군으로 분류하도록 되어 있습니다. 이를 고려하여 설문지를 만들어야 합니다.

아래쪽으로 스크롤을 내려보면 해석이 나옵니다.

	BI	var	95% CI lower	upper	interpretation : if confidence interval include 0, "guessing"
new treatment	0.16085	0.00078	0.10598	0.21571	16.0846% of participants correctly guessed the identity beyond chance in the study
placebo	0.01277	0.00123	-0.05585	0.08140	1.2774% of participants correctly guessed the beyond chance in the study treatmen

이렇게 오른쪽에 보이는 해석을 써주면 되겠습니다.

스크롤 아래로 내려보면 R 공식들을 알 수 있습니다. 저도 이 공식을 이용해서 엑셀 파일로 만든 것입니다.

```
#2by3;
bifun<-function(n11,n12,n13){
n1<-n11+n12+n13
bi<-(2*(n11/(n11+n12))-1)*(n11+n12)/n1
p1.1<-n11/n1
p2.1<-n12/n1
var.bi<-(p1.1*(1-p1.1)+p2.1*(1-p2.1)+2*p1.1*p2.1)/n1
se.bi<-sqrt(var.bi)
ub<-bi+1.96*se.bi
lb<-bi-1.96*se.bi
#return(bi,lb,ub,se.bi)
print(bi)
print(lb)
print(ub)
#print(se.bi)
}
bifun(n11=82,n12=25,n13=170)
bifun(n11=29,n12=27,n13=83)
```

```
#2by5+2x2;
bifun<-function(n11,n12,n13,n14,n15,nt,np,w11,w12,w13,w14,wt,wp){
n1<-n11+n12+n13+n14+n15
bi<-(w11*n11+w12*n12+wt*nt*np+w13*n13+w14*n14)/n1
p1.1<-n11/n1
p2.1<-n12/n1
p3.1<-n13/n1
p4.1<-n14/n1
pt.1<-nt/n1
pp.1<-np/n1
var.bi<-(w11**2*p1.1*(1-p1.1)+w12**2*p2.1*(1-p2.1)+w13**2*p3.1*(1-p3.1)+w14**2*p4.1*
(1-p4.1)+wt**2*pt.1*(1-pt.1)+wp**2*pp.1*(1-pp.1)
+2*w11*w12*p1.1*p2.1+2*w11*w13*p1.1*p3.1+2*w11*w14*p1.1*p4.1+2*w11*wt*p1.1*pt.1+
2*w11*wp*p1.1*pp.1

+2*w12*w13*p2.1*p3.1+2*w12*w14*p2.1*p4.1+2*w12*wt*p2.1*pt.1+2*w12*wp*p2.1*pp.1

+2*w13*w14*p3.1*p4.1+2*w13*wt*p3.1*pt.1+2*w13*wp*p3.1*pp.1
                              +2*w14*wt*p4.1*pt.1+2*w14*wp*p4.1*pp.1
                              +2*wt*wp*pt.1*pp.1

)
var.bi<-var.bi/n1
se.bi<-sqrt(var.bi)
ub<-bi+1.96*se.bi
lb<-bi-1.96*se.bi
print(bi)
print(lb)
print(ub)
#print(se.bi)
bifun(n11=38,n12=44,n13=21,n14=4,n15=170,nt=79,np=86,w11=1,w12=0.5,w13=-
0.5,w14=-1,wt=0.25,wp=-0.25)
bifun(n11=8,n12=21,n13=16,n14=11,n15=83,nt=45,np=36,w11=1,w12=0.5,w13=-0.5,w14=-
1,wt=0.25,wp=-0.25)
```

Ch5.
분석군

분석군에 대해서는 일반인들이 상당히 이해하기 힘들어합니다. 사실 알고 보면 별것 아닙니다.

논문을 좀 읽어본 분들은 ITT라는 이야기를 들어보셨을 것입니다. 분석군에는 ITT만 있는 것이 아니지만, ITT가 원칙적이고, 많은 이들이 이해하기 어렵다고 하기에 ITT를 중심으로 이야기를 풀어가도록 하겠습니다.

Intention-To-Treat analysis

ITT는 intention-to-treat 또는 intend-to-treat의 약자입니다. 굳이 번역하자면 '의도한 대로'는 어색하고 '배정한 대로'라고 하는 것이 좋겠습니다. 무작위 배정을 한 그대로 분석하겠다는 뜻입니다. 중요성을 강조하기 위해서, CONSORT Box 6에 있는 내용을 인용해보겠습니다.

> In order to preserve fully the huge benefit of randomisation we should include all randomised participants in the analysis, all retained in the group to which they were allocated. Those two conditions define an "intention-to-treat" analysis, which is widely recommended as the preferred analysis strategy. (18) Intention-to-treat analysis corresponds to analysing the groups exactly as randomised. Strict intention-to-treat analysis is often hard to achieve for two main reasons-missing outcomes for some participants and non-adherence to the trial protocol.

CONSORT는 6a, 7a 이런 식으로 항목이 정해져 있는데, 중간중간 삽입되어 자세히 설명하는 것들은 Box라는 이름으로 되어 있습니다. 이 내용은 CONSORT 12a에 삽입된 Box 6입니다. 꼭 자세히 읽어보세요.

무작위 배정의 이점을 최대한 얻기 위해서 무작위 배정된 모든 환자를 포함시켜야 하는데 (should) 이를 intention-to-treat analysis라고 부릅니다. ITT는 아주 널리 권장되고 있습니다. 사실 CONSORT라서 권장하는 것이 아니라, 널리 권장되기 때문에 CONSORT에서 강조하는 것입니다.

ITT가 좋은 줄은 알겠는데 막상 그렇게 하려고 할 때 생기는 두 가지 문제가 있습니다. 하나는 결측치(missing: 환자가 중간에 오지 않는 것, 결과값이 측정 되지 않은 것)이고 또 다른 하나는 불응도(non-adherence: 환자가 중간에 약을 먹지 않거나 다른 약을 먹어버리는 등, 정해진 규칙을 위반하는 경우)입니다.

결측치가 제외된 군, 즉 CONSORT의 표현으로 "complete case" (or "available case") analysis는 결과적으로 샘플 수가 작아질 뿐 아니라, 오류를 가지고 옵니다.(will lose power by reducing the sample size, and bias may well be introduced if being lost to follow-up is related to a patient's response to treatment.)

그래서 imputation(결측치를 메꾸어 넣는 것)을 통해서 ITT를 하게 되는데 이에는 몇 가지 방법이 있고, 어떤 방법도 완벽하지 않으며 특별히 CONSORT에서 언급하듯이 last observation carried forward(줄여서 LOCF)가 많이 쓰이지만, 여러 단점이 있습니다.

CONSORT에서 소개하는 것으로 "ITT"와 "modified intention-to-treat(mITT)", "per protocol(PP)", "complete case" (or "available case"), "on treated"(or "as treaed(AT)") 등이 있고 용어는 저자들마다 조금씩 혼용하고 있습니다.

여기까지 들어도 이게 무슨 말인지, 왜 ITT를 원칙이라고 하는지 잘 이해되지 않으실 겁니다. 예제를 통해 좀 더 알아보도록 하겠습니다.

ITT 예제

ITT는 기본 원칙에 해당하기 때문에 NEJM 등의 수준 높은 저널을 검색해보면 수많은 예제를 만날 수 있습니다. 또 원칙적인 적용을 한 예제도 있고, 나름대로 약간씩 변형한 경우도 있습니다. 가급적이면 원칙적인 예제를 소개하도록 하겠습니다.

무설탕 음료가 과연 체중을 줄여 줄까?

설탕이 없는 음료(대신 다른 것으로 단맛을 추가한 음료)와 설탕이 있는 음료가 과연 어린이들의 체중에 영향이 있을지 궁금하네요. 음료는 고형식에 비해서 포만감이 적어서 과도한 칼로리를 섭취할 우려가 있고 일부 관찰연구에서는 비만을 일으킨다는 연구도 있고 그렇지 않다는 연구도 있었기에 double-blind RCT를 계획하게 되었습니다.[1]

약 5세에서 12세 사이의 어린이들을 대상으로 18개월에 걸쳐서 연구하였으며, 641명의 어린이를 무작위 배정하되 학교, 성별, 나이, 최초 BMI에 따라 층화하여 모집하였습니다. 탄수화물과 칼로리는 없으면서 단맛이 나는 음료와, 설탕이 첨가된 음료를 각각 주었고, 설탕이 든 것은 104kcal이며, 두 음료의 겉모양은 동일합니다.

1_De Ruyter JC, Olthof MR, Seidell JC, Katan MB (2012). A Trial of Sugar-free or Sugar-Sweetened Beverages and Body Weight in Children. *New England Journal of Medicine*, 367(15), 1397–1406. doi:10.1056/NEJMoa1203034

순응도가 좋도록 하기 위해서 다음과 같은 방법을 사용하였습니다.

We provided frequent incentives for schools, teachers, parents, and children, including tournaments, newsletters, birthday cards, and small gifts to encourage adherence. We requested that parents report adverse events by contacting us through the e-mail address or telephone number printed on each beverage can. We visited the schools at least once a month to ensure that the study beverages were delivered correctly to the classrooms. We calculated the adherence rate per child during school days from the number of cans returned empty, half-filled, or full during one randomly selected week each month. We measured the sucralose concentration in urine as an additional compliance marker.

우리는 학교, 선생님, 부모, 아이들에게 자주 동기부여(incentive)를 제공하였습니다. 대회나, 소식지, 생일 카드, 작은 선물을 주었습니다. 우리는 부모에게 부작용이 있는지 알릴 수 있도록 이메일 주소와 전화번호를 음료 캔에 붙였습니다. 우리는 학교를 최소 한 달에 한 번 방문하여 음료가 제대로 잘 전달되는지 체크하였습니다. 우리는 빈 음료 병과 반쯤 비운 것 등을 각 달마다 무작위로 선택한 주에 조사하여 순응도를 중간중간 점검하였습니다. 또 순응도의 또다른 지표로서 소변의 sucralose 농도를 측정하였습니다.

순응도를 높이기 위해, 즉 결측치가 없도록 하기 위해 이렇게 열심히 노력하였군요. 특히 대상이 어린이이다 보니 이렇게 열심히 해도 먹기 싫으면 안 먹거나, 아이들 사이에 이상한 소문이나 분위기가 형성되면 단체로 거부할 수도 있다고 예상했기 때문인 것 같습니다. 아마도 선행 연구를 통해서 축적된 경험이 있었기 때문에 예측이 가능했을 것입니다.

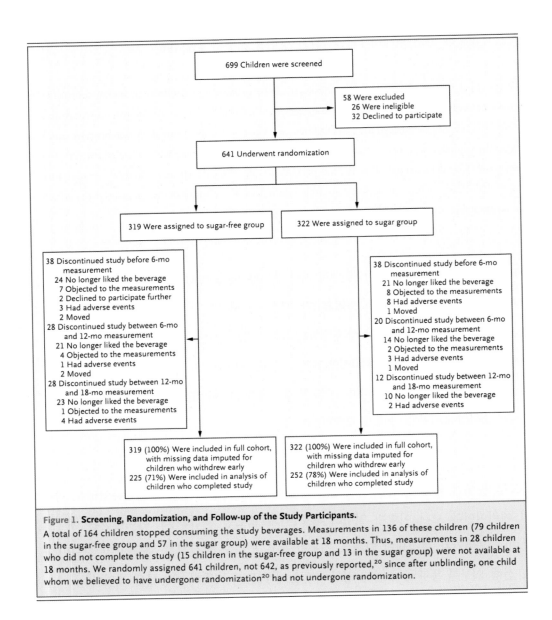

Figure 1. Screening, Randomization, and Follow-up of the Study Participants.
A total of 164 children stopped consuming the study beverages. Measurements in 136 of these children (79 children in the sugar-free group and 57 in the sugar group) were available at 18 months. Thus, measurements in 28 children who did not complete the study (15 children in the sugar-free group and 13 in the sugar group) were not available at 18 months. We randomly assigned 641 children, not 642, as previously reported,[20] since after unblinding, one child whom we believed to have undergone randomization[20] had not undergone randomization.

Fig 1의 CONSORT 차트를 보면 보통과 다른 것을 볼 수 있습니다. 조금 더 자세히 살펴보기로 하지요

114

319 (100%) Were included in full cohort, with missing data imputed for children who withdrew early 225 (71%) Were included in analysis of children who completed study	322 (100%) Were included in full cohort, with missing data imputed for children who withdrew early 252 (78%) Were included in analysis of children who completed study

표 아래에는 100%가 되어 있고, missing data가 imputation 되었다고 나와 있습니다. 원칙적으로 ITT에 맞는 분석이고, 남은 숫자(PP군)도 역시 분석되었다고 하였습니다. 18개월의 비교적 짧은 연구였지만, 어린이들이다 보니 지속하기가 쉽지 않았습니다.

We randomly assigned 641 children, not 642, as previously reported, since after unblinding, one child whom we believed to have undergone randomization had not undergone randomization.

이 표의 아래에 보면 독특한 설명이 있는데, (연구자의 실수로) 무작위 배정되지 않은 한 명이 실험에 동참하였는데 그 한 명은 ITT의 원칙에 따라 (무작위 배정이 아니므로) 빠지게 되었다는 것입니다. 즉 ITT는 '무작위 배정된 대로' 분석한다는 원칙에 철저하게 따른 것입니다.

We also used multiple imputation to impute the outcome values for the 164 children who did not complete the study at 18 months. We created 30 multiple imputed-data sets with five iterations, using the multivariate imputation by chained-equations algorithm in R software, version 2.13. Variables included in the imputation model were age at baseline, race or ethnic group, parents' level of education, sex, compliance, study group, and baseline and 18-month measurements — when available — of the outcome being predicted.

누락된 164명에 대해서는 30번의 multiple imputation을 시행하였습니다. R이라는 소프트웨어를 통해서 말이지요. 구체적인 방법은 생략하더라도 어쨌든 이렇게 표현해주어야 합니다. Imputation에 대해서는 다음 기회에 더 자세히 다루어보도록 하겠습니다.

Table 2. Primary and Secondary Outcomes in the Full Cohort, with Imputed Data for Children Who Did Not Complete the Study, and in the Cohort of Children Who Completed the Study.*

Outcome	Sugar-free Group (N=319)			Sugar Group (N=322)			Difference in Change from Baseline (95% CI)	P Value for Difference†
	0 Mo	18 Mo	Change	0 Mo	18 Mo	Change		
Full cohort, with imputed data								
Primary end point: BMI z score‡	0.06±1.00	0.08±0.99	0.02±0.41	0.01±1.04	0.15±1.06	0.15±0.42	-0.13 (-0.21 to -0.05)	0.001
Secondary end points								
Sum of thicknesses of four skinfolds (mm)	36.4±17.7	39.6±20.4	3.2±8.8	35.6±17.9	41.1±21.1	5.5±10.2	-2.2 (-4.0 to -0.4)	0.02
Waist-to-height ratio (%)	44.6±4.0	43.7±4.0	-0.9±2.0	44.2±4.0	43.7±4.0	-0.5±2.0	-0.4 (-1.0 to -0.0)	0.05
Fat mass on electrical impedance (kg)§	5.76±3.85	6.77±4.71	1.01±2.62	5.70±3.68	7.28±4.89	1.58±2.47	-0.57 (-1.02 to -0.12)	0.02
Fat mass on electrical impedance (% of body weight)§	17.91±7.01	17.22±8.44	-0.70±5.31	17.67±6.92	18.05±8.25	0.38±4.86	-1.07 (-1.99 to -0.15)	0.02
Other end points								
Weight (kg)	30.04±8.93	36.39±10.41	6.35±3.07	30.33±8.82	37.69±11.05	7.37±3.35	-1.01 (-1.54 to -0.48)	<0.001
Height (cm)	132.06±12.55	142.34±12.48	10.28±1.91	133.02±12.71	143.67±13.05	10.65±1.97	-0.37 (-0.72 to -0.02)	0.04
Height z score‡	-0.09±1.00	-0.07±0.99	0.03±0.27	0.03±0.99	0.09±0.99	0.06±0.27	-0.04 (-0.10 to 0.02)	0.17
Waist circumference (cm)	58.85±7.44	62.22±7.97	3.37±2.97	58.69±7.05	62.72±7.92	4.03±3.12	-0.66 (-1.23 to -0.09)	0.02
Children who completed study¶								
Primary end point: BMI z score‡	0.05±0.99	0.07±0.98	0.02±0.40	-0.02±1.00	0.14±1.06	0.15±0.42	-0.13 (-0.20 to -0.06)	0.001
Secondary end points								
Sum of thicknesses of four skinfolds (mm)	36.0±16.9	39.1±20.2	3.2±8.1	34.4±15.8	40.1±20.4	5.7±10.0	-2.5 (-4.2 to -0.8)	0.003
Waist-to-height ratio (%)	44.6±3.7	43.7±3.8	-0.9±1.9	44.1±3.7	43.7±4.1	-0.5±2.1	-0.4 (-0.8 to -0.1)	0.02
Fat mass on electrical impedance (kg)§	5.61±3.44	6.65±4.29	1.02±1.68	5.45±3.21	7.02±4.40	1.57±2.05	-0.55 (-0.89 to -0.21)	0.001
Fat mass on electrical impedance (% of body weight)	17.69±6.63	17.11±7.22	-0.61±3.71	17.35±6.39	17.85±7.36	0.45±3.81	-1.05 (-1.73 to -0.37)	0.003
Other end points								
Weight (kg)	29.76±8.44	36.09±10.19	6.33±2.71	29.75±8.20	37.06±10.66	7.30±3.39	-0.97 (-1.52 to -0.42)	0.001
Height (cm)	131.72±12.44	141.92±12.23	10.21±1.85	132.40±12.57	142.98±12.89	10.57±1.93	-0.36 (-0.71 to -0.02)	0.04
Height z score‡	-0.12±0.92	-0.12±0.95	-0.001±0.38	-0.002±1.01	0.06±0.99	0.06±0.44	-0.07 (-0.14 to 0.01)	0.08
Waist circumference (cm)	58.63±6.90	61.99±7.79	3.36±2.69	58.30±6.43	62.35±7.55	4.05±3.10	-0.69 (-1.22 to -0.17)	0.01

* Values are means (±SD) or means with 95% confidence intervals. Children were considered to have completed the study if they consumed the beverages for the full 18 months. Mean changes for the children who completed the study may differ slightly from the difference between means at 18 and 0 months because measurements were not available from a few participants at either time point. We used R software, version 2.1, to impute end points for the 164 participants who discontinued the study and SPSS software, version 17.0, for all other analyses.
† Differences in changes from baseline between the sugar-free group and the sugar group were analyzed with the use of an independent-sample t-test. P≤0.05 was considered to indicate significance.
‡ The z scores for body-mass index and height were calculated with the use of the data described by Schönbeck et al.[23]
§ Impedance measurements were calculated with the use of the method described by Rush et al.[26]
¶ A total of 225 children in the sugar-free group and 252 children in the sugar group completed the study.

결과표입니다. ITT 원칙에 맞도록 319명, 322명의 결과가 위쪽에 보이고 있습니다. 아래쪽에는 추가로 PP 분석으로 255명, 252명의 분석도 하였습니다. (다행스럽게도) 비슷하게 유의한 결과가 나왔습니다.

Adherence and Blinding에 대해서 아주 자세하게 언급하였습니다. 어떤 피험자가 추적소실이 되었는지 알기 위해서, 즉 단순히 무작위로 추적소실이 되지 않았기 때문에 소실된 사람들은 어떤 이유에서인지를 자세히 알아볼 필요가 있기 때문입니다.

A total of 26% of the participants stopped consuming the beverages. These children had a slightly higher BMI at baseline, and their parents had completed fewer years of school.

중도 탈락한 아이들은 처음에 다소 BMI가 높고, 부모의 학력이 조금 더 낮은 경우였습니다.

This difference in educational levels theoretically might have influenced the effect of the beverages on weight loss.

이런 교육 배경의 차이가 이론적으로는 체중 감소에 영향을 주었을지도 모릅니다.

During the first 6 months of the study, however, weight loss was the same among children who ultimately completed the study as among children who discontinued the study after 6 months or more

그러나 초기 6개월간의 체중 감소는 6개월 후 소실된 피험자나 끝까지 지속한 사람이나 차이가 없었습니다.

The proportion of children who were aware of the type of beverage they were consuming was similar among children who did and those who did not complete the study.

피험자 중에 자기가 어떤 음료를 마시는지 알게 된 비율은 지속한 경우와 중단한 경우에서 차이가 없었습니다. (blinding이 깨어졌기에 더 많이 중단한 것은 아니라는 암시입니다.)

Also, most children who did not complete the study were lean, and few children dropped out because of concern about weight.

지속한 아이들은 보통 날씬하고, 체중에 대한 염려 때문에 중단한 경우는 거의 없었습니다.

Most children who stopped drinking the study beverages did so because they no longer liked the beverages.

중단한 대부분의 경우는 더 이상 먹고 싶어하지 않았기 때문입니다. (이것은 중단 이유가 다소 무작위에 의한 것임을 시사합니다.)

Analyses in which missing values were imputed also suggested that results for the full cohort would have been similar to those for the children who completed the study.

중단한 경우를 대체한 경우와 뺀 경우의 분석 결과는 비슷합니다. (즉 ITT와 PP가 비슷하다는 말이 됩니다. 사실 ITT와 PP가 다른 경우에는 해석이 좀 복잡합니다. ITT를 원칙으로 하되 PP도 같이 고려하는 것이 보통입니다.)

The 477 children who completed the study consumed 5.8 cans, or 83% of the assigned 7 cans per week, with no difference according to the type of beverage consumed and no changes over time.

끝까지 지속한 477명은 매주 5.8캔을 소비하였고, 시간에 걸쳐서 소비량은 큰 차이가 없었습니다.

The mean level of urinary sucralose was 6.7±4.7 mg per liter in the sugar-free group and 0.1±0.3 mg per liter in the sugar group, indicating adherence in the group of children who drank the artificially sweetened beverages.

뇨중 sucralose의 양은 인공감미료군이 더 높았고, 인공감미료군의 순응도가 더 좋았던 것을 시사해줍니다(특히 순응도에 대해 집중적으로 조사하기 위해 소변 검사까지 하는 치밀함을 보여줍니다. 순응도 문제에 따라서 결과의 해석이 완전히 달라지기 때문에 철저한 사전 준비를 했을 것입니다).

이 과정에서 ITT, 즉 배정된 대로 분석군을 만들기 위해 엄청난 노력을 했다는 것을 알 수 있습니다. 일단 순응도를 높이기 위해서 많은 노력을 했습니다. 그리고 탈락된 사람들을 수학적으로 imputation하였습니다.

At 18 months, 609 children were asked which type of beverage they thought they had received.

18개월째, 609명에게 어떤 음료를 마셨는지 물어보았습니다. 여기서부터가 blinding index를 측정하기 위한 준비입니다. ITT와 직접적으로 관계는 없지만 공부해봅시다.

Among 474 children who completed the study, 48% in the sugar-free group and 50% in the sugar group answered that they did not know, 36% in the sugar-free group and 27% in the sugar group answered "artificially sweetened," and the remainder said "sugar-sweetened."

각각 48%와 50%가 어떤 음료인지 모른다고 답했습니다. 인공감미료군에서 제대로 알아낸 사람 36%와 설탕군에서 잘 알아내지 못한 사람이 위의 27%입니다.

이것을 표로 보이면 아래와 같습니다.

	모른다	잘 안다	잘 모른다
sugar-free group	48%	36%	(16%)
sugar group	50%	(23%)	27%

또는 이렇게도 표현할 수 있습니다.

	sugar-free로 안다	Sugar로 안다	모른다
sugar-free group	36%	16%	48%
sugar group	27%	23%	50%

The proportion of participants who correctly responded "artificially sweetened" was 21% (95% confidence interval [CI], 12 to 30) higher (47 more children) than expected by chance, as estimated with the "blinding index" described by Bang et al.

artificially sweetened군에서 우연에 의한 것보다 더 많이 알게 되었을 가능성은 35%-16%로 21%(35%-16%로 반올림에 의한 차이)입니다.

위 표를 이용해서, Bang의 "blinding index"와 95% 신뢰구간을 구해봅시다.

In the sugar group, the proportion of children who were aware of the type of beverage they had consumed was 3% (95% CI, −12 to 6) lower (7 fewer children) than expected.

역시 동일한 요령으로 구해봅시다.

Among 135 children who did not complete the study, the beverage was correctly identified by 12% more, or 9 more children, than expected, in the sugar-free group, and by 1 less child than expected in the sugar group.

중도에 포기한 135명에서도 역시 같은 방법으로 구해봅시다. 이렇게 함으로써 혹시 blinding 이 훼손된 것이 추적소실의 원인이었는지 추정할 수 있습니다.

Bang's Blinding Index(BI)

이는 방희정 교수님의 제안으로 (James의 BI도 있지만) 현재 가장 널리 사용되는 "blinding index" 중의 하나입니다. 이것의 변형인 2X5 table도 있으나, 기본은 2X3 table입니다. http://me2.do/xk3TyGC5의 노란 칸에 해당하는 숫자를 넣으면 오른쪽 표에 각각의 확률이 계산됩니다.

proportion based									95% CI	
	drug	placebo	don't know	total	total N		BI	var	lower	upper
drug	0.36	0.16	0.48	1	319	→	0.2000	0.001504702	0.1240	0.2760
placebo	0.27	0.23	0.5	1	322		0.0400	0.001547826	-0.0371	0.1171

앞서 보았던 표와 같은 결과를 보여줍니다. 여기서 공식은

$$BI = (2\frac{n_{correct}}{n_1 + n_2} - 1) * (\frac{n_1 + n_2}{n_1 + n_2 + n_3}) = P_{correct} - P_{incorrect}$$

$$var(BI) = \{P_1(1 - P_1) + P_2(1 - P_2) + 2P_1P_2\} / n_{total}.$$

입니다. Var(BI)를 이용하여 이것의 95% 신뢰구간을 구할 수 있는데, 엑셀 시트를 이용하여 편리하게 구할 수 있도록 하였습니다. 노란 칸에 숫자를 넣으면 결과적으로 빨간 숫자로 계산되도록 한 것입니다. 95% 신뢰구간 안에 0이 포함된다면 blind가 잘된 것이라고 할 수 있습니다. 위의 경우에는 sugar-free group에서 blind가 잘되지 않은 것이라고 보여줍니다.

Guess versus assignment[*]						
	Patient/proxy		**Study coordinator**		**Principal neurologist**	
Treatment assignment	**Aspirin**	**Warfarin**	**Aspirin**	**Warfarin**	**Aspirin**	**Warfarin**
Guess						
Aspirin	109	63	202	116	190	161
Warfarin	117	156	69	161	81	114
Missing	54	70	9	12	9	14
κ_{ALL} (95% CI[**])	0.19 (0.11, 0.28)		0.33 (0.25, 0.4)		0.12 (0.04, 0.2)	
After treating 'uncertain' as 'Don't Know'						
Guess						
Aspirin	41	14	42	23	32	18
Warfarin	55	99	16	97	10	52
Don't Know	130 (58%)	106 (48%)	213 (79%)	157 (57%)	229 (85%)	205 (75%)
κ_{CERT} (95% CI)	0.31 (0.19, 0.43)		0.52 (0.38, 0.65)		0.49 (0.32, 0.65)	
BI (95% CI)	0.69 (0.65, 0.73)		0.75 (0.72, 0.79)		0.85 (0.82, 0.88)	
newBI$_j$ (95% CI)						
Aspirin	−0.06 (−0.15, 0.02)		0.10 (0.04, 0.15)		0.08 (0.04, 0.13)	
Warfarin	0.39 (0.31, 0.47)		0.27 (0.20, 0.34)		0.12 (0.07, 0.18)	

이 blinding index를 사용한 다른 논문을 한번 찾아볼까요? asprin과 warfarin을 비교한 RCT[1]가 있는데 이것의 table 2를 보겠습니다. 이 논문은 통계학자가 저자로 참여하여 마치 통계논문처럼 각종 통계 공식을 적어두고 각각의 index들을 비교해서 보여주기 때문에 공부가꽤 됩니다. 무료로 제공되는 PDF를 받아서 공부하는 것도 좋겠습니다.

이렇게 환자나 연구 참여자들이 과연 blinding이 잘되었는지를 살펴보기 위해, 빨간 상자를제가 만든 엑셀 파일(http://me2.do/xk3TyGC5)에 넣어보겠습니다.

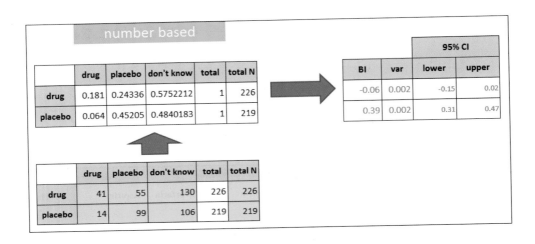

BI 및 95% CI까지 잘 일치하게 나왔습니다. 이 논문에서 말한 New BI가 Bang's BI입니다.

1_Hertzberg V, Chimowitz M, Lynn M, Chester C, Asbury W, Cotsonis G.(2008). Use of dose modification schedules is effective for blinding trials of warfarin: evidence from the WASID study. *Clin Trials*, 5(1), 23–30. doi:10.1177/1740774507087781.

BI	var	95% CI	
		lower	upper
0.08	5E-04	0.04	0.13
0.12	9E-04	0.07	0.18

BI	var	95% CI	
		lower	upper
0.10	8E-04	0.04	0.15
0.27	0.001	0.20	0.34

나머지 파란 상자 둘도 역시 같은 결과를 얻을 수 있습니다. 논문에서는 세로로 된 것을 엑셀에 넣기 위해 가로로만 잘 입력하면 쉽게 계산할 수 있습니다.

Treatment Assignment	Patient		Study coordinator	
	Aspirin	Warfarin	Aspirin	Warfarin
Guess				
Aspirin	42	42	26	10
Warfarin	16	74	10	47
Don't Know	207	144	229	203
κ (95% CI)	0.33 (0.19, 0.46)		0.55 (0.37, 0.72)	
BI (95% CI)	0.78 (0.76, 0.80)		0.86 (0.83, 0.89)	
newBI$_j$ (95% CI)				
Aspirin	0.10 (0.04, 0.15)		0.06 (0.02, 0.10)	
Warfarin	0.12 (0.04, 0.20)		0.14 (0.09, 0.20)	

BI	var	95% CI	
		lower	upper
0.10	8E-04	0.04	0.15
0.12	0.002	0.04	0.20

BI	var	95% CI	
		lower	upper
0.06	5E-04	0.02	0.10
0.14	8E-04	0.09	0.20

논문의 table 4도 역시 엑셀과 잘 일치합니다.

제가 ITT에 관한 이야기를 자세히 한 이유는 무엇일까요? 일단 이것이 중요한 주제이기 때문입니다. RCT에서, 즉 제대로 된 무작위 배정을 위해서는 ITT를 빼놓을 수 없기 때문입니다. 두 번째로 CONSORT에서도 매우 강조하고 있기 때문입니다. CONSORT에서도 Box라는 강조 문단에서 자세히 이야기하고 있습니다. 세 번째 이유는 다른 통계책에서 별로 강조하지 않았기 때문입니다. 제가 알고 있는 대부분의 end user를 위한 통계책은 SPSS나, R과 같은 프로그램을 어떻게 다루는가에 집중되어 있고 통계전공자를 위한 책에서도(제가 많이 읽어본 것은 아니지만) ITT 같은 이야기는 잘 하지 않습니다.

ITT가 혼란스러운 경우

지금까지 ITT에 대해서 이해를 하셨다면 이제 조금 어려운 문제를 풀어보겠습니다. 다음의 경우들은 ITT 원칙에 원래 무작위 배정된 군으로 포함되어야 할까요, 아닐까요?

A군에 배정된 환자, 포함되면 안 되는 당뇨병이 있음이 나중에 알려졌다.

A군에 배정된 환자, 실수로 기준보다 젊은 환자가 포함되었다.

A군에 배정된 환자, A 치료를 받기도 전에 사망했다.

A군에 배정된 환자, A 치료를 받다가 B치료를 받았다.

A군에 배정된 환자, 잘못 진단되어 A/B 둘 다 해당되지 않음이 나중에 밝혀졌다.

이 모든 것이 배정된 대로 포함시켜서 분석해야 하며, 이것에 대해서 CONSORT에서는 아래와 같이 표현하고 있습니다.

> A separate issue is that the trial protocol may not have been followed fully for some trial participants. Common examples are participants who did not meet the inclusion criteria (such as wrong diagnosis, too young), received a proscribed co-intervention, did not take all the intended treatment, or received a different treatment or no intervention. (CONSORT 12a)

한편 약물의 부작용에 대해서는 ITT가 적용되어야 하는지 이견이 있을 수도 있습니다. 그리고 이것에 대해선 CONSORT extension에서 따로 다루고 있습니다.

> Overall, intention-to-treat is usually the preferred analysis both for efficacy and harms because intention-to-treat is an analysis in which the original random participant assignment is maintained in the data analysis. Because differences in the use of the definitions of these types of analysis can be important, authors should

state which analyses and definitions they use. Moreover, authors should state whether they use the same type of analysis for both efficacy end points and harms. (Recommendation 7)[1]

그렇지만 약물을 복용하지도 않았는데 생기는 약물 부작용이나, 수술을 받지도 않았는데 생긴 출혈 등은 사실 설명되지 않는 부작용일 수 있습니다. 구체적인 사례들에 대해서 언급할 수도 있겠지만, 무엇보다 이런 식의 protocol을 어기게 되는 일이 생기지 않도록 충분히 계획하는 것이 좋겠습니다.

1_Ioannidis, John P.A., Stephen J.W. Evans, Peter C. Gøtzsche, Robert T. O'Neill, Douglas G. Altman, Kenneth Schulz and David Moher (2004). Better Reporting of Harms in Randomized Trials: An Extension of the CONSORT Statement. *Annals of Internal Medicine*, 141(10), 781–788.

과연 다른 논문들은 ITT원칙을 잘 따를까?

아마 대부분의 연구들은 이 원칙대로 잘 하지 않을 것입니다. 사실 RCT 자체가 시행하기가 매우 어렵기 때문이기도 하지요. 수준 높은 논문들은 어떨까요? 예를 들어, BMJ, Lancet, JAMA, NEJM 같은 논문들은 어떨까요? 지금은 더 좋아졌겠지만 1997년에는 어땠을지 한번 살펴보겠습니다. 위 논문[1]을 pubmed에서 검색하면 1999년에 나온 전문을 볼 수 있습니다. 통계학자가 쓴 글로 일단 초록의 결과 부분만 살펴보겠습니다.

> Results : 119 (48%) of the reports mentioned intention to treat analysis. Of these, 12 excluded any patients who did not start the allocated intervention and three did not analyse all randomised subjects as allocated.

ITT라고 언급한 119편의 논문 중에서 12편의 논문은 배정된 치료를 한 것이 아니라서 제외되었고, 3편은 배정된 모든 환자를 분석하지 않아서(즉 ITT가 아니라서) 제외되었습니다.

> Five reports explicitly stated that there were no deviations from random allocation.

5편의 논문은 무작위 배정에서 위배된 것이 없었다고 명쾌하게(explicitly) 밝혔습니다. 아마도 결측치나 추적소실이 없었던 경우인 것 같습니다.

> The remaining 99 reports seemed to analyse according to random allocation, but only 34 of these explicitly stated this.

99편은 아마도 무작위 배정에 따라 분석한 것 같은데, 34편만 명백하게 밝혔습니다.

1_Hollis S, Campbell F(1999). What is meant by intention to treat analysis? Survey of published randomised controlled trials. *BMJ*, ;319(7211), 670–674. doi:10.1136/bmj.319.7211.670.

89 (75%) trials had some missing data on the primary outcome variable.

89편의 논문은 결측치가 있었습니다.

The methods used to deal with this were generally inadequate, potentially leading to a biased treatment effect.

이 결측치를 다룬 방법은 적절하지 않았고, 편향된 결과를 가져올 위험이 있습니다.

29 (24%) trials had more than 10% of responses missing for the primary outcome, the methods of handling the missing responses were similar in this subset.

29편의 논문은 10% 이상의 결측치가 있었으며, 결측치를 다룬 방법은 비슷하였습니다.

Conclusions
The intention to treat approach is often inadequately described and inadequately applied. Authors should explicitly describe the handling of deviations from randomised allocation and missing responses and discuss the potential effect of any missing response. Readers should critically assess the validity of reported intention to treat analyses.

결론
ITT가 때때로 부적절하게 묘사되고, 부적절하게 적용된다. 저자는 무작위 배정과 결측치를 어떻게 다루었는지, 결측치를 다루는 방법에 어떤 잠재적인 결과가 있는지 분명히 묘사해야 한다. 독자는 ITT라고 쓰여진 것의 신뢰도를 비판적으로 읽어야 한다.

본문 안에서는 선택적으로 인용해볼까 합니다. 도움이 될 만한 글들만 추려서 말이지요.

Introduction
"Intention to treat" is ~~ generally interpreted as including all patients, regardless of whether they actually satisfied the entry criteria, the treatment actually received, and subsequent withdrawal or deviation from the protocol.

ITT는 '실제로 적응 기준에 맞는지, 혹은 실제 받은 치료가 무엇인지, 프로토콜을 위반했는지'와 상관없이 그 배정된 군에 속해서 분석됩니다.

Clinical effectiveness may be overestimated if an intention to treat analysis is not done.

만일 ITT를 하지 않는다면 유효성이 과장되어 나타날 수 있습니다. (앞에서 예를 들어 보여 드렸던 내용이지요.)

Care must always be taken to minimise missing responses and to follow up those who withdraw from treatment, but this is particularly important for the implementation of an intention to treat analysis.

추적소실이 없도록 최선의 노력을 해야 하고, 이것이 ITT를 수행할 때 특별히 중요합니다.

No consensus exists about how missing responses should be handled in intention to treat analyses, and different approaches may be appropriate in different situations.

결측치를 다루는 방법은 상황에 따라 다양합니다.

Practice also varies over handling of false inclusions (subjects found after randomisation not to satisfy the entry criteria). Thus, there is no single definition of an intention to treat analysis, and the phrase seems to have different meanings for different authors.

무작위 배정 뒤에 실제로 criteria가 맞지 않는 사람에 대해서 어떻게 해야 할지도 다양한데, 결과적으로 그런 면에서 ITT도 저자에 따라 약간씩 다른 의미로 쓰이기도 합니다. (여기서 도 역시 저자마다 약간씩 다르게 사용하는 의미를 지적하고 있군요.)

Table 1 Use of intention to treat and other methods to analyse trial of coronary artery bypass surgery and medical treatment for stable angina pectoris in 768 men.[2] Mortality 2 years after randomisation is shown by allocated and actual intervention*

| | Allocated (actual) intervention | | | | Differences in mortality (95%CI) surgical v medical |
	Medical (medical)	Medical (surgical)	Surgical (surgical)	Surgical (medical)	
No of survivors	296	48	353	20	—
No of deaths	27	2	15	6	—
Mortality (%)	8.4%	4.0%	4.1%	23.1%	—
Intention to treat analysis	7.8% (29/373)		5.3% (21/394)		2.4% (−1.0% to 6.1%)
Per protocol analysis	8.4% (27/323)		4.1% (15/368)		4.3% (0.7% to 8.2%)
As treated analysis	9.5% (33/349)		4.1% (17/418)		5.4% (1.9% to 9.3%)

*77 patients did not receive allocated intervention for various reasons (one was not available for follow up and is not included in table). The high death rate in the group assigned to surgery but not receiving it is due to 6 patients who died before they could be operated on. The authors correctly reported the intention to treat analysis, which shows no significant difference between the treatments.

이것은 이 논문에서 보여준 예제라고 할 수 있습니다. 수술을 받기로 배정되었다가 안 받은 사람과 그 반대의 사람이 있습니다. 그래서 ITT와 PP가 달라지게 됩니다. 동시에 PP와 as treated와도 달라지게 됩니다. 위의 표를 찬찬히 살펴봅시다.

	배정	medical	medical	surgical	surgical
	실제	medical	surgical	surgical	medical
생존자		296	48	353	20
사망자		27	2	15	6
ITT		29	373		
PP		27	323		
as treated		33	349		

373은 노란 칸의 숫자를 합친 것입니다. ITT이므로 medical에 배정된 사람의 숫자이지요. 이 중에는 실제로 수술한 사람도 48명이 있습니다. 그렇지만 ITT군에 배정된 원칙에 따라 373 이라는 숫자를 분석하는 것입니다. 사망자는 빨간 글씨입니다.

| 배정 | medical | medical | surgical | surgical |
실제	medical	surgical	surgical	medical
생존자	296	48	353	20
사망자	27	2	15	6
ITT	29	373		
PP	27	323		
as treated	33	349		

323은 하늘색 칸의 숫자를 합친 겁니다. PP니까, 실제 protocol대로 시행된 사람들만 포함된 것이니까요. Medical에 배정받았고 실제 Medical을 받은 사람이지요. 그중에서 27명이 사망했습니다.

| 배정 | medical | medical | surgical | surgical |
실제	medical	surgical	surgical	medical
생존자	296	48	353	20
사망자	27	2	15	6
ITT	29	373		
PP	27	323		
as treated	33	349		

as treated는 **배정과 상관없이** 실제 medical 치료를 받은 사람만 모은 것이니까, 보라색 칸의 숫자를 모아서 349명이 되었고, 사망자도 빨간 글씨의 숫자를 모아서 33명이 되었습니다. 어떤 사람은 as treated를 PP와 같은 의미로 사용하기도 합니다만 지금의 예에서 보듯이 다른 의미입니다.

Table 1 Use of intention to treat and other methods to analyse trial of coronary artery bypass surgery and medical treatment for stable angina pectoris in 768 men.[2] Mortality 2 years after randomisation is shown by allocated and actual intervention*

| | Allocated (actual) intervention | | | | Differences in mortality (95%CI) surgical v medical |
	Medical (medical)	Medical (surgical)	Surgical (surgical)	Surgical (medical)	
No of survivors	296	48	353	20	—
No of deaths	27	2	15	6	—
Mortality (%)	8.4%	4.0%	4.1%	23.1%	—
Intention to treat analysis	7.8% (29/373)		5.3% (21/394)		2.4% (−1.0% to 6.1%)
Per protocol analysis	8.4% (27/323)		4.1% (15/368)		4.3% (0.7% to 8.2%)
As treated analysis	9.5% (33/349)		4.1% (17/418)		5.4% (1.9% to 9.3%)

*77 patients did not receive allocated intervention for various reasons (one was not available for follow up and is not included in table). The high death rate in the group assigned to surgery but not receiving it is due to 6 patients who died before they could be operated on. The authors correctly reported the intention to treat analysis, which shows no significant difference between the treatments.

이제 앞서 보았던 것을 다시 봅시다. 오른쪽 귀퉁이를 자세히 봅시다.

—
2.4% (−1.0% to 6.1%)
4.3% (0.7% to 8.2%)
5.4% (1.9% to 9.3%)
ot available for follow up

ITT → PP → as treated 순서로 차이가 더 커지는 것을 보게 됩니다. 따로 계산해보면 p값이 더 작아집니다. 즉, 앞서 설명하였던 것과 같은 결과를 보여줍니다. (이 순서가 항상 그렇다는 것이 아니라 대충 그런 경향을 보인다는 것입니다.)

이것은 아주 극단적인 예로 ITT, PP, as treated의 예와 그 결과를 함께 잘 보여줍니다.

Table 4 Trials in which patients who did not start allocated intervention were excluded from intention to treat analysis

Study	Population	Interventions	Outcome	Exclusions from analysis*
Spruance et al[9]	2209 patients with history of frequent episodes of herpes simplex labialis	Topical penciclovir or vehicle control cream for recurrence of classic cold sore	Lesion healing	636 patients who did not start treatment
Fazekas et al[10]	150 patients with relapsing-remitting multiple sclerosis	Monthly intravenous immunoglobulin or placebo	Clinical disability	2 patients in placebo group who withdrew consent between randomisation and start of treatment
CAESAR[11]	1895 patients infected with HIV-1 and CD4 counts of 25-250×10^6/l	Addition of lamivudine, or lamivudine and loviride, or placebo to zidovudine based regimens	Progression to new protocol defined AIDS event or death	35 patients who did not start the study treatment. The study was prematurely terminated, but it is not clear whether this was the cause
Landoni et al[12]	343 women with newly diagnosed stage Ib and IIa cervical cancer	Radical surgery or radiotherapy	Survival	2 patients randomised to surgery: 1 for progression before operation and 1 refused any therapy after randomisation
Rutgeerts et al[13]	854 patients with bleeding peptic ulcer	Three endoscopic treatments: single injection of polidocanol, or single injection of fibrin glue, or repeated injection of fibrin glue	Endoscopic rebleeding	4 patients in whom, after randomisation, injection treatment turned out to be impossible
Nashan et al[14]	380 renal allograft recipients	Basiliximab or placebo	Acute rejection	Four patients who received study drug but did no transplant
Jacobson et al[15]	60 HIV positive patients with oral aphthous ulcers	Thalidomide or placebo	Complete ulcer resolution and change in HIV load	2 patients whose ulcers healed between screening and start of study treatment
Kaplan et al[16]	198 HIV positive patients with previously untreated, aggressive non-Hodgkin's lymphoma	Low or standard dose chemotherapy	Survival	1 patient who was never treated due to an acute opportunistic infection and 1 lost to follow up after randomisation but before start of treatment
Englund et al[17]	839 children with HIV infection	Zidovudin or didanosin, or both	Time to death or progression of HIV disease	7 patients excluded because treatment was refused after randomisation
Tardif et al[18]	317 patients having elective angioplasty	Combinations of antioxidants or placebo, starting preoperatively	Extent of restenosis	Analysis included "all randomised patients with successful angioplasty" (11 exclusions)
Guilhot et al[19]	745 previously untreated patients with chronic myelogenous leukaemia	Interferon α-2b and cytarabine or interferon alone	3 year survival	3 patients who declined to participate immediately after randomisation
Daoud et al[20]	131 patients scheduled for elective heart surgery	Preoperative amiodarone or placebo	Clinical outcome, complications, length of hospital stay, and cost	7 patients in whom surgery was cancelled after randomisation

*Patients excluded because they did not start the allocated intervention.

이 논문에서 실제 제대로 ITT가 아니었다고 지적 받는 논문들은 table 4에 있습니다. 이런 사례들을 잘 보면 실제 ITT를 이해하기에 좋고, ITT라면 어떻게 기술해야 하는지 잘 알 수 있을 것입니다. 마치 오답노트를 보면서 공부하는 것과도 같습니다.

무작위 배정이 끝난 다음에 치료받을 필요가 없어서 치료를 안 했다거나, 거부했다거나, 치료받을 수 있는 상황이 아니어서 치료를 받지 않은 경우에도 ITT군에는 포함되어야 한다는 것을 앞서 이야기하였는데, 역시 그것 때문에 걸린 예가 있군요.

Ch6.
Results

결과를 보여주는 것은 논문의 절정 부분입니다. 그러나 소설이나 영화의 절정과는 다릅니다. 기가 막힌 반전이나 독창적인 전개에 의한 갑작스런 해결 같은 부분은 없습니다. 오히려 초록에도 결론이 나올뿐더러, 방법론에서도 결론은 이미 예측되어 있습니다. 단지 그것을 증명하는 과정이 과학적이고 합리적인지에 관한 내용만 남아 있는 것입니다. 특히 RCT의 경우에는 미리 연구 계획서에 적힌 대로 분석하기 때문에 대부분 결론을 확인하는 정도라고 할 수 있습니다.

결과를 보여주는 데 통계적 방법이 쓰이지만, 결코 통계적 방법이 주된 내용은 아닙니다. 내용을 읽어가면서 차츰 이해하게 되리라 생각합니다.

흐름도 CONSORT diagram

아마도 이름은 모를지언정 이 그림을 모르는 사람은 없을 정도로 유명한 것이 CONSORT diagram일 것입니다. 출처에 따라 약간씩의 변형이 있습니다.

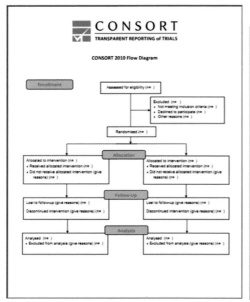 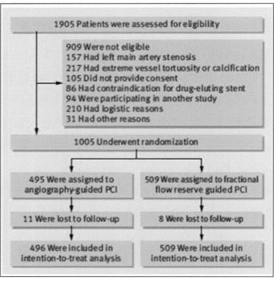

왼쪽의 것이 CONSORT의 공식 PDF에 나온 것이고, 오른쪽 것은 CONSORT에서 예제로 보여준 것입니다.

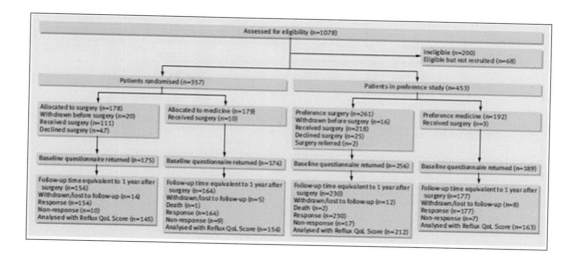

다른 예제로 보여준 것은 이것입니다. 다양한 변형이 가능하다는 것을 알 수 있습니다. 키포인트는 처음 인원과 제외된 인원, 무작위 배정 시작 시의 인원, 추적소실되거나 제외된 사람, 그리고 최종 남은 사람이 포함되어야 합니다.

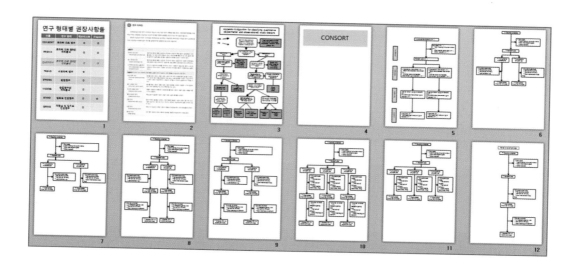

제가 파워포인트 파일로 다양한 변형들을 만들어서 올린 것이 있는데 이를 활용하면 쉽게 그릴 수 있습니다. 특히 파워포인트에서는 상자를 움직이거나 크기를 바꾸면 화살표가 적절하게 알아서 움직이기 때문에 만들기 편리합니다.

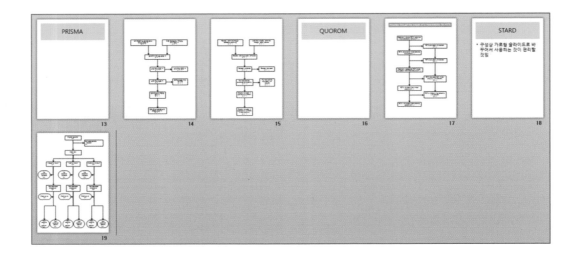

CONSORT diagram 외에 PRISMA QUORUM, STARD 등의 권장되는 다른 diagram도 추가되어 있습니다. (http://blog.naver.com/kjhnav/220669071343에서 다운로드)

그림뿐 아니라 논문의 본문에도 동일한 내용이 기술됩니다. 무작위 배정 후에 어떠한 변경 사항도 자세히 기술되어야 합니다. '1명이 교통사고로 사망했다, 투약을 중지했다, 환자가 임의로 다른 약을 먹었다' 등등 protocol을 violation한 모든 것을 보고하여야 합니다.

The nature of the protocol deviation and the exact reason for excluding participants after randomisation should always be reported. (CONSORT 13b)

또 언제 연구를 시작했으며, 언제 종결되었는지도 기록해야 합니다. 많은 경우 연구 종결 시점은 환자마다 달라질 수 있기 때문에, 추적 기간의 최소와 최대 중앙값 정도는 밝히는 것이 좋습니다.

이 부분은 RCT의 근간이 되는 무작위 배정의 핵심이 되는 내용이라고 할 수 있기 때문에 매우 엄격하게 적용하는 것이 마땅하고, 특히 무작위 배정된 그 숫자(실제 처치 받은 숫자가 아니라)가 명백히 기술되어야 합니다.

Baseline Demographic and Clinical Characteristics

거의 대부분 table 1에서는 두 군의 baseline characteristics를 비교하곤 합니다. 혹 어떤 연구자는 이 내용을 Materials에 넣는 경우도 있고, 한편 이해도 됩니다만, 일단 CONSORT에서는 결과의 첫 부분에 기술합니다. 즉 Materials는 환자를 enroll 하기 전에 거의 완성된다고 생각하면 됩니다.

baseline characteristics를 양 군을 비교할 때 보통 다양한 통계법이 사용됩니다. 독립된 두 군을 비교할 때(대부분 이 경우이죠) 제가 흔히 t-test 삼총사라고 부르는 t-test(연속변수의 모수 검정), Mann-Whitney test(서열변수나 연속변수의 비모수 검정), 카이제곱 검정이 사용되기도 합니다. 그런데 이들 통계에 의해서 $p < 0.05$인 경우가 있다고 하더라도 이는 다중 검정(multiple test)에 의한 것일 가능성이 큽니다.

> Any differences in baseline characteristics are, however, the result of chance rather than bias. Unfortunately significance tests of baseline differences are still common; they were reported in half of 50 RCTs trials published in leading general journals in 1997. Such significance tests assess the probability that observed baseline differences could have occurred by chance; however, we already know that any differences are caused by chance. Tests of baseline differences are not necessarily wrong, just illogical. Such hypothesis testing is superfluous and can mislead investigators and their readers. Rather, comparisons at baseline should be based on consideration of the prognostic strength of the variables measured and the size of any chance imbalances that have occurred. (COCONSOR 15)

그래서 CONSORT에서는 이런 통계법을 사용하는 것이 틀린 것은 아니지만, 논리적으로 맞지 않다(illogical)고 표현하고 있고, 그것이 독자들에게 잘못된 정보를 제공할 가능성이 있음을 말해줍니다. p값을 표현하는 것이 '불행하게도' 아직 많은 논문에서 시행되고 있다고 표현하고 있습니다. 사실 다중 검정에 의한 오해만 아니라면 p값을 표현하는 것이 나쁜 것은 아닌데, 색안경을 낀 사람들이 많기 때문에 현실적으로 생각해서 CONSORT에서는 쓰지 않는 것을 더 권하고 있다고 생각합니다.

표나 본문에 표시할 때도 연속변수는 평균과 표준편차로 표현하며 비대칭적인 경우에는 중앙값과 4분위값을 표현하는 것을 권합니다. 표준오차와 95% 신뢰구간은 권장되지 않습니다 (Standard errors and confidence intervals are not appropriate for describing variability).

서열적인 변수를 연속변수로 처리하지 않아야 하는 것도 중요한데, 많은 연구자가 흔히 범하는 실수입니다.

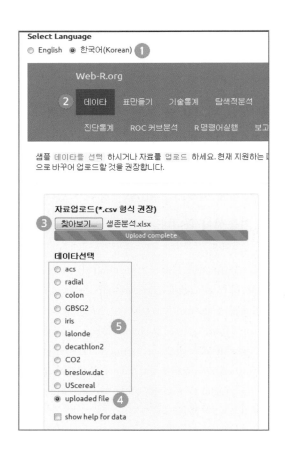

이 baseline demographic and clinical characteristics를 가장 쉽고 편리하게 할 수 있는 방법은 Web-R을 이용하는 방법입니다. (물론 R에서 동일한 패키지를 사용해도 됩니다만, R에 익숙하지 않은 사람도 쓸 수 있기에 일단 Web-R을 소개합니다.)

기본 설정은 영어이지만, 한국어로 바꿀 수 있습니다❶. 먼저 data❷를 클릭해서 찾아보기 ❸를 이용하여 자신의 파일을 올리고, 올려진 파일을 사용하겠다고 선택❹합니다. 기본 예제들이 열거되어 있어서❺ 연습용으로도 좋습니다. 엑셀 파일이나, SPSS, SAS, Stata, dBSTAT 등 다양한 파일 형태를 읽을 수 있지만, csv 파일을 더 권장합니다. 엑셀에서 csv 파일로 저장한 뒤에 올리는 것도 한 방법입니다.

지금은 예제 파일을 사용하도록 하겠습니다. 무작위 대조 연구는 아니지만, lalonde 데이터는 두 가지 치료법을 사용한 연구입니다. 미리 데이터를 살펴보고, 기술통계나 탐색적 분석❶을 해보는 것을 권하지만, 지금은 그 단계를 생략하고 다음 단계인 '표만들기❷'를 보도록 하겠습니다.

먼저 그룹변수로 treat을 택합니다❸. 행 변수 선택에서 모든 변수를 선택해봅시다❹. 실제 상황에서는 가급적 통계에 불필요한 변수들에 대해서는 엑셀로 작업해서 모두 없애고 꼭 필요한 변수들만 데이터로 남기게 되면 이렇게 모든 변수를 선택할 수 있게 됩니다.

| ▲ download Report | ▲ download as Word | ▲ download as pptx ⑥ |

Table 1. Clinical Characteristics according to treat

	0 (N=429)	1 (N=185)	p
age	28.0 ± 10.8	25.8 ± 7.2	0.003
educ	10.2 ± 2.9	10.3 ± 2.0	0.585
black			0.000
0	342 (79.7%)	29 (15.7%)	
1	87 (20.3%)	156 (84.3%)	
hispan			0.005
0	368 (85.8%)	174 (94.1%)	
1	61 (14.2%)	11 (5.9%)	
married			0.000
0	209 (48.7%)	150 (81.1%)	
1	220 (51.3%)	35 (18.9%)	
nodegree			0.011
0	173 (40.3%)	54 (29.2%)	
1	256 (59.7%)	131 (70.8%)	
re74	5619.2 ± 6788.8	2095.6 ± 4886.6	0.000
re75	2466.5 ± 3292.0	1532.1 ± 3219.3	0.001
re78	6984.2 ± 7294.2	6349.1 ± 7867.4	0.334

'표 만들기⑤'를 클릭하면 조금만 수정해서 바로 논문에 낼 수 있도록 만들어집니다. 'word' 파일과 '파워포인트' 파일로 내보낼 수 있어서 더욱 좋습니다⑥.

두 개의 군으로 분석이 되었으며, 연속변수는 평균±표준편차로 표현되고, 명목변수는 빈도 수와 %로 표현됩니다. 맨 위쪽에는 전체 숫자가 표현됩니다. (±표준편차인지 ±신뢰구간인 지 표 아래에 표시가 있으면 더 좋을 것 같습니다. 논문에서도 그것을 표시하기 때문이지요)

Descriptive statistics by two variables

	item	group1	vars	n	mean	sd	median	trimmed	mad	min	max	range	skew	kurtosis	se
11	1	0	1.0	429.0	28.0	10.8	25.0	26.7	10.4	16.0	55.0	39.0	0.9	-0.3	0.5
12	2	1	1.0	185.0	25.8	7.2	25.0	24.9	5.9	17.0	48.0	31.0	1.1	0.8	0.5

참고로 이것은 다른 메뉴에서 평균과 표준편차를 구해본 것입니다. ± 뒤에 있는 것이 표준 편차인지 확인해보았습니다.

앞서 CONSORT에서 보았듯이 오른쪽 p값들은 굳이 표현할 필요가 없고 표현하면 괜히 혼선을 줄 수 있지만, 아직도 많은 저널 reviewer들이 요구하는 경우가 있어 p값이 들어가 있습니다. 필요에 따라 워드 파일에서 삭제하면 됩니다.

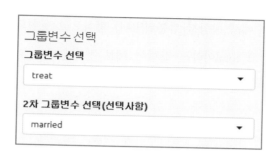

왼쪽에서 2차 그룹변수를 선택할 수 있습니다. 연구 디자인에 따라 정해질 텐데(괜히 쓸데 없이 시행하는 것은 권장하지 않습니다.) 만일 두 군을 결혼 유무에 따라 층화하여 수집했다면, 두 군을 결혼 유무에 따라서 2차 그룹변수로 지정할 수도 있을 것입니다.

Descriptive Statistics Stratified by `TREAT` and `MARRIED`

	1				0			
	0 (N=150)	1 (N=35)	Total (N=185)	p	0 (N=209)	1 (N=220)	Total (N=429)	p
age	24.00 [20.00;28.00]	27.00 [24.50;33.00]	25.00 [20.00;29.00]	0.000	19.00 [18.00;26.00]	29.00 [24.00;40.00]	25.00 [19.00;35.00]	0.000
educ	11.00 [9.00;12.00]	11.00 [9.50;11.50]	11.00 [9.00;12.00]	0.788	11.00 [9.00;12.00]	11.00 [8.00;12.00]	11.00 [9.00;12.00]	0.092
black				0.994				0.000
0	23 (15.33%)	6 (17.14%)	29 (15.68%)		147 (70.33%)	195 (88.64%)	342 (79.72%)	
1	127 (84.67%)	29 (82.86%)	156 (84.32%)		62 (29.67%)	25 (11.36%)	87 (20.28%)	
hispan				0.739				0.622
0	142 (94.67%)	32 (91.43%)	174 (94.05%)		177 (84.69%)	191 (86.82%)	368 (85.78%)	
1	8 (5.33%)	3 (8.57%)	11 (5.95%)		32 (15.31%)	29 (13.18%)	61 (14.22%)	
nodegree				0.767				0.878
0	45 (30.00%)	9 (25.71%)	54 (29.19%)		83 (39.71%)	90 (40.91%)	173 (40.33%)	
1	105 (70.00%)	26 (74.29%)	131 (70.81%)		126 (60.29%)	130 (59.09%)	256 (59.67%)	
re74	0.00 [0.00;989.27]	0.00 [0.00;4547.68]	0.00 [0.00;1291.47]	0.077	574.07 [0.00;3015.31]	7737.14 [1540.96;13316.15]	2547.05 [0.00;9277.13]	0.000
re75	0.00 [0.00;1484.99]	853.72 [0.00;4770.98]	0.00 [0.00;1817.28]	0.016	479.81 [0.00;1822.55]	2535.99 [19.69;6224.95]	1086.73 [0.00;3881.42]	0.000
re78	4101.55 [0.00;9265.79]	5911.55 [1517.39;11825.67]	4232.31 [485.23;9643.00]	0.108	3902.68 [135.95;7933.91]	6337.97 [229.79;14314.74]	4975.51 [220.18;11688.82]	0.007

1군에서 '미혼:결혼'이 150:35의 비율인데, 2군에서는 '미혼:결혼'의 비율이 209:220으로 현저한 차이가 있다는 것을 알 수 있습니다. (사실 이 경우는 무작위 대조 연구의 샘플이 아니므로 당연한 것입니다. 무작위 대조 연구에 층화 무작위를 하였다면 비슷한 숫자가 나왔을 것입니다.) 그러므로 이 경우의 p값은 별로 필요가 없습니다. 다국가 연구를 한 경우에 국가를

1차 그룹변수로 하고, 치료군을 2차 변수로 표현할 수도 있을 것입니다. 각 나라마다 숫자가 다른 것은 관심이 없고, 각 나라별로 치료군과 대조군의 숫자가 비슷하고, 성격이 비슷한지에 관심 있는 경우일 수 있습니다. 이런 경우에는 나라를 1차, 치료군을 2차 그룹변수로 두어서 실행하면 되겠습니다.

앞의 표를 보면 나이 변수에서 중앙값[사분위범위] 형식으로 표현되어 있으며, 소수점 아래 두 자리까지 표현되어 있고 total이라는 칼럼이 새로 생겼습니다. 이것은 오른쪽에 있는 메뉴를 이용해서 설정할 수 있습니다.

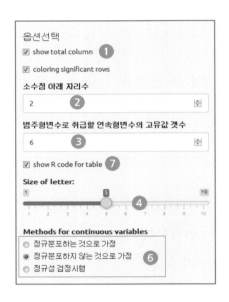

오른쪽의 메뉴를 조금 설명하겠습니다. 치료군 양쪽의 합친 숫자를 한 칼럼으로 표현할 수도 있고❶ 소수점 자리 수를 변동할 수도 있습니다❷. 명목변수를 숫자로 표현하는 경우가 있는데, 기본은 6개까지 명목변수로 간주하도록 되어 있고, 원하면 바꿀 수 있습니다❸. 글자 크기는 수정 가능하지만❹, 실제 작업은 워드에서 하기가 더 좋겠죠. 정규분포를 가정하는 것은 연속변수를 모두 모수 검정(t-test나 ANOVA) 하도록 한 것입니다. '정규분포를 하지 않는 것으로 가정'하는 것은 모두 비모수 검정(Mann-Whitney test 혹은 Kruskal-Wallis test)을 시행한다는 뜻입니다. 제가 권하는 것은 '정규성 검정을 시행'을 선택해 정규성 검정을 시행한 후 모수 검정과 비모수 검정을 적절히 사용하는 것입니다. 사실 비모수 검정은

'정규분포를 하지 않는 것으로 가정'이 아니고, '분포를 가정하지 않는 것'이지만, 어쨌든 메뉴에는 이렇게 되어 있습니다.

모수 검정을 시행하면 평균과 표준편차로 표현되며, 비모수 검정을 시행하면 중앙값과 사분위범위로 표현되어 표현 양식이 달라집니다❻. R을 이용해서 직접 명령어로 써넣을 때 방법을 보여주어❼ 어떤 패키지를 사용했는지 알 수 있게 하였습니다.

```
require(moonBook)
require(ztable)
res=mytable3( treat+married ~ . ,data = lalonde ,method= 2 ,digits= 2 ,exact=TRUE ,show.total=TRUE )
z=ztable(res)
below1=which(as.numeric(z$x[[(ncol(z$x)-1)/2+1]])<0.05)+1
if(length(below1)>0) for(i in 1:length(below1))
    z=addCellColor(z,rows=below1[i],
                        cols=3:(ncol(z$x)-1)/2+2,
                        color='lightcyan')
below2=which(as.numeric(z$x[[ncol(z$x)]])<0.05)+1
if(length(below2)>0) for(i in 1:length(below2))
    z=addCellColor(z,rows=below2[i],
                        cols=((ncol(z$x)-1)/2+3):(ncol(z$x)+1),
                        color='lightcyan')
print(z,caption=caption)
```

한국의 문건웅 교수님이 개발한 moonBook과 ztable이라는 패키지를 이용했군요.

앞서 설명드렸듯이 P값은 굳이 표현하지 않는 것을 CONSORT에서 권하고 있습니다. 그것보다는 무작위 배정과 은폐와 가림에 훨씬 많은 노력을 기울여야 합니다.

만일 Web-R이 아닌 다른 통계 프로그램을 사용한다면 행마다 적절한 통계를 선택해서 실행하고 그 결과를 직접 표에 입력해야 하므로 Web-R이 훨씬 편리합니다. 물론 R을 이용해서 명령어 방식으로 실행할 수도 있습니다. 그 외 많은 장점이 있지만 이것 하나만으로도 Web-R을 추천할 만합니다.

우리가 보고자 하는 결과들, 즉 primary outcome과 secondary outcome들은 요약된 정보뿐 아니라 여러 지표를 같이 보기 원하기 때문에 변수를 하나씩 따로 통계를 돌려보는 것이 필

145

요합니다. 이 경우에는 Web-R뿐 아니라 여러 통계 프로그램을 시행하면서 각각의 장점을 알아보는 것도 좋지만, 궁극적으로는 큰 차이가 없이 비슷비슷합니다.

이때 적절한 차트로 표현해서 결과를 분명히 볼 수 있도록 하기도 합니다. 이 부분은 다음 챕터에서 다루도록 하겠습니다.

Outcomes and estimation

이 부분이 논문에서 가장 중요한 결과라고 생각할 수 있습니다.

만일 이분변수(binary outcome)라면 risk ratio(relative risk) 또는 odds ratio 또는 risk difference가 effect size가 될 것이고, 이것들의 95% 신뢰구간과 함께 표현해줍니다. 만일 생존분석이었다면, hazard ratio나 difference in median survival time을 표현하게 됩니다. 연속변수라면, 보통 평균의 차이가 표현됩니다. 95% 신뢰구간도 표현하는데, 흔히 하는 실수가 두 집단의 95% 신뢰구간을 각각 표현하고 평균차이의 95% 신뢰구간을 생략하는 것입니다(A common error is the presentation of separate confidence intervals for the outcome in each group rather than for the treatment effect.). p값만 제시하는 것은 바람직하지 않습니다. 흔한 잘못이 의미 있는 변수, 혹은 관심 있는 변수에 대해서만 p값을 제시하는 것입니다. 조사한 모든 p값은 제시되어야 하며, 선택적인 보고는 심각한 문제점이 있음을 앞에서 여러 차례 설명한 바 있습니다.

특히 primary outcome이 무엇인지 사전에 명확히 해야 하며, 결과를 제시할 때도 primary outcome과 secondary outcome을 명확히 구분하여 표현하는 것이 마땅합니다. 이분변수이거나 생존분석이 시행된 경우에 number needed to treat(NNT)을 제시하는 것도 도움이 될 수 있습니다.

이분변수

| 독립된 자료 |

Table 5 - Example of reporting of summary results for each study group (binary outcomes)*			
(Adpated from table 2 of Mease et al(103))			
Endpoint	**Number (%)**		**Risk difference (95% CI)**
	Etanercept (n=30)	**Placebo (n=30)**	
Primary endpoint			
Achieved PsARC at 12 weeks	26 (87)	7 (23)	63% (44 to 83)
Secondary endpoint			
Proportion of patients meeting ACR criteria:			
ACR20	22 (73)	4 (13)	60% (40 to 80)
ACR50	15 (50)	1 (3)	47% (28 to 66)
ACR70	4 (13)	0 (0)	13% (1 to 26)

*See also example for item 6a.
PsARC=psoriatic arthritis response criteria. ACR=American College of Rheumatology.

CONSORT에 나오는 예제로, 괄호 안은 모두 %입니다. 명목변수로서 primary endpoint와 secondary endpoint가 명확하게 구분되어 표현되어 있고, Risk difference가 표현되어 있는데 p 값은 없습니다. 있어도 좋을 것 같은데 CONSORT에서는 없어도 된다는 것을 보여주기 위해서인지 이런 예제를 선택했습니다. 위에서처럼 Risk difference와 신뢰구간을 표시하는 것이 p값보다 더 많은 정보를 줍니다. p값을 쓸 수도 있지만 p값만을 쓰는 것은 바람직하지 않습니다.

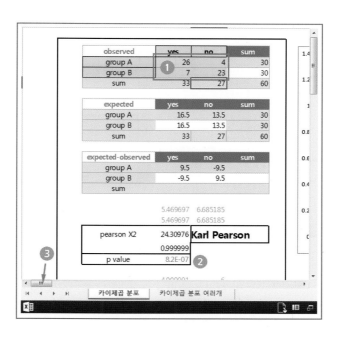

인터넷의 엑셀 파일(http://me2.do/F8xmvVKT)에서 한번 계산을 해볼까요? 4칸에 위의 자료 중 primary outcome에 해당하는 것을 넣어보았습니다❶. 카이제곱 검정의 p값이 계산됩니다 ❷. 스크롤 막대를 오른쪽으로 움직여보겠습니다❸.

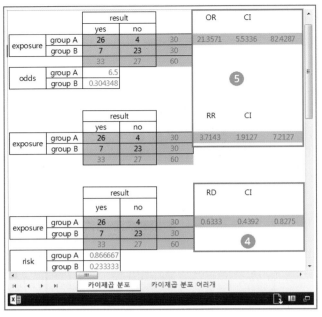

		result			OR	CI	
		yes	no				
exposure	group A	26	4	30	21.3571	5.5336	82.4287
	group B	7	23	30			
		33	27	60		❺	
odds	group A	6.5					
	group B	0.304348					

		result			RR	CI	
		yes	no				
exposure	group A	26	4	30	3.7143	1.9127	7.2127
	group B	7	23	30			
		33	27	60			

		result			RD	CI	
		yes	no				
exposure	group A	26	4	30	0.6333	0.4392	0.8275
	group B	7	23	30			
		33	27	60		❹	
risk	group A	0.866667					
	group B	0.233333					

카이제곱 분포 | 카이제곱 분포 여러개

Endpoint	Number (%)		Risk difference (95% CI)
	Etanercept (n=30)	Placebo (n=30)	
	Primary endpoint		
Achieved PsARC at 12 weeks	26 (87)	7 (23)	63% (44 to 83)

엑셀에서 계산된 값은 앞서 CONCORT의 예제로 나온 RD와 95% 신뢰구간과 동일한 값이 계산됩니다❹. 그 외에도 많이 사용되는 OR과 RR의 것도 계산됩니다❺.

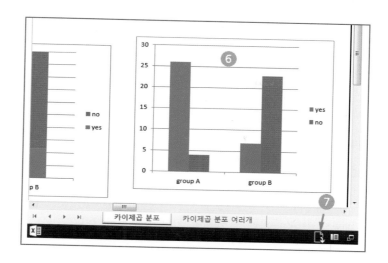

아래쪽에는 이 결과에 어울리는 차트 3개가 만들어집니다❻. 각각의 특징을 살펴보세요. 이 파일은 웹페이지 http://statistics4everyone.blogspot.kr/2016/02/what-is-chi-squared-test.html에서 다운받을 수도 있습니다❼. http://me2.do/F8xmvVKT에서 본인이 직접 해보셔도 좋겠습니다.

한편 카이제곱 검정의 p값은 모든 통계 프로그램에서 잘 계산하여 줍니다. 그중에 몇 가지 질문이 있습니다. '피어슨 카이제곱, Yates의 카이제곱, Fisher exact test 중에서 어떤 것을 선택해야 하는가?'입니다. 가장 정확한 답은 protocol에 계획된 검정법을 사용하는 것입니다. Fisher exact test는 셀 안의 숫자가 작을 때 구하는 것으로, 흔히 그 기준으로는 셀의 기대값이 5 이하인 것이 셀의 20% 이상일 때, 셀의 값에 하나라도 0이 있을 때 등이 있습니다. 그런데 무작위 대조 연구에서는 실제로 이렇게 셀의 숫자가 작게 나오는 경우가 거의 없습니다. 먼저 샘플 수 계산을 해서 계획된 연구에서는 보통 숫자가 매우 큰 경우가 대부분입니다. 그렇게 되면 3개의 p값은 거의 유사하게 나옵니다.

'Yates의 연속성 수정 카이제곱'의 통계 검정 통계량은 항상 피어슨 카이제곱 검정 통계량보다 작아지고, 그래서 p값은 항상 더 큰 쪽으로 나옵니다. 'Yates의 연속성 수정 카이제곱'의 p값은 컴퓨터가 없던 시절 Fisher exact test의 p값에 상당히 근사하게 계산해줍니다. 요즘은 컴퓨터의 발달로 Fisher exact test의 계산이 아주 쉬워졌기 때문에 좀 더 많이 시행되고 있는 추세인 듯한데, 이름에서 보듯이 더 정확한 값일 것이라는 느낌도 작용하는 듯합니다. 그러나 이 exact하다는 말은 의미가 약간 틀린 말로 direct한 방법이라고 굳이 바꾸려는 노력도 있었고, 오히려 피어슨 카이제곱 검정이 더 좋다는 논문들도 있습니다. 실무자의 입장에서는 연구 계획서에 미리 정해두고 어떤 것이든 잘 사용하면 되겠습니다.

부작용과 같이 희박한 경우는 양 군에서 빈도가 매우 적은 경우가 많고, 이런 경우는 Fisher exact test를 사용해야 할 정도로 적은 빈도일 수 있습니다. 이것은 다중 검정으로 인해서 p값의 교정을 하지 않으며, 비록 적은 빈도라도 통계적으로 차이가 있느냐 없느냐뿐 아니라 어떤 부작용이 발생했는지 자체에 대한 자세한 정보가 중요합니다.

http://me2.do/FialREkt(Fisher's exact test 누가 만들었을까?)에는 Fisher exact test가 처음 등장하게 된 역사적 이야기가 나와 있습니다. 흥미로 읽어보실 만합니다.

간혹 어떤 경우는 경향 분석(Chi-squared test for trend)을 시도하는 경우도 있습니다. 최소한 2X3 이상의 table로 자료가 요약되며 3 이상의 명목변수가 서열적 변수인 경우에 시도될 수 있지만, 역시 protocol에 명시된 경우에만 시행해야 합니다. 그냥 Chi-squared test로 p값이 작지 않아서 Chi-squared test for trend를 대신한다거나, 억지로 p값이 작은 것을 찾기 위해서 이렇게 저렇게 구간을 나누어보는 식은 앞서 반복적으로 이야기했듯이 바람직하지 않습니다. 단지 다음 연구를 위해서 탐색적으로 시도해볼 수는 있겠습니다.

SPSS에서는 linear by linear로 근사적으로 보여주며 dBSTAT는 두 가지 p값을 제공하고 있습니다. 혹 어떤 이는 오해하여 '그래프에 보이듯이 서서히 증가하는 경향이 분명한데 왜 경향 분석에는 아니라고 나오냐고 하는데, 두 군이 모두 증가하는 양상이면 차이가 없는 셈입니다. A군은 전체가 비슷한데, B군이 증가하는 양상이라든지, A군은 점차 증가하고, B군은 점차 감소하는 경우에 이 Chi-squared test for trend에서 p값이 작게 나오는 것입니다.

When the primary outcome is binary, both the relative effect (risk ratio (relative risk) or odds ratio) and the absolute effect (risk difference) should be reported (with confidence intervals), as neither the relative measure nor the absolute measure alone gives a complete picture of the effect and its implications. Different audiences may prefer either relative or absolute risk, but both doctors and lay people tend to overestimate the effect when it is presented in terms of relative risk. (CONSORT 17b)

일반적으로 논문에서 많이 보게 되는 것은 OR(odds ratio) 또는 RR((risk ratio = relative risk)인데, CONSORT에서는 이것 외에 RD(risk difference)를 동시에 제시할 것을 말하고 있고 (should be reported), 각각의 장단점이 있습니다. 저 또한 RD를 여러 모로 강조하곤 있지만, 실제로 덜 사용되는 이유 중 하나가 SPSS에 있다고 생각합니다.

SPSS에서

우선 ①과 같은 2X2 table을 얻기 위해서는 ②와 같은 순서를 지켜서 입력해야 합니다. 화살표 방향에 주의해서 관찰해보세요.

153

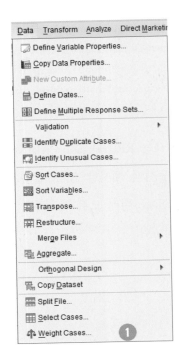

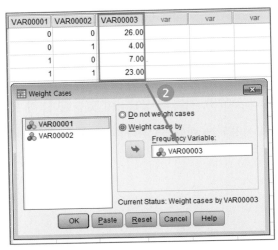

Weight cases❶를 통해서 3번째 열의 값으로 가중치를 주게 됩니다❷. 직접 2X2 table에 입력할 수 있는 다른 프로그램이나 엑셀에 비해서 번거로운 작업이죠. 2X2보다 큰 테이블의 경우에도 위의 규칙을 잘 이해하면 그나마 쉽게 입력할 수 있을 것입니다.

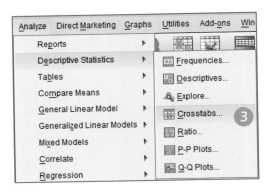

Crosstabs❸ 메뉴를 클릭합니다.

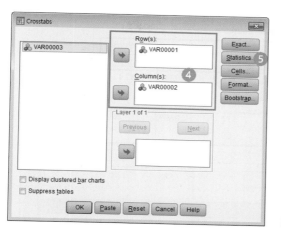
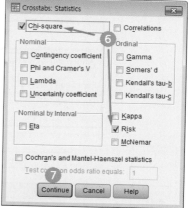

변수를 각각 가로, 세로에 배정하고❹, 'statistics❺'를 클릭합니다. 'chi-squares'와 'risk'를 클릭하고❻, 이어서 continue❼를 클릭합니다. OK를 누르면 결과를 얻을 수 있습니다.

Chi-Square Tests

	Value	df	Asymp. Sig. (2-sided) ❶	Exact Sig. (2-sided)	Exact Sig. (1-sided)
Pearson Chi-Square	24.310[a]	1	8.202222446039463E-7		
Continuity Correction[b]	21.818	1	.000		
Likelihood Ratio	26.420	1	.000		
Fisher's Exact Test				.000	.000
Linear-by-Linear Association	23.905	1	.000		
N of Valid Cases	60				

a. 0 cells (.0%) have expected count less than 5. The minimum expected count is 13.50.

b. Computed only for a 2x2 table

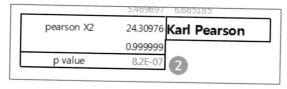

pearson X2	24.30976 **Karl Pearson**
	0.999999
p value	8.2E-07 ❷

SPSS에서 보여주는 카이제곱 검정 통계량과 p값❶이 앞서 보았던 엑셀의 값❷과 잘 일치합니다.

Risk Estimate

	Value	95% Confidence Interval	
		Lower	Upper
Odds Ratio for VAR00001 (0 / 1)	21.357	5.534	82.427
For cohort VAR00002 = 0	3.714	1.913	7.213
For cohort VAR00002 = 1	.174	.068	.442
N of Valid Cases	60		

		result				OR	CI	
		yes	no					
exposure	group A	26	4	30		21.3571	5.5336	82.4287
	group B	7	23	30				
		33	27	60				
odds	group A	6.5						
	group B	0.304348						

		result				RR	CI	
		yes	no					
exposure	group A	26	4	30		3.7143	1.9127	7.2127
	group B	7	23	30				
		33	27	60				

		result				RD	CI	
		yes	no					
exposure	group A	26	4	30		0.6333	0.4392	0.8275
	group B	7	23	30				
		33	27	60				
risk	group A	0.866667						
	group B	0.233333						

카이제곱 분포 　 카이제곱 분포 여러개

SPSS에서 보여주는 OR과 RR❸이 엑셀의 것❺과 잘 일치하고 있으나 이름이 RR이 아니라
서 이해하기에 좋지 않습니다. 더군다나 RD는 계산이 되지 않습니다.

저는 많이 보급된 SPSS가 RD를 제공하지 않기 때문에 연구자들이 RD를 잘 활용하지 않는
다는 생각이 들어 엑셀 파일을 만들어서 보급(http://me2.do/F8xmvVKT)하고 있습니다. 또
한 SPSS에서는 table로 요약된 자료를 입력하기가 번거로운 점도 있습니다.

156

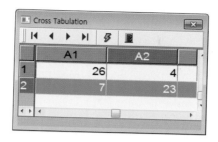

MedCalc나 Web-R이나 dBSTAT는 table형태로 바로 입력할 수 있는 장점이 있습니다. 위의 그림은 dBSTAT입니다.

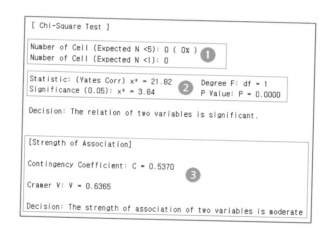

기대값이 작아서 Fisher exact test를 해야만 하는지 검토하고❶ 피어슨 카이제곱은 보여주지 않고 기본적으로 Yates 연속 수정 카이제곱 검정의 값만을 보여줍니다❷. 관련성의 강도를 나타내는 두 값❸을 보여주는데, 이 값은 마치 상관분석에서의 상관계수와 같은 성격입니다.

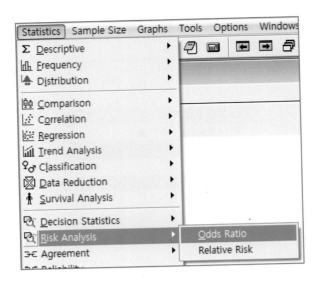

한편 OR이나, RR은 다른 메뉴를 통해 추가로 구해야 합니다. 저의 바람은 그냥 카이제곱 검정을 하면 OR과 RR, RD가 한꺼번에 구해지는 것입니다.

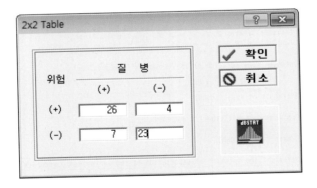

이런 식으로 입력하며, 결과는 아래와 같습니다.

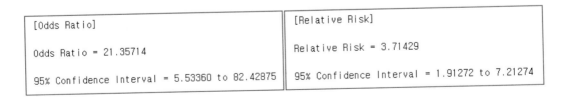

[Odds Ratio]

Odds Ratio = 21.35714

95% Confidence Interval = 5.53360 to 82.42875

[Relative Risk]

Relative Risk = 3.71429

95% Confidence Interval = 1.91272 to 7.21274

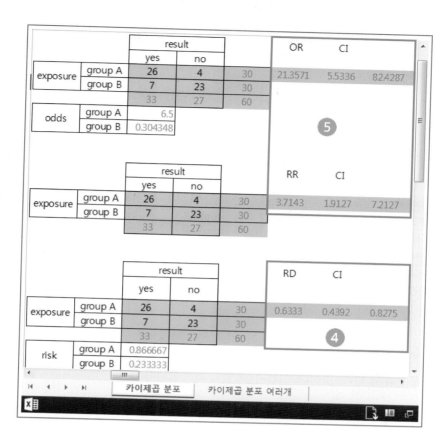

앞서 보았던 엑셀에서 구한 값과 일치합니다. 대신 RD는 구해주지 않습니다.

Web-R에서도 2X2 table 형태가 가능합니다.

서버 위치	Singapore,SG	Frankfurt, DE	London, UK	Fremont,CA	Dallas,TX	Newark,NJ
웹에서 하는 R통계	R통계	R통계		R통계	R통계	R통계
R통계(2.0 beta)	R통계2.0	R통계2.0	R통계(2.0)	R통계2.0	R통계2.0	R통계2.0
ggplot2 배우기	ggplot2	ggplot2	ggplot2	ggplot2	ggplot2	ggplot2
메타분석	메타분석	메타분석	메타분석	메타분석	메타분석	메타분석
구조방정식	구조방정식	구조방정식	구조방정식	구조방정식	구조방정식	구조방정식
chisquare test와 ttest 개념잡기	ttest	ttest	ttest	ttest	ttest	ttest

'chisquare test와 ttest 개념잡기'라는 독특한 이름의 메뉴를 봅시다. 일종의 교육용/강의용 메뉴로 제가 주문해서 만든 것이라 이름과 구성이 독특합니다.

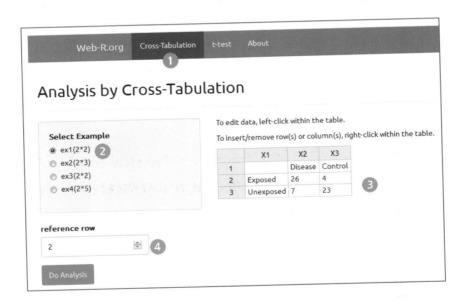

Cross-tabulation❶을 클릭합니다. '2*2❷'를 클릭하면 표의 모양이 바뀌면서 예제 숫자가 쓰여지는데, 여기에 앞서 넣었던 숫자를 넣어보겠습니다❸.'

Reference row❹는 독특한 기능으로 오즈비 등의 역수를 구할 때 편리합니다.

'Do Analysis'를 클릭합니다.

```
Select tests

 ☑ Chi-squared test          ☑ Relative Risk           ☑ Odds Ratio
 ☑ Risk Difference           ☑ Fisher's exact test     ☑ Chi-squared test for trend
 ☑ McNemar test              ☑ Exact McNemar test      ☑ Mantel-Haenszel Ratio
 ☑ Association Statistics
```

Table을 이용한 여러 통계들을 선택할 수 있습니다.

```
              Pearson's Chi-squared test

data:  y
X-squared = 24.31, df = 1, p-value = 8.202e-07


       Pearson's Chi-squared test with Yates' continuity correction

data:  y
X-squared = 21.818, df = 1, p-value = 2.997e-06
```

```
          Fisher's Exact Test for Count Data

data:  y
p-value = 1.324e-06
alternative hypothesis: true odds ratio is not equal to 1
95 percent confidence interval:
   4.795815 107.217593
sample estimates:
odds ratio
  19.88185
```

```
                    Relative Risk(s)

                  RR    lcl    ucl
Exposed 3.714 1.913 7.213


                    Odds Ratio(s)

                  OR    lcl    ucl
Exposed 21.357 5.534 82.427


                   Risk Difference(s)

                  RD    lcl   ucl P.value
Exposed 0.633 0.439 0.828          0
```

여러 결과들이 있지만, 그중에 몇 가지를 보여줍니다. RR, OR, RD도 보여줍니다.

risk difference가 그렇게까지 중요하거나 OR과 RR에 비해서 크게 장점이 있는 것은 아니지만, 저 개인적으로는 좋아하며 CONSORT에서도 강조하고 있습니다.

The size of the risk difference is less generalisable to other populations than the relative risk since it depends on the baseline risk in the unexposed group, which tends to vary across populations. For diseases where the outcome is common, a relative risk near unity might indicate clinically important differences in public health terms. In contrast, a large relative risk when the outcome is rare may not be so important for public health (although it may be important to an individual in a high risk category).

개인적인 생각으로는 CONSORT에서 강조할 정도로 중요한 이슈는 아닌 것 같습니다만, 이렇게까지 구체적으로 설명하고 있기에 좀 더 살펴보려고 합니다.

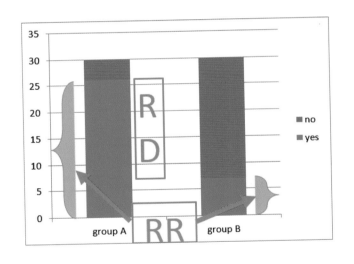

RD는 말 그대로 차이입니다. 파란 막대의 길이 차이이고 RR의 막대의 비(ratio)입니다. 만일 용돈을 '1만 원 올려준다'는 말과 '두 배로 올려 준다'는 말을 들으면 당장 그전에 얼마를 받았었는지 물을 것입니다. 그전에 1만 원을 받았다면 사실상 둘은 같은 의미겠지요. 그전에 5천 원을 받았다면 두 배로 올려주어도 5천 원이 오른 셈입니다. a large relative risk when the outcome is rare may not be so important for public health. 이 말이 그 말입니다. 원래가 워낙 작으면 두 배로 증가한다고 해도 별 차이가 없다는 뜻입니다.

Table 7 - Example of reporting both absolute and relative effect sizes

(Adpated from table 3 of The OSIRIS Collaborative Group(242))

Primary outcome	Percentage (No)		Risk ratio (95% CI)	Risk difference (95% CI)
	Early administration (n=1344)	Delayed selective administration (n=1346)		
Death or oxygen dependence at "expected date of delivery"	31.9 (429)	38.2 (514)	0.84 (0.75 to 0.93)	-6.3 (-9.9 to -2.7)

각별히 RD를 좋아하는 CONSORT는 RR과 RD가 같이 있는 예를 굳이 보여줍니다. Ratio 가 1보다 작으면 Difference는 음수가 되겠지요.

		result				RR	CI	
		yes	no					
exposure	group A	429	915	1344		0.8359	0.7537	0.9270
	group B	514	832	1346				
		943	1747	2690				

		result				RD	CI	
		yes	no					
exposure	group A	429	915	1344		-0.0627	-0.0987	-0.0267
	group B	514	832	1346				
		943	1747	2690				
risk	group A	0.319196						
	group B	0.381872						

이 값을 엑셀(http://me2.do/F8xmvVKT)에서 구해보면 역시 같은 값을 보여줍니다.

한편 일반적인 SPSS에서 계산되지 않는 것 중 하나가 NNT(number to treat)라는 개념입니다.

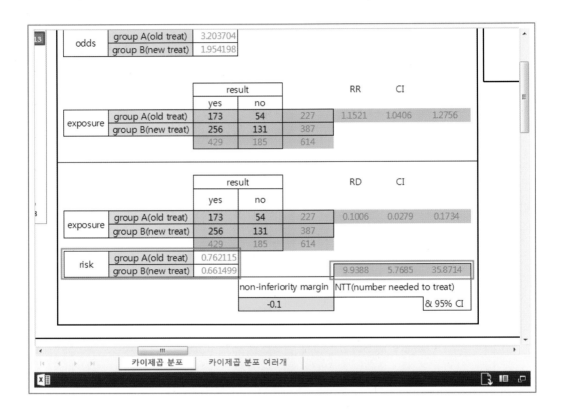

앞서 보았던 엑셀 파일(http://me2.do/F8xmvVKT)의 오른쪽 아래로 스크롤해보면 RD가 계산되고, 그 아래쪽에 NNT가 보입니다.

Yes가 성공률이라면 old treatment의 성공률은 76%, new treatment의 성공률은 66%로 오히려 new treatment의 성공률이 낮으므로 NNT는 NNH(number needed to harm)로 해석해야 합니다. Yes가 사망이라면 사망률을 낮추었으므로 NNT로 해석하면 됩니다.

NNT는 임상적으로 중요한데 통계책 등에서 잘 다루지 않는 듯해서 개념적인 이야기를 조금 다루어보겠습니다.

		result			RD	CI	
		yes	no				
exposure	group A(old treat)	90	10	100	0.8000	0.7168	0.8832
	group B(new treat)	10	90	100			
		100	100	200			
risk	group A(old treat)	0.9					
	group B(new treat)	0.1			1.2500	1.1323	1.3950
		non-inferiority margin			NTT(number needed to treat)		
		-0.1					& 95% CI

Yes가 사망이라고 합시다, old treat은 그냥 물만 먹이는 치료인데, 이것만 해도 100명 중에 10명이 삽니다. New treat을 하면 100명 중에 90명이 산다고 합시다. 그러면 당신에게 100명의 환자가 왔을 때, new treat을 하면 old treat에 비해서 얼마의 장점(이익)이 있나요? 예, 80명을 더 살릴 수 있습니다. 즉 100명 중 80명, 0.8이 RD입니다(위에 계산이 되어 있죠).

100명 중에 80명을 살릴 수 있다면 말은 1명을 더 살리기 위해 몇 명의 환자를 보게 되는 것일까요? 1.25명입니다. 0.8의 역수이죠. 1명의 이익을 얻기 위해서 몇 명의 환자를 만나야 하는지, 또 대조약(placebo 혹은 기존의 약)에 대비한 효과를 표현해주는 하나의 지표이기도 합니다. 만약 NNT가 20이라면, 20명을 치료할 때마다 1명이 추가적으로 이익을 얻게 되는 셈이고 NNT가 200이라면 200명에 가서야 비로소 1명의 추가적인 이익을 얻게 된다는 뜻이 되므로, 새로운 약의 효과가 적다는 뜻이 됩니다.

For both binary and survival time data, expressing the results also as the number needed to treat for benefit or harm can be helpful (see item 21). (CONSORT 17a)

사실 RD의 역수이기 때문에 계산하기는 쉽지만 그래도 인터넷으로 계산할 수 있도록 만들어두었습니다. CONSORT에도 구체적으로 나와 있습니다.

한편 동일하게 binary 자료이면서 dependent data의 경우, 즉 한 사람에게서 양 다리에 수술을 하고 결과를 비교하거나, 두 번의 약물을 투여한 후에 결과를 비교하는 경우에 시행할 수 있는 test가 McNemar test 입니다. CONSORT에서는 굳이 이것에 대해서는 언급하고 있지 않지만, 동일한 원리로 적용해볼 수 있습니다.

우선 예제를 한번 찾아보겠습니다.

"Auditing Access to Specialty Care for Children with Public Insurance"는 아주 독특한 연구 디자인이지만, 짝을 이룬 자료의 전형적인 예를 보여줍니다. 나이, 성별, 증상 등이 동일한 환자이지만, 단지 공보험인지 사보험인지만 다르게 설정하여 전형적인 가상의 환자를 만듭니다. 이 환자를 두고 병원에 예약 전화를 걸어서 얼마나 예약이 지연되는지 등을 비교한 논문입니다[1].

table 2에서 보여준 수치를 이용하여 아래의 표를 만들 수 있습니다.

Public	Private	Count
Yes	Yes	89
Yes	No	5
No	Yes	155
No	No	24
		Total 273

둘 다 Yes인 것은 공보험과 사보험 모두 예약이 된 경우입니다. 둘 다 No인 경우는 모두 예약이 안 된 경우입니다. Yes와 No는 공보험인 경우 예약이 되고, 사보험인 경우 예약이

1_Bisgaier, Joanna, and Karin V. Rhodes (2011). Auditing Access to Specialty Care for Children with Public Insurance. *New England Journal of Medicine*, 364(24), 2324–2333. doi:10.1056/NEJMsa1013285.

안 된 경우이거나 그 반대입니다. 만일 공보험과 사보험에 차이가 없다면 5와 155라는 숫자가 차이가 없어야 할 텐데요. McNemar test의 결과는 다음과 같습니다.

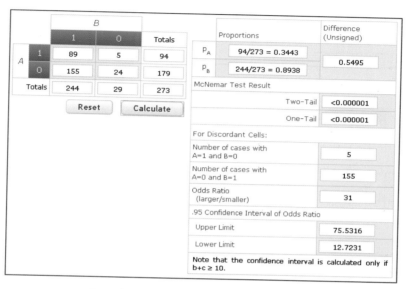

(http://www.vassarstats.net/propcorr.html)

Results of McNemar's test for a case-control study

Summary:

If there were no association between the risk factor and the disease, you'd expect the number of pairs where cases was exposed to the risk factor but control was not to equal the number of pairs where the control was exposed to the risk factor but the case did not. In this study, there were 160 discordant pairs (case and control had different exposure to the risk factor). There were 5 (3.125%) pairs where the control was exposed to the risk factor but the case was not, and 155 (96.875%) pairs where the case was exposed to the risk factor but the control was not.

P Value:

The two-tailed P value is less than 0.0001
By conventional criteria, this difference is considered to be extremely statistically significant.

The P value was calculated with McNemar's test with the continuity correction.
Chi squared equals 138.756 with 1 degrees of freedom.

The P value answers this question: If there is no association between risk factor and disease, what is the probability of observing such a large discrepancy (or larger) between the number of the two kinds of discordant pairs? A small P value is evidence that there is an association between risk factor and disease.

Odds ratio:

The odds ratio is 31.000, with a 95% confidence interval extending from 13.002 to 96.817

(http://graphpad.com/quickcalcs/mcNemar1/에서 입력한 결과)

두 결과의 odds ratio의 95% CI값이 다른데, 앞의 것이 exact한 값이라고 앞서 설명하였고, 뒤의 것이 연속성 수정한 값이면서, 실제 이 논문에서 보여주는 값과 동일합니다(*odds ratio for appointment denial with public insurance, 31.0; 95% CI, 13.0 to 96.8*).

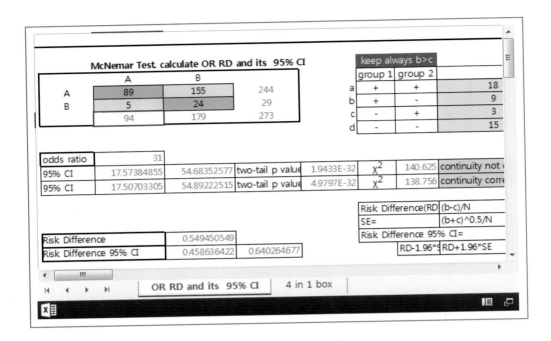

http://me2.do/5yKIuAyl에서 계산해서 보여주는 odds ratio의 95% 신뢰구간은 범위가 훨씬 좁고 다릅니다. RD의 95% 신뢰구간을 구해주는 장점이 있습니다.

McNemar test의 OR의 95% 신뢰구간은 몇 가지 공식들이 혼재되어 있으며, 엄격하게 말해서 95% 신뢰구간 자체의 정의나 계산이 명확하지 않은 단점이 있습니다. (엑셀의 식은 보통 흔히 사용하는 OR^(1±1.96/ X)의 공식을 사용한 것으로 많은 단점이 있다고 말하지만, 그래도 가장 흔히 소개되는 식입니다.)

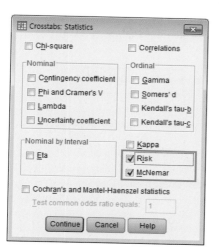

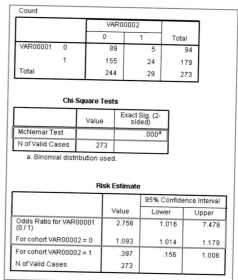

Count				
		VAR00002		Total
		0	1	
VAR00001	0	89	5	94
	1	155	24	179
Total		244	29	273

Chi-Square Tests

	Value	Exact Sig. (2-sided)
McNemar Test		.000ᵃ
N of Valid Cases	273	

a. Binomial distribution used.

Risk Estimate

	Value	95% Confidence Interval	
		Lower	Upper
Odds Ratio for VAR00001 (0 / 1)	2.756	1.016	7.478
For cohort VAR00002 = 0	1.093	1.014	1.179
For cohort VAR00002 = 1	.397	.156	1.006
N of Valid Cases	273		

SPSS에서 Risk와 McNemar를 선택해서 결과를 보면, McNemar test의 결과는 잘 보여주지만, OR과 RR은 사실 McNemar test의 것이 아닙니다.

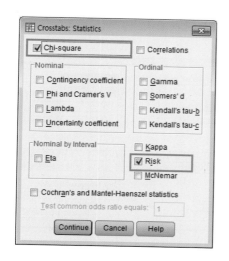

Chi-Square Tests

	Value	df	Asymp. Sig. (2-sided)	Exact Sig (2-sided)
Pearson Chi-Square	4.247ᵃ	1	.039	
Continuity Correctionᵇ	3.438	1	.064	
Likelihood Ratio	4.707	1	.030	
Fisher's Exact Test				
Linear-by-Linear Association	4.232	1	.040	
N of Valid Cases	273			

a. 0 cells (.0%) have expected count less than 5. The minimum expected coun

b. Computed only for a 2x2 table

Risk Estimate

	Value	95% Confidence Interval	
		Lower	Upper
Odds Ratio for VAR00001 (0 / 1)	2.756	1.016	7.478
For cohort VAR00002 = 0	1.093	1.014	1.179
For cohort VAR00002 = 1	.397	.156	1.006
N of Valid Cases	273		

이렇게 Chi-squared test의 결과에서 나오는 것과 같은 값을 제공하므로, McNemar test의 odds ratio 등은 제공되지 않는 것 같습니다.

Web-R에서도 한번 보도록 하겠습니다.

```
          McNemar's Chi-squared test with continuity correction

data: y
McNemar's chi-squared = 138.76, df = 1, p-value < 2.2e-16


          Exact McNemar test (with central confidence intervals)

data: y
b = 155, c = 5, p-value < 2.2e-16
alternative hypothesis: true odds ratio is not equal to 1
95 percent confidence interval:
 13.00213 96.81732
sample estimates:
odds ratio
        31
```

논문에서 보여준 것과 동일한 OR의 95% 신뢰구간을 구해줍니다.

사실 McNemar test의 OR의 95% 신뢰구간 공식은 꽤 많습니다. 연구자의 입장에서는 가장 available한 어떤 것을 사용해도 괜찮을 것 같습니다.

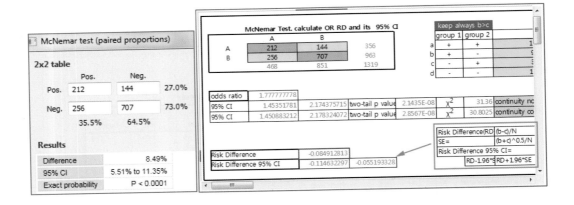

한편 MedCalc에서는 OR이 아닌 RD와 이것의 95% CI를 기본적으로 제공하고 있습니다. 이는 엑셀에서 보여주는 것과 거의 일치합니다. 이것의 공식은 빨간 상자 안에 표현해두었습니다.

연속변수

연속변수인 경우에 대표적인 것이 독립된 두 군에서 시행되는 t-test입니다. Student t-test, independent t-test라고도 불립니다.

Confidence intervals should be presented for the contrast between groups. A common error is the presentation of separate confidence intervals for the outcome in each group rather than for the treatment effect. (CONSORT 17a)

본문에는 보통 1군의 평균과 표준편차(혹은 95% 신뢰구간), 2군의 평균과 표준편차(혹은 95% 신뢰구간), 그리고 **평균차의 95% 신뢰구간**을 표시하는 것을 권장합니다.

CONSORT에는 각각의 신뢰구간만 표시하는 것을 common error라고 표현하고 있습니다. p값은 대부분 저자들이 잘 표현합니다. 추가적으로 t 검정통계량과 자유도, p값을 같이 표현해주기도 합니다. 그럼 구체적으로 좀 더 알아보도록 하겠습니다.

Group Statistics

	group	N	Mean	Std. Deviation	Std. Error Mean
age	Lev5FU	608	59.70	12.245	.497
	Obs	630	59.45	11.964	.477

Independent Samples Test

		Levene's Test for Equality of Variances		t-test for Equality of Means						95% Confidence Interval of the Difference	
		F	Sig.	t	df	Sig. (2-tailed)	Mean Difference	Std. Error Difference		Lower	Upper
age	Equal variances assumed	1.219	.270	.359	1236	.720	.247	.688		-1.103	1.597
	Equal variances not assumed			.358	1231.743	.720	.247	.688		-1.104	1.597

SPSS의 경우에 두 군의 평균과 표준편차❶와 평균차의 95% 신뢰구간❷이 위와 같이 나타나는데 ❶을 논문에 표시하는 것은 **common** error이고, ❷를 표시하라는 말입니다. 사실 두 군의 평균과 95% 신뢰구간을 표현하는 것이 틀렸다고 할 수는 없습니다. (CONSORT에서 error라고 표현하긴 했지만) 오히려 평균차의 95% 신뢰구간을 CONSORT에서 강조한 것이라고 생각합니다. Levene test의 p값이 0.270으로 0.05보다 커서 등분산을 가정할 수 있으므로 위의 값을 읽어주는데, p= 0.720, 평균차의 95% 신뢰구간은 -1.103 to 1.597이 되겠습니다.

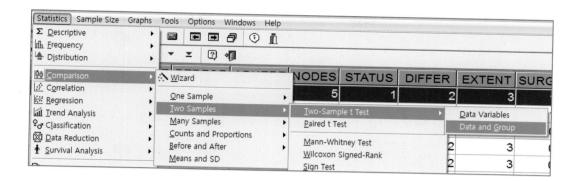

t-test를 시행하기 위해 메뉴를 클릭합니다.

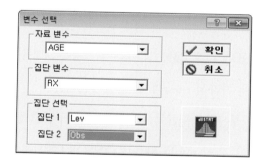

변수를 입력합니다.

```
                        Student's t-test
 Variable: AGE and RX
 --------------------------------------------------------------------

 Group        Number         Mean          S.D.          S.E.
                                                                        ①
 Lev           620          60.11         11.64         0.47
 Obs           630          59.45         11.96         0.48

 (Group Diff.) 평균값 = 0.6589  ④  Confidence Interval(95%): -0.6509 ~ 1.9688


 [Test of Homogeneity of Variances]

 F test       F = 1.0572               ( α = 0.05): F = 1.17
                                                                        ②
 Levene test  F = 0.0234               ( α = 0.05): F = 5.04


 [Significance]

 Statistic:    Student t = 0.9869      Degree F: df = 1248
                                                                        ③
 Significance (0.05): t = 1.9619       P Value: P = 0.3239

 Decision: The difference between group means is NOT significant.
```

결과 중에 먼저 기술 통계표가 나오고❶, 그 아래에는 등분산성을 보는 F-test와 Levene test 의 결과가 나옵니다❷. 그에 따라서 t-test의 결과가 나옵니다.

CONSORT에서 강조하는 두 집단 평균차이의 95% 신뢰구간❹을 본문에 적어주면 되겠습 니다. 흔히 많은 연구자들이 쓰는 p value❸를 CONSORT에서는 크게 강조하지 않습니다. dBSTAT에서 등분산성을 참고하여 하나의 p값과❸ 평균차의 95% 신뢰구간❷을 보여주는 것이 SPSS와 다른 점입니다.

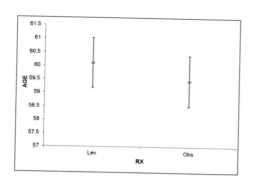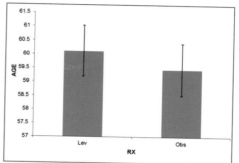

차트는 왼쪽의 것을 기본으로 만들어줍니다. t-test에 어울리는 차트입니다. 정규성을 가정하기 때문에 위 아래의 오차막대는 같은 크기여야 합니다. 엑셀 차트를 만들어주기 때문에 보다 많이 사용하는 막대형은 엑셀의 기능을 이용해서 쉽게 바꿀 수 있습니다.

Comparison 아래에 마법사(Wizard)는 약간 독특한 메뉴입니다.

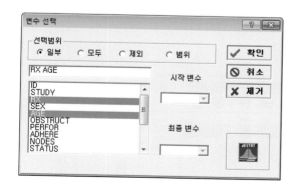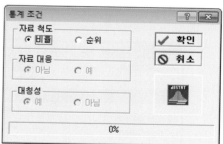

RX와 AGE 두 변수만 선택합니다. 그리고 이 변수가 '비율척도'임을 알립니다. 이렇게 하면 앞서 보았던 것과 같은 t-test의 결과를 보여줍니다. 즉 통계 방법을 직접 지정하지 않고 변수를 지정하여 통계법을 선택하는 것입니다.

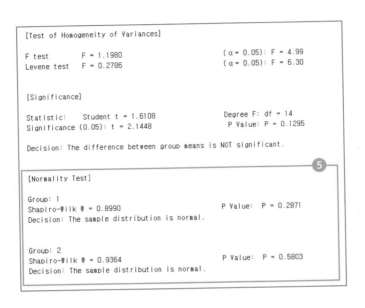

참고로 dBSTAT에서 t-test를 시행하면 normality test를 같이 시행합니다❺. 그런데 샘플 수가 100개를 넘으면, 이 normality test를 생략합니다. normality test의 태생적인 한계, 또는 p값의 태생적인 한계가 있는데, 숫자가 많아지면 점차 p값이 작아지는 경향을 가지게 됩니다. 즉, 샘플 수가 적으면 p>0.05이더라도 정규분포를 한다고 말하기 힘들고, 샘플 수가 많아지면 p<0.05더라도 정규분포가 아니라고 말하기 조심스럽습니다. 그래서 그래프를 이용한 방법을 항상 염두에 두어야 합니다.

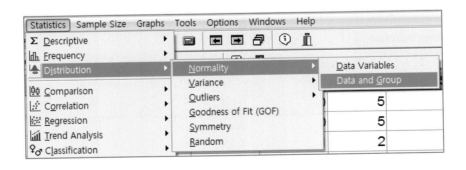

군이 normality test를 하고자 할 때는,

이렇게 변수와 집단을 선택합니다.

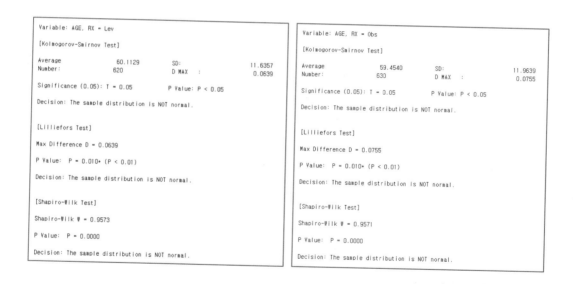

각 군당 3개의 normality test를 시행해줍니다. 물론 histogram이나 probability plot을 그려볼
수도 있습니다.

Web-R에서의 방법은 상당히 독특합니다.

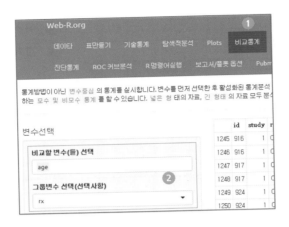

파일을 업로드한 뒤에 '비교통계❶'에서 '그룹변수'와 '비교할 변수'를 선택합니다❷.

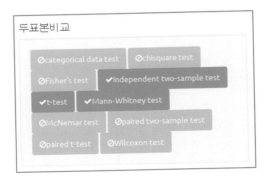

아래쪽에 가능한 통계법 3가지가 활성화되고 나머지는 비활성화됩니다. 변수의 성격상 하나는 명목변수, 다른 하나는 연속변수이기 때문에 이렇게 선택됩니다. 둘 다 명목변수였다면 다른 통계법들이 초록색으로 바뀌었을 것입니다.

```
        Shapiro-Wilk normality test

data:  resid(out)
W = 0.97611, p-value = 1.596e-13


        Wilcoxon rank sum test with continuity correction

data:  age by rx
W = 200740, p-value = 0.3936
alternative hypothesis: true location shift is not equal to 0
```

위의 'independent two-sample test'는 그다음의 't-test'와 'Mann-Whitney test'를 포함하는 것으로 그 결과를 보니, 'Shapiro-Wilk normality test'를 먼저 시행하고 정규분포하지 않으므로(p= 1.596e-13) t-test를 시행하지 않고 'Wilcoxon rank sum test with continuity correction'을 시행했습니다. 'Wilcoxon rank sum test'는 일단 'Mann-Whitney test'와 같은 것으로 생각하면 되고, t-test의 비모수 검정에 해당합니다. 즉 정규분포성을 미리 알아보고 그에 따라 정규분포를 하지 않으니 t-test를 하지 않고 'Wilcoxon rank sum test'를 시행한 것입니다.

```
        F test to compare two variances

data:  age by rx
F = 0.94588, num df = 619, denom df = 629, p-value = 0.4875
alternative hypothesis: true ratio of variances is not equal to 1
95 percent confidence interval:
 0.8084339 1.1068145
sample estimates:
ratio of variances
        0.9458841


        Two Sample t-test

data:  age by rx
t = 0.98693, df = 1248, p-value = 0.3239
alternative hypothesis: true difference in means is not equal to 0
95 percent confidence interval:
 -0.6509217  1.9687916
sample estimates:
mean in group Lev mean in group Obs
        60.11290          59.45397
```

군이 't-test'를 시행하면서 등분산성을 검정하기 위해 'F-test'를 시행하였는데 p=0.4875로 등분산이라고 가정하고, t-test에서 p=0.3239을 보여줍니다. SPSS에서는 등분산성을 보기 위해 Levene test를 했었는데 Levene test가 좀 더 보편적으로 사용됩니다. F-test는 두 집단에서만 등분산성을 볼 수 있으며 MedCalc에서도 등분산성을 보기 위해 F-test가 디폴트로 사용됩니다. 'Mann-Whitney test'를 클릭하면 역시 위에 보여주었던 것을 제시합니다. 변수를 정하면 알아서 통계법을 결정하는데 이는 dBSTAT의 마법사와도 비슷한 방법입니다. 정규성 검정을 미리 해주는 등의 편리성이 돋보입니다.

한편 3개의 군이 있을 때, 2개의 군을 t-test 해볼 수 없습니다. 이것은 SPSS나 dBSTAT에서는 매우 간단한 방법인데, web-R에서는 3개의 집단이 되면 바로 ANOVA를 시행하도록 되어 있기 때문에 미리 변수를 정리해서 2개의 집단으로 만들어야 t-test가 가능한 단점이 있습니다.

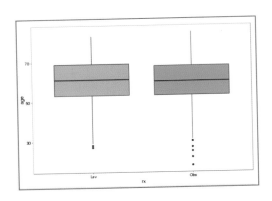

차트는 기본적으로 boxplot을 만들어서 보여줍니다.

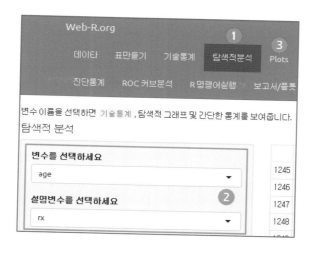

t-test를 시행하였기에 boxplot보다 더 어울리는 차트를 찾아보려 한다면 '탐색적 분석❶'에 가서 적절한 두 변수 age와 rx를 지정합니다❷. 오히려 'plots❸' 메뉴보다 '탐색적 분석'이 더 권할 만합니다.

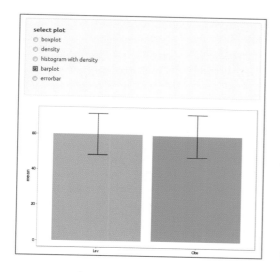

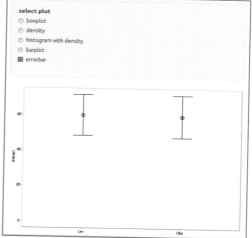

이 두 차트를 선택할 수 있을 것입니다.

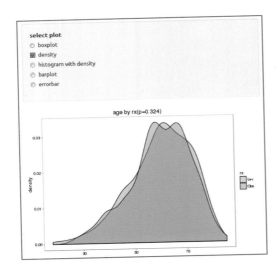 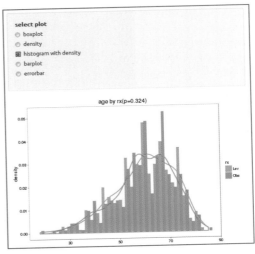

히스토그램과 density chart는 제가 즐겨 사용하는 것으로 정규성을 검토할 때 보기 좋은 차
트인데, Web-R에서 쉽게 만들 수 있어서 애용합니다.

Table 6- Example of reporting of summary results for each study group (continuous outcomes)

(Adapted from table 3 of van Linschoten(234))

	Exercise therapy (n=65)		Control (n=66)		Adjusted difference* (95% CI) at 12 months
	Baseline (mean (SD))	12 months (mean (SD))	Baseline (mean (SD))	12 months (mean (SD))	
Function score (0-100)	64.4 (13.9)	83.2 (14.8)	65.9 (15.2)	79.8 (17.5)	4.52 (-0.73 to 9.76)
Pain at rest (0-100)	4.14 (2.3)	1.43 (2.2)	4.03 (2.3)	2.61 (2.9)	-1.29 (-2.16 to -0.42)
Pain on activity (0-100)	6.32 (2.2)	2.57 (2.9)	5.97 (2.3)	3.54 (3.38)	-1.19 (-2.22 to -0.16)

* Function score adjusted for baseline, age, and duration of symptoms.

이것은 CONSORT의 또 다른 예입니다. 이 경우는 연속변수인데, baseline, age, and duration of symptoms에 따라 adjust하였기 때문에 raw data가 없어 직접 보여드릴 수는 없습니다. 어쨌든 보이는 것은 p값은 없고, difference와 95% 신뢰구간입니다. 이 경우는 multiple regression을 한 뒤에, baseline, age, duration of symptoms 값의 평균을 입력함으로써 산출할 수 있지만, 보통의 통계 프로그램으로 직접 구하기는 조금 어렵습니다. (ANCOVA라고도 말할 수 있습니다. ANOVA는 't-test(ANOVA)에 몇 가지 변수들을 공변량으로 계산한 것'이라고 간단히 말할 수도 있지만, 사실은 regression에서, 한 변수만 집중적으로 관찰하고 나머지는 공변량으로서 취급한 것이라고도 할 수 있습니다.)

어쨌든 이렇게 CONSORT에서 굳이 p값이 없는 예제를 보여주는 것은 p값이 나쁘다기보다는 p값 하나로 모든 것을 결정하려는 연구자들의 잘못된 관행을 꼬집어주려는 의도가 있다고 생각됩니다.

adjust한 분석들은 따로 독립하여 다루도록 하겠습니다. 그러나 이런 통계 방법들이 결코 이 책의 중심 주제는 아닙니다.

생존변수

생존분석은 시간과 사건을 동시에 분석하는 방법입니다. 보통 1군의 중앙 생존 기간(median survival time)과 이것은 95% 신뢰구간, 그리고 2군의 중앙 생존 기간과 이것은 95% 신뢰구간을 각각 표현합니다. 간혹 중앙 생존 기간 대신에 평균 생존 기간(mean survival time)을 쓸 수도 있습니다만, 더 적은 빈도로 관찰되는 것 같습니다. 두 생존곡선을 비교하기 위해 log-rank test가 많이 사용됩니다. HR(Hazard ratio 위험비)과 이것의 95% 신뢰구간을 표현하는 것도 권장됩니다.

Means and Medians for Survival Time

group	Mean[a]				Median			
			95% Confidence Interval				95% Confidence Interval	
	Estimate	Std. Error	Lower Bound	Upper Bound	Estimate	Std. Error	Lower Bound	Upper Bound
group_A	1881.208	55.935	1771.575	1990.842	1709.000	292.162	1136.362	2281.638
group_B	2267.728	53.371	2163.120	2372.336	.		.	.
group_C	1826.074	52.131	1723.898	1928.250	1723.000	199.744	1331.502	2114.498
Overall	2009.624	31.882	1947.135	2072.112	2351.000		.	.

a. Estimation is limited to the largest survival time if it is censored.

Overall Comparisons

	Chi-Square	df	Sig.
Log Rank (Mantel-Cox)	33.030	2	.000

Test of equality of survival distributions for the different levels of group.

SPSS에서 보이듯이 평균 생존 기간과 중앙 생존 기간과 이것은 95% 신뢰구간이 나와 있고, 전체의 p값도 계산됩니다. 3군 이상이라면 사후 검정(post-hoc test) 결과도 나옵니다.

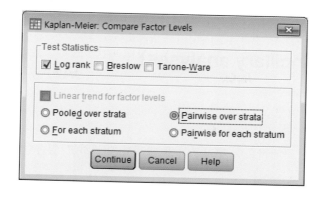

위쪽에는 가장 많이 사용하는 Log rank test와 초기 생존곡선의 차이에 가중치를 두는 Breslow 등 3가지 선택을 할 수 있도록 되어 있고, 그 아래의 옵션에서 pairwise over strata라고 하면 아래와 같이 사후 검정을 해주게 됩니다.

Pairwise Comparisons

	group	group_A		group_B		group_C	
		Chi-Square	Sig.	Chi-Square	Sig.	Chi-Square	Sig.
Log Rank (Mantel-Cox)	group_A			24.545	.000	.057	.811
	group_B	24.545	.000			27.566	.000
	group_C	.057	.811	27.566	.000		

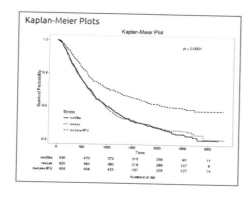

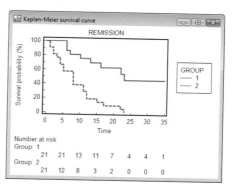

차트는 Kaplan-Meier method로 보통 표현하는데, web-R과 MedCalc는 number at risk를 chart 아래에 보여줍니다. CONSORT에서는 생존분석에 의한 것에 대해 매우 제한적으로 설명하고 있으므로 저도 설명을 아끼도록 하겠습니다.

추가분석(Ancillary analyses)

CONSORT 18에서는 구체적으로 추가분석에 대해서 언급하고 있습니다. 이 부분에 대해선 여러 연구자들의 오해가 있습니다.

Multiple analyses of the same data create a risk for false positive findings.
(같은 데이터로 여러 분석을 하는 것은 거짓 양성의 가능성이 증가한다.)

앞에서 계속 강조했던 이야기입니다. 이것이 왜 가능성을 높이는지에 대해서는 충분히 이해했을 것으로 생각합니다.

> Authors should resist the temptation to perform many subgroup analyses. Analyses that were prespecified in the trial protocol (see item 24) are much more reliable than those suggested by the data, and therefore authors should report which analyses were prespecified.

연구자들은 남자, 여자로 나누어보고, 고령자와 젊은 사람도 나누어보고, 어떤 변수를 통제한 분석을 이리저리 해보기도 합니다. 어떤 교호작용이 있는지 분석하기도 합니다. 이 모든 것들은 연구 data가 만들어지기 전에 미리 계획된 가운데 분석해야 합니다. CONSORT에서는 심지어 '이런 유혹들에 저항해야 한다'고 표현하고 있습니다. 그런데 일부 통계책이나 통계 강의에서 이런 작업을 권장하는 것을 보았습니다. 마치 subgroup analysis를 해서 결과를 낸 것은 뭔가 미처 몰랐던 새로운 것을 찾아낸 양 기뻐해야 할 상황이 아닙니다. 주사위를 한 번 더 던져서 원하는 값이 나온 것에 불과할 가능성이 있습니다.

Subgroup 분석

If subgroup analyses were undertaken, authors should report which subgroups were examined, why, if they were prespecified, and how many were prespecified. Selective reporting of subgroup analyses could lead to bias.

Subgroup analysis가 시행되었다면, 모든 값을 보고해야 합니다. 미리 계획된 것을 시행해야 하고 왜 선택되었는지도 표현되어야 합니다.

When evaluating a subgroup, the question is not whether the subgroup shows a statistically significant result but whether the subgroup treatment effects are significantly different from each other. To determine this, a test of interaction is helpful, although the power for such tests is typically low. If formal evaluations of interaction are undertaken (see item 12b) they should be reported as the estimated difference in the intervention effect in each subgroup (with a confidence interval), not just as P values.

Subgroup을 분석할 때 subgroup이 통계적으로 유의한가 아닌가는 문제가 되지 않습니다. 전체적으로 drug A와 drug B가 통계적으로 유의한 차이가 없을 때(또는 차이가 있을 때) 연구자는 혹시라도 '남자'라는 subgroup 안에서, drug A, drug B가 통계적으로 유의한 차이가 있는지 보는 것입니다. 또는 '여자'들만 모아서 그 안에서 drug A, drug B가 통계적으로 유의한 차이가 있는지 볼 수도 있습니다. 남자와 여자를 비교하는 것은 거의 무의미합니다. 남자와 여자를 나누어서 분석하는 것은 임상적으로 궁금한 사항이 아닙니다. 우리가 궁금한 것은 drug A와 drug B의 비교이기 때문입니다. 이 경우 성별에 따른 interaction이 있는지 살펴보는 것이 도움이 됩니다. interaction을 다루는 통계법은 다음에 구체적으로 살펴보기로 하겠습니다.

참고로 subgroup의 결과를 어떻게 표현하는 것이 좋을지에 대한 글이 있어서 소개합니다. 괄호 안의 내용은 제가 쓴 것입니다.

Guidelines for Reporting Subgroup Analysis[1]

In the Abstract:

Present subgroup results in the Abstract only if the subgroup analyses were based on a primary study outcome, if they were prespecified, and if they were interpreted in light of the totality of prespecified subgroup analyses undertaken.

(연구 계획서에 미리 계획되어 있고, primary outcome과 관련이 있고, 다른 subgroup analysis를 총제적으로 평가한다는 전제하에 기록합니다. 즉 하나의 subgroup analysis에 대한 내용이 강조되는 것을 피해야 한다는 이야기입니다. 초록에서는 연구 계획서에 미리 계획되어 있던 것이 아니면 말도 꺼내지 말아야 합니다.)

In the Methods section:

Indicate the number of prespecified subgroup analyses that were performed and the number of prespecified subgroup analyses that are reported. Distinguish a specific subgroup analysis of special interest, such as that in the article by Sacks et al., from the multiple subgroup analyses typically done to assess the consistency of a treatment effect among various patient characteristics, such as those in the article by Jackson et al. For each reported analysis, indicate the end point that was assessed and the statistical method that was used to assess the heterogeneity of treatment differences. (미리 계획된 subgroup analyses의 수와 보고된 수를 정확히 표시해야 합니다. 각 subgroup analysis의 outcome과 통계법을 정확히 기술해서 혼동이 없도록 해야 합니다.)

Indicate the number of post hoc subgroup analyses that were performed and the number of post hoc subgroup analyses that are reported. For each reported analysis, indicate the end point that was assessed and the statistical method used to assess the heterogeneity of treatment differences. Detailed descriptions may require a supplementary appendix.

(계획되지 않고 시행한 subgroup analyses도 전체 숫자를 기록하고 역시 outcome과 통계법을 정확히 기술합니다. 일부만 선택적으로 보고하면 안 됩니다)

1_Statistics in medicine — reporting of subgroup analyses in clinical trials. N Engl J Med 2007;357:2189-2194

Indicate the potential effect on type I errors (false positives) due to multiple subgroup analyses and how this effect is addressed. If formal adjustments for multiplicity were used, describe them; if no formal adjustment was made, indicate the magnitude of the problem informally, as done by Jackson et al.

(역시 동일하게 type I errors =false positives의 문제를 심각하게 다루고 있습니다.)

In the Results section:

When possible, base analyses of the heterogeneity of treatment effects on tests for interaction, and present them along with effect estimates (including confidence intervals) within each level of each baseline covariate analyzed. A forest plot is an effective method for presenting this information.

In the Discussion section:

Avoid overinterpretation of subgroup differences. Be properly cautious in appraising their credibility, acknowledge the limitations, and provide supporting or contradictory data from other studies, if any.

(subgroup의 차이를 강조하는 것을 피해야 합니다. 지금까지 이 책을 읽어보신 분은 왜 그래야 하는지 아실 것입니다.)

MANTEL HAENSZEL TEST는 이 책의 전체 줄거리에서는 아주 사소한 부분입니다. 그런데 subgroup 분석에서 interaction에 관한 내용이 CONSORT에 나오기도 하였고, 보통 통계책들과 블로그 글들에서, MANTEL HAENSZEL TEST에 대해서 자세히 기술되어 있지 않은 듯하여 조금 자세히 다루어 보겠습니다.

	A	B	C	D	E	F	G	H	I
1	MH OR		Mantel-Haenszel stratified analysis: Odds ratio						Start
2									
3									
4									
5	Rothman, Greenland & Lash (2008, p. 276)								
6	Spermicide use and Down's syndrome, stratified by maternal age								
7									
8	Age < 35								
9	Exp.	Cases	Ctrl.	Total	a1*b0/n	a0*b1/n	OR	SE	95% CI
10	+	3	104	107	2.704	0.797	3.39		0.90
11	0	9	1059	1068					12.73
12	Total	12	1163	1175			1.2221	0.6745	-0.1000
13									2.5442
14	Age 35+								
15	Exp.	Cases	Ctrl.	Total	a1*b0/n	a0*b1/n	OR	SE	95% CI
16	+	1	5	6	0.905	0.158	5.73		0.50
17	0	3	86	89					65.53
18	Total	4	91	95			1.7463	1.2430	-0.6899
19									4.1825
20									
21	Exp.	Cases	Ctrl.	Total	a1*b0/n	a0*b1/n	OR	SE	95% CI
22	+			0					
23	0			0					
24	Total	0	0	0					
25									
26									
27	Exp.	Cases	Ctrl.	Total	a1*b0/n	a0*b1/n	OR	SE	95% CI
28	+			0					
29	0			0					
30	Total	0	0	0					
31									
32									
33	Exp.	Cases	Ctrl.	Total	a1*b0/n	a0*b1/n	OR	SE	95% CI
34	+			0					
35	0			0					
36	Total	0	0	0					
37									
38									
39	Exp.	Cases	Ctrl.	Total	a1*b0/n	a0*b1/n	OR	SE	95% CI
40	+			0					
41	0			0					
42	Total	0	0	0					
43									
44	Test for OR=1 (M-H)						Weighted estimate		
45	Chi^2	df	p				OR	SE	95% CI
46	5.81	1	0.015943		3.609	0.954	3.78		1.19
47									12.04
48	Test for homogeneity						1.3300	0.5910	0.1717
49	Chi^2	df	p						2.4884
50	0.14	1	0.710509						
51									
52	Total						Crude estimate		
53	Exp.	Cases	Ctrl.	Total	a1*b0/n	a0*b1/n	OR	SE	95% CI
54	+	4	109	113	3.606	1.030	3.50		1.11
55	0	12	1145	1157					11.04
56	Total	16	1254	1270			1.2532	0.5860	0.1047
57									2.4017
58									

결과변수가 이분변수인 경우 즉 drug A, drug B가 치료 성공에 차이가 있는 연구를 한다고 할 때, 전형적인 통계법은 Chi-squared test가 될 것 같습니다. 만일 성별이나 연구 센터에 따른 영향을 보기 원한다면 Mantel-Haenszel test 같은 방법을 고려할 수 있겠습니다.

http://ph.au.dk/uddannelse/software/에서 다운받을 수 있는 epibasic.xls 파일이 기본적인 개념을 잘 보여줍니다. 여러 개의 시트 중 'MH OR'라는 이름이 붙은 것을 선택합니다.

노란 칸에만 숫자를 입력하여야 합니다. 기본적으로 입력되어 있는 자료(원자료의 출처를 보니, spermicide 약물을 사용한 것과 down 증후군의 출생과를 알아보는 연구인 듯합니다.)를 보고 이해해보도록 하겠습니다.

35세 미만과 35세 이상의 두 층으로 나누어 각각 입력합니다❷. 먼저 전체적인 숫자를 넣은 카이제곱 검정을 보겠습니다❶. 유의한 차이를 보이는 군요. 여기서는 Crude Estimate라고 표현했습니다.

두 군을 나누어 각각 분석한 것을 보겠습니다❷. 각각의 오즈비와 신뢰구간을 보여줍니다.

❸으로 가서 homogeneity를 보겠습니다. 이것은 35세 이상과 이하의 두 군이 비슷한 결과를 보여주는지를 살피는 것입니다. p=0.71로 두 군의 차이가 있다고 할 수는 없겠습니다. 이제는 통합된 결과 weighted estimate를 보여 줍니다❹.

이것은 노란 칸에만 숫자를 입력을 할 수 있도록 되어 있으면서 Mantel-Haenszel test의 개념을 잘 보여주어서 교육용으로 좋습니다. (이 데이터는 셀 안의 숫자가 너무 적어서 예로서는 아주 적당하지는 않다고 생각합니다.)

실제 계산에서는 이 엑셀 시트(epibasic.xls)를 이용할 수도 있고, 상용 프로그램을 이용할 수도 있습니다. SPSS도 가능한데, raw data가 있을 때 좋습니다.

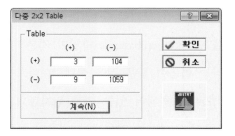 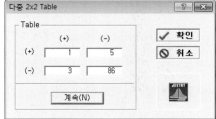

dBSTAT는 이렇게 반복적으로 2X2 table의 값을 입력해서 계산할 수 있어서 위와 같이 요약된 자료가 있을 때 유용합니다. epibasic.xls의 예제를 넣어보았습니다.

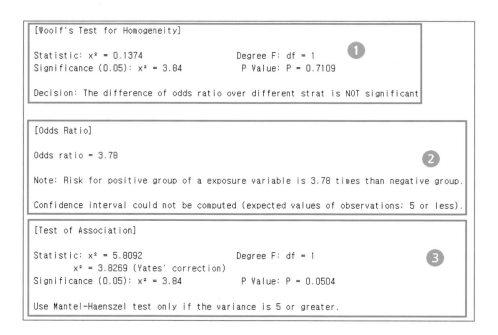

Woolf's test for homogeneity를 검사해주며 앞서 보았던 엑셀 시트의 결과값과 같습니다❶. 참고로 SPSS의 경우는 Woolf's test 는 없고 Breslow–Day와 Tarone만 있습니다.

교정된 odds ratio도 같은데, 셀 안의 값이 5 이하의 것이 있다고 하여 신뢰구간을 구할 수 없다고 합니다.

p값에 대해서는 epibasic과는 다른데❸ 이는 연속성 수정된 카이제곱 값을 계산하기 때문입니다. 카이제곱 검정통계량이 두 개 제시되는데, 5.8092와 3.8269이며 전자는 epibasic과 같은 값입니다. 후자는 연속성 수정된 검정통계량으로 dBSTAT는 연속성 수정된 p값(0.05)을 계산해냅니다.

위의 예는 후향적 관찰연구로서 RCT가 아니고, 셀에 들어가는 숫자가 매우 작은 값이어서 적절한 예는 아닐 수 있습니다. 하지만 RCT는 여러 나라에서 시행된 연구 등을 나라별로 분석하는 경우나, 층(Strata)에 따라 Mantel-Haenszel test를 사용하는 경우가 있겠습니다.

조금 번거롭지만, SPSS에서 시행해보겠습니다. 전체적으로 카이제곱 검정과 아주 유사한 방식입니다.

strata	VAR00002	VAR00003	count
1.00	.0	.0	3.00
1.00	.0	1.00	104.00
1.00	1.00	.0	9.00
1.00	1.00	1.00	1059.00
2.00	.0	.0	1.00
2.00	.0	1.00	5.00
2.00	1.00	.0	3.00
2.00	1.00	1.00	86.00

Age < 35			
Exp.	Cases	Ctrl.	Total
+	3	104	107
0	9	1059	1068
Total	12	1163	1175

Age 35+			
Exp.	Cases	Ctrl.	Total
+	1	5	6
0	3	86	89
Total	4	91	95

앞서 보았던 엑셀 자료(오른쪽)를 SPSS strata에 맞추어 입력합니다. 왼쪽에 보이는 배열의 원칙을 따라 입력하는 것이 좋습니다.

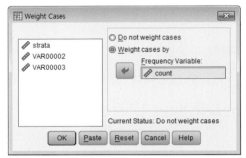

Weighe cases를 통해서 count에 대해 가중치를 둡니다.

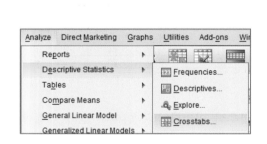

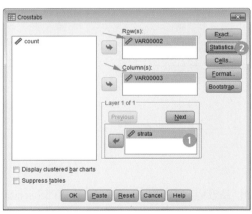

Crosstabs를 클릭한다면, 열과 행을 차례로 선택해주고, 보통 layer에 strata를 입력❶해주는 것만 하는 카이제곱 검정과 다릅니다. Exact는 선택해도 차이가 없습니다.

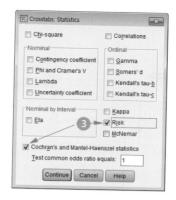

Statistics❷에서 우리가 원하는 대로 CHM test를 선택해주되 Risk를 같이 선택하는 것이 좋습니다❸.

Count			VAR00003		
strata			.00	1.00	Total
1.00	VAR00002	.00	3	104	107
		1.00	9	1059	1068
	Total		12	1163	1175
2.00	VAR00002	.00	1	5	6
		1.00	3	86	89
	Total		4	91	95

Age < 35			
Exp.	Cases	Ctrl.	Total
+	3	104	107
0	9	1059	1068
Total	12	1163	1175

Age 35+			
Exp.	Cases	Ctrl.	Total
+	1	5	6
0	3	86	89
Total	4	91	95

먼저 table이 보이는데, 오른쪽에 보이는 원자료와 일치하게 잘 만들어졌습니다.

Risk Estimate

strata		Value	95% Confidence Interval	
			Lower	Upper
1.00	Odds Ratio for VAR00002 (.00 / 1.00)	3.394	.905	12.732
	For cohort VAR00003 = .00	3.327	.915	12.104
	For cohort VAR00003 = 1.00	.980	.949	1.013
	N of Valid Cases	1175		
2.00	Odds Ratio for VAR00002 (.00 / 1.00)	5.733	.502	65.527
	For cohort VAR00003 = .00	4.944	.601	40.652
	For cohort VAR00003 = 1.00	.862	.602	1.236
	N of Valid Cases	95		

OR	SE	95% CI
3.39		0.90
		12.73
1.2221	0.6745	-0.1000
		2.5442

OR	SE	95% CI
5.73		0.50
		65.53
1.7463	1.2430	-0.6899
		4.1825

각 strata의 OR이 엑셀의 값과 일치하게 나왔습니다. RR도 계산됩니다.

Tests of Homogeneity of the Odds Ratio

	Chi-Squared	df	Asymp. Sig. (2-sided)
Breslow-Day	.139	1	.709
Tarone's	.139	1	.709

Tests of Conditional Independence

	Chi-Squared	df	Asymp. Sig. (2-sided)
Cochran's	5.825	1	.016
Mantel-Haenszel	3.827	1	.050

Under the conditional independence assumption, Cochran's statistic is asymptotically distributed as a 1 df chi-squared distribution, only if the number of strata is fixed, while the Mantel-Haenszel statistic is always asymptotically distributed as a 1 df chi-squared distribution. Note that the continuity correction is removed from the Mantel-Haenszel statistic when the sum of the differences between the observed and the expected is 0.

Mantel-Haenszel Common Odds Ratio Estimate

Estimate			3.781
ln(Estimate)			1.330
Std. Error of ln(Estimate)			.591
Asymp. Sig. (2-sided)			.024
Asymp. 95% Confidence Interval	Common Odds Ratio	Lower Bound	1.187
		Upper Bound	12.041
	ln(Common Odds Ratio)	Lower Bound	.172
		Upper Bound	2.488

The Mantel-Haenszel common odds ratio estimate is asymptotically normally distributed under the common odds ratio of 1.000 assumption. So is the natural log of the estimate.

이것이 우리가 원했던 결과들입니다. Homogeneity는 두 strata 사이에 동일한지를 보는 것이고, 전체적인 Mantel-Haenszel test의 p값이 0.050으로 계산되고, Cochran's가 0.16으로 계산됩니다. 오즈비와 95% 신뢰구간도 구해졌습니다.

Test for OR=1 (M-H)				④		Weighted estimate		
Chi^2	df	p				OR	SE	95% CI
5.81	1	0.015943		3.609	0.954	3.78		1.19
								12.04
Test for homogeneity						1.3300	0.5910	0.1717
Chi^2	df	p	③					2.4884
0.14	1	0.710509						

앞서 보았던, 엑셀과 dBSTAT에서 구한 Homogeneity test는 고전적인 Woolf test(3)의 결과인데 근소한 차이를 보입니다. 오즈비와 95% 신뢰구간도 동일합니다. Mantel-Haenszel test(1959)의 초기 형태인 Cochran test(1954)인 것을 알 수 있습니다. 이 둘은 거의 비슷하기 때문에, MH와 CMH를 혼용해서 쓰곤 하는데, SPSS는 명확히 구분하여 달리 표현하고 있습니다.

```
[Test of Association]

Statistic: x² = 5.8092              Degree F: df = 1            ③
          x² = 3.8269 (Yates' correction)
Significance (0.05): x² = 3.84        P Value: P = 0.0504

Use Mantel-Haenszel test only if the variance is 5 or greater.
```

이것은 dBSTAT의 것으로 연속성 수정한 것과 하지 않은 것을 동시에 카이제곱값을 보여 주면서 p값은 (독자가 쉽게 선택할 수 있도록) 연속성 수정한 것만 보여주고 있습니다.

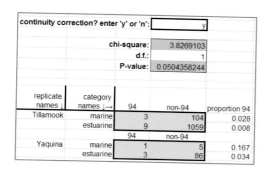

이것은 http://www.biostathandbook.com/cmh.html에서 다운받은 MH test를 할 수 있는 다른 엑셀 파일(cmh.xls)로 50개까지의 strata를 계산할 수 있지만, Woolf test 등이 안 되고, 오즈비 계산이 안 되어서 교육용으로 사용하지는 않습니다. 연속성 수정을 선택할 수 있어 이 경우 에는 유용합니다.

검정통계량까지 종합적으로 볼 때, Cochran은 좀 더 초기의 것으로 거의 비슷하지만, 지금은 Mantel-Haenszel test가 대세인 듯 합니다. 대신 이름은 Mantel-Haenszel test라고도 하고, Cochran-Mantel-Haenszel test라고 불리기도 합니다. 이는 다시 연속성 수정한 것과 하지 않 은 것으로 나눌 수 있는데, 연속성 수정한 것이 대세이고 dBSTAT와 SPSS에서도 역시 연속 성 수정한 것을 제공하고 있습니다. Homogeneity test의 경우 dBSTAT와 epibasic.xls은 고전 적인 Woolf test를 제시하고, SPSS는 Breslow-Day와 이것을 변형한 Tarone의 것을 제공합니 다.

개인적으로 epibasic.xls 파일은 SPSS 등 통계 프로그램이 제공하지 않거나 복잡한 것을 엑셀 을 이용해서 할 수 있도록 저에게 영감을 주었던 것입니다. 다른 시트에는 다양한 통계를 할 수 있도록 만들어져 있습니다.

연속변수

ANOVA

```
                Analysis of Variance (ANOVA) test

Variable:   Row - SEX2  Col - GROUP
------------------------------------------------------------------
Two Way ANOVA

Source          Degree        Sum Squares       Variance       Ratio

Row Factor         1             42.57            42.57          0.30
Col Factor         1             46.42            46.42          0.32

Interaction        1             95.64            95.64          0.67

Residual        1223         175053.88           143.13
Total           1226         175249.47



                 Analysis of Variance Table

< Comparison of Row Factors >

Significance (0.05): F = 3.85       P Value: P = 0.5856
Decision: All row factor means may be equal.

< Comparison of Column Factors >

Significance (0.05): F = 3.85       P Value: P = 0.5692
Decision: All column factor means may be equal.

< Interaction between Row and Column >

Significance (0.05): F = 3.85       P Value: P = 0.4138
Decision: Interaction between row and column factors is NOT significant.
```

결과변수가 연속변수인 경우라면 기본적으로 t-test가 사용됩니다. Interaction을 남/녀에 따른 interaction을 보기 원한다면, 남녀 두 개의 군으로 나누어서 각각 t-test를 시행하는 방법도 있고, '남/녀'를 변수로 넣어서 2 way ANOVA를 시행해볼 수도 있을 것입니다.

이전 페이지의 그림은 결과가 간단히 제시되는 dBSTAT의 예입니다. Raw(성별) 및 column (group)의 p값과 상호작용(interaction)의 p값을 같이 볼 수 있습니다.

```
                        Descriptive Statistics

Variable  : CONTI
Group Name: SEX2        Subgroup Name: GROUP
-----------------------------------------------------------------------

Group       Number      Mean        S.D.        S.E.        95% CI

SEX2 - F
 group_A     266        59.58       11.65       0.71        58.17 ~ 60.99
 group_B     327        59.77       13.03       0.72        58.35 ~ 61.19

SEX2 - M
 group_A     354        60.51       11.63       0.62        59.30 ~ 61.73
 group_B     280        59.58       11.36       0.68        58.24 ~ 60.92
```

각 성별로 나누어진 group A와 B의 요약도 볼 수 있습니다.

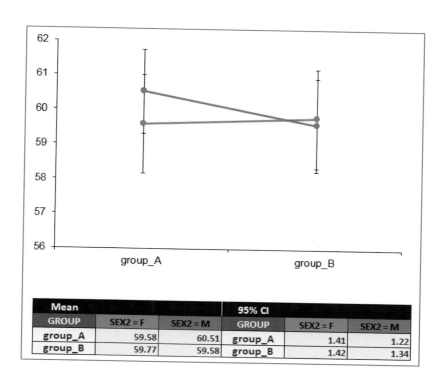

Mean			95% CI		
GROUP	SEX2 = F	SEX2 = M	GROUP	SEX2 = F	SEX2 = M
group_A	59.58	60.51	group_A	1.41	1.22
group_B	59.77	59.58	group_B	1.42	1.34

Group A에서는 여자(빨간색)가 남자(파란색)보다 약간 높은 점수를 형성하고 있고, Group B 는 남자가 약간 더 높은 점수를 형성하고 있어서 이 선이 서로 교차하는 듯합니다. 이 선이 서로 평행이면 상호작용이 없는 것인데 시각적으로는 약간 교차되어 보이지만, p값으로는 0.4138로 상호작용이 있다고 할 수는 없겠습니다.

ANCOVA

단순한 t-test(또는 ANOVA)에서 다른 명목변수가 교란변수로 작용할 때는 2-way ANOVA 를 사용할 수 있다면, 연속변수가 교란변수로 작용할 때는 ANCOVA를 사용할 수 있겠습니다.

> Ideally, the trial protocol should state whether adjustment is made for nominated baseline variables by using analysis of covariance.

CONSORT에서도 이렇게 ANCOVA를 언급하였는데 구체적인 통계 방법을 CONSORT 에서 언급한 것은 상당히 특별한 일이긴 합니다. 그러나 이를 권장하거나 좋다는 뜻으로 이 해하기에는 곤란할 것 같습니다. 이것을 하나의 예로써 적용하기 위해서는 전제조건과 가정 들이 있기 때문에 고려할 것이 많습니다.

일단 ANCOVA를 통해서 교란변수를 adjust할 수 있는데, adjust하지 않은 통계 모형은 t-test 와 ANOVA같은 것입니다. 그래서 t-test와 ANOVA의 가정들이 모두 필요합니다. 정규성, 등분산성 같은 것들입니다. 그 외 교란변수에 의한 작용이 독립적으로 작용해야 하는데 이 는 마치 회귀분석에서의 공선성이 없어야 하는 것과도 비슷하고, 근본적으로는 회귀분석하 고도 같습니다(이 이야기는 이전에 다른 책에서 충분히 다루었습니다). 그리고 기본적으로 ANOVA의 교란변수는 연속변수만을 취급합니다. 만일 남녀, 거주지 등 명목변수에 의한 경우는 어떻게 adjust할 수 있을까요? 다중 회귀분석을 하면서 명목변수를 더미 변수로 취급 하는 방법을 생각해볼 수 있습니다.

SPSS에는 ANCOVA라는 메뉴가 아예 없습니다. 결과에도 ANCOVA라는 언급을 하지 않습니다. 그래서 ANCOVA 메뉴가 있는 dBSTAT나 MedCalc나 Stata 같은 통계 프로그램에서 계산하거나, 아예 회귀분석에서 계산한 다음에 ANOVA라는 명칭으로 논문에 표현하거나, 혹은 그냥 ANCOVA라는 언급 없이 adjust하였다고 표현하는 것이 하나의 방법일 것입니다.

Table 6- Example of reporting of summary results for each study group (continuous outcomes)

(Adapted from table 3 of van Linschoten(234))

	Exercise therapy (n=65)		Control (n=66)		Adjusted difference* (95% CI) at 12 months
	Baseline (mean (SD))	12 months (mean (SD))	Baseline (mean (SD))	12 months (mean (SD))	
Function score (0-100)	64.4 (13.9)	83.2 (14.8)	65.9 (15.2)	79.8 (17.5)	4.52 (-0.73 to 9.76)
Pain at rest (0-100)	4.14 (2.3)	1.43 (2.2)	4.03 (2.3)	2.61 (2.9)	-1.29 (-2.16 to -0.42)
Pain on activity (0-100)	6.32 (2.2)	2.57 (2.9)	5.97 (2.3)	3.54 (3.38)	-1.19 (-2.22 to -0.16)

* Function score adjusted for baseline, age, and duration of symptoms.

앞서 CONSORT에서 보여주었던 예에서 ANOVA 또는 multiple regression을 했을 텐데, adjusted difference가 표현되어 있습니다. 여러분이 가지고 있는 통계 프로그램으로는 이를 구할 수 없을 것 같아서 방법을 알아보겠습니다.

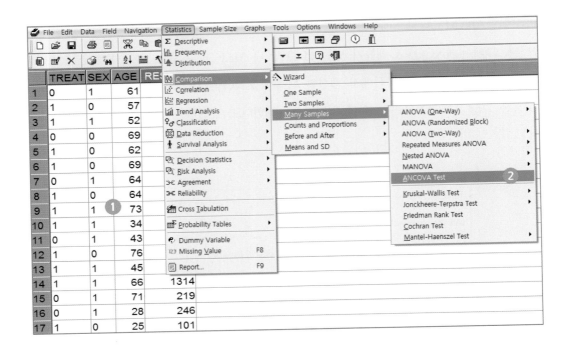

자료는 treat 종류 0과 1에 따라 result가 달라지는지를 연구한 자료인데, AGE가 교란변수일 것 같아서 이를 통제하려고 합니다❶. dBSTAT에서 ANOVA 근처에 있는 ANCOVA❷를 선택합니다.

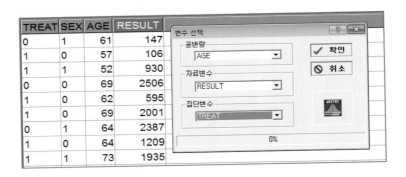

이렇게 변수를 지정합니다.

```
Analysis of Covariance: ANCOVA(ANACOVA)
----------------------------------------------------------------------

Source          Degree          Sum Squares      Variance        Ratio

Among groups      1               627452.68       627452.68       0.85
Within groups    47             34526232.55       734600.69
Total            48             35153685.24

Significance (0.05): F = 4.05                    ┌──────────────────────┐
                                                 │ P Value:  P = 0.3601 │
Decision: All group means may be equal.          └──────────────────────┘
```

결과는 이와 같습니다. P=0.3601로 보여줍니다.

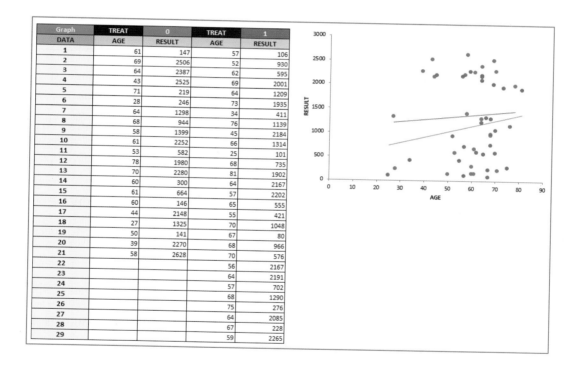

Graph	TREAT	0	TREAT	1
DATA	AGE	RESULT	AGE	RESULT
1	61	147	57	106
2	69	2506	52	930
3	64	2387	62	595
4	43	2525	69	2001
5	71	219	64	1209
6	28	246	73	1935
7	64	1298	34	411
8	68	944	76	1139
9	58	1399	45	2184
10	61	2252	66	1314
11	53	582	25	101
12	78	1980	68	735
13	70	2280	81	1902
14	60	300	64	2167
15	61	664	57	2202
16	60	146	65	555
17	44	2148	55	421
18	27	1325	70	1048
19	50	141	67	80
20	39	2270	68	966
21	58	2628	70	576
22			56	2167
23			64	2191
24			57	702
25			68	1290
26			75	276
27			64	2085
28			67	228
29			59	2265

차트를 보면 결과를 보다 잘 이해할 수 있습니다. 파란 점들(treat 0)이 빨간 점들(treat 1)보다 위쪽, 즉 높은 혈압(BP)임을 시각적으로 알 수 있고, 두 군이 색으로 구분된 표로 나타나 있습니다. 공변량인 age와 결과변수가 같이 정리되어 있습니다. 파란 점들이 약간 더 위쪽에 있는 듯 하지만, 통계적으로는 유의성을 보여줄 정도는 아니었습니다(p=0.3601).

Calculate

	Levels of Independent Variab

	1		2	
	CV	**DV**	**CV**	**DV**
1	61	147	57	106
2	69	2506	52	930
3	64	2387	62	595
4	43	2525	69	2001
5	71	219	64	1209
6	28	246	73	1935
7	64	1298	34	411
8	68	944	76	1139
9	58	1399	45	2184
10	61	2252	66	1314
11	53	582	25	101
12	78	1980	68	735
13	70	2280	81	1902
14	60	300	64	2167
15	61	664	57	2202
16	60	146	65	555
17	44	2148	55	421
18	27	1325	70	1048
19	50	141	67	80
20	39	2270	68	966
21	58	2628	70	576
22			56	2167
23			64	2191
24			57	702
25			68	1290
26			75	276
27			64	2085
28			67	228
29			59	2265

ANCOVA Results (k=2)

Source	SS	df	MS	F	P
d means	627452.68	1	627452.68	0.85	0.3601 ❶
ted error	34526232.6	47	734600.69		
ted total	35153685.2	48			

Test for Homogeneity of Regressions

Source	SS	df	MS	F	P
between regressions	96260.54	1	96260.54	0.13	0.71861 ❷
mainder	34429972.02	47	732552.60		

			DV	
Means	CV Observed	Observed	Adjusted	
❸ 1	56.52	1351.76	1378.10	
2	62.00	1164.86	1145.79	

이 자료를 엑셀에서 treat에 따라 정렬하고 group별로 구분하여 복사해서 ANCOVA를 할 수 있는 엑셀 시트에 입력해봅시다. CV는 compounding variables이고, DV는 dependent variables입니다. 자료를 입력하고 calculate를 클릭하여 결과를 얻습니다.

결과물은 오른쪽과 같습니다. dBSTAT에서 보여준 것과 같은 p=0.3601을 보여주고❶, 회귀직선이 평행인지 보여주는 p=0.7186은 0.05보다 크기에 평행이라고 판단합니다❷. 이제 우리의 관심거리인 adjusted means를 보여줍니다❸. 관찰된 dependent variables의 차이보다 adjusted dependent variables의 차이가 더 크게 나타났습니다.

이 엑셀 시트는 http://www.vassarstats.net/downloads2.html에서 다운받을 수 있습니다. 각 군당 1000명의 자료를 입력할 수 있으며, 10개의 군(group)을 다룰 수 있습니다.

SPSS에서 한번 다루어보죠.

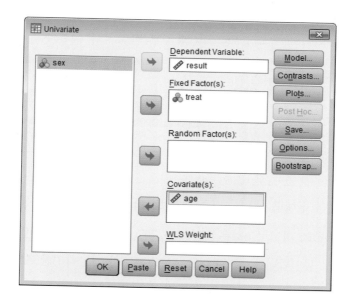

'일반화 선형 모형(GLM)' 아래의 univariate을 클릭합니다.

적절히 변수를 추가합니다. 잘 보면 covariate에도 여러 개를 넣을 수 있고, fixed factor에도 여러 개를 넣을 수 있습니다.

Tests of Between-Subjects Effects

Dependent Variable:result

Source	Type III Sum of Squares	df	Mean Square	F	Sig.
Corrected Model	952424.968[a]	2	476212.484	.648	.528
Intercept	1227762.100	1	1227762.100	1.671	.202
age	526958.706	1	526958.706	.717	.401
treat	627452.683	1	627452.683	.854	.360
Error	3.453E7	47	734600.693		
Total	1.128E8	50			
Corrected Total	3.548E7	49			

a. R Squared = .027 (Adjusted R Squared = -.015)

이렇게 결과를 보여줍니다. 빨간 상자 부분을 봅시다.

ANCOVA Results (k=2)

Source	SS	df	MS	F	P
d means	627452.68	1	627452.68	0.85	0.3601 ❶
ted error	34526232.6	47	734600.69		
ted total	35153685.2	48			

Test for Homogeneity of Regressions

Source	SS	df	MS	F	P
between regressions	96260.54	1	96260.54	0.13	0.71861 ❷
mainder	34429972.02	47	732552.60		

		DV	
Means	CV Observed	Observed	Adjusted
❸ 1	56.52	1351.76	1378.10
2	62.00	1164.86	1145.79

앞서 보았던 엑셀에서 구해준 p값 및 다른 값들(SS, df, MS, f, P)도 모두 동일합니다. ❶의 빨간 상자와 비교해보세요. 참고로 p값은 <u>0.360104274700</u>122(엑셀), <u>0.360104274700</u>09687(SPSS)로 밑줄 부분까지 동일합니다. 즉 SPSS도 ANCOVA가 가능하지만, ANOVA라는 이름이 나와 있지 않습니다.

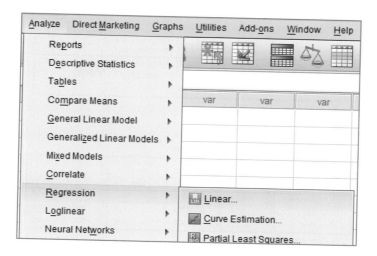

이제 regression을 해보겠습니다.

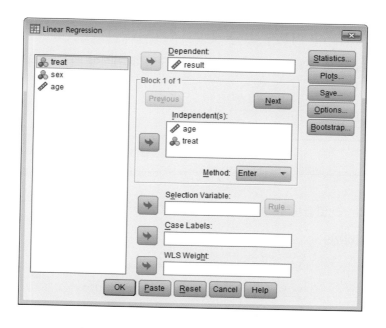

역시 메뉴를 지정합니다.

ANOVA[b]

Model		Sum of Squares	df	Mean Square	F	Sig.
1	Regression	952424.968	2	476212.484	.648	.528[a]
	Residual	3.453E7	47	734600.693		
	Total	3.548E7	49			

a. Predictors: (Constant), treat, age

b. Dependent Variable: result

Coefficients[a]

Model		Unstandardized Coefficients		Standardized Coefficients	t	Sig.
		B	Std. Error	Beta		
1	(Constant)	882.981	584.234		1.511	.137
	age	8.294	9.792	.125	.847	.401
	treat	-232.317	251.371	-.136	-.924	.360

a. Dependent Variable: result

Treat에 대해서 동일한 p값(0.36010427470009687)을 보여주고 있습니다. 요약하면 ANCOVA와 regression과 GLM 모두 같은 결과를 보여주고 있고, 그렇기에 다음에 보여줄 글에서 통계 프로그램마다 메뉴가 상이하게 보이게 됩니다.

이제는 adjusted means를 구해봅시다. regression에서 구한 회귀식이 위 그림의 빨간 상자에 있습니다.

$$Y = 882.981 + 8.294(age) - 232.317\,(treat)$$

위와 같이 요약할 수 있습니다. 이 식에 age의 평균인 59.7을 입력합니다. 그리고 treat에 0과 1을 각각 입력하면,

$$Y = 1378.1 \quad \text{When treat} = 0 \ \& \ age = 59.7$$

$$Y = 1145.8 \quad \text{When treat} = 1 \ \& \ age = 59.7$$

이 됩니다. 그리고 이 값은 앞서 엑셀 시트에서 보았던 adjusted means와 같은 값입니다. 즉 adjusted means라는 것은 공변량인 age에 의한 차이를 교정하기 위해 모두 평균 나이인 것으로 감안하여 입력한 뒤에 계산한 means라고 할 수 있습니다.

	Means	CV Observed	DV	
			Observed	Adjusted
③	1	56.52	1351.76	1378.10
	2	62.00	1164.86	1145.79

이제 adjusted means의 95% 신뢰구간을 구해봅시다. 먼저 t-test를 합니다.

Group Statistics

	treat	N	Mean	Std. Deviation	Std. Error Mean
result	0	21	1351.76	953.261	208.019
	1	29	1164.86	776.417	144.177

Independent Samples Test

		Levene's Test for Equality of Variances		t-test for Equality of Means							
										95% Confidence Interval of the Difference	
		F	Sig.	t	df	Sig. (2-tailed)	Mean Difference	Std. Error Difference	Lower	Upper
result	Equal variances assumed	2.428	.126	.763	48	.449	186.900	244.861	-305.426	679.226
	Equal variances not assumed			.738	37.628	.465	186.900	253.098	-325.637	699.437

SPSS에서 얻은 결과입니다. 위의 means의 두 값은 엑셀에서 보았던 DV의 observed means와 같습니다. 즉 observed means는 그냥 t-test한 것과 같은 것입니다. 이 값의 차이는 186.9입니다(SPSS의 아래쪽 사각형). adjust하지 않은 mean difference이죠.

	Means	CV Observed	DV	
			Observed	Adjusted
③	1	56.52	1351.76	1378.10
	2	62.00	1164.86	1145.79

그런데 우리는 adjusted했기 때문에 그 차이는 1387.1-1145.8, 즉 241.3이 되었습니다. 이것은 adjust한 mean difference이고, 54.4가 더 증가하게 되었습니다.

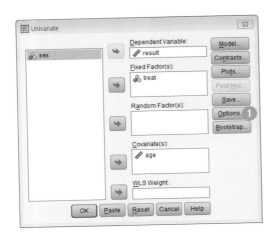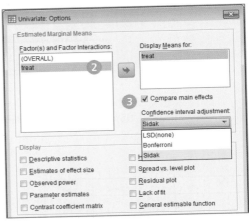

앞서 보았던 GLM의 메뉴로 갑니다. 'options❶'을 클릭해봅니다. 'treat❷'을 오른쪽으로 보내고, 'compare main effects❸'를 선택한 뒤에, 아래에서 3가지 옵션 중에 Sidak을 선택했습니다 (이 경우는 의미가 없습니다. Treat에 2개의 군만 있기 때문이지요).

Estimates

Dependent Variable:result

treat		Mean	Std. Error	95% Confidence Interval	
				Lower Bound	Upper Bound
0	❹	1378.104ᵃ	189.600	996.677	1759.530
1		1145.787ᵃ	160.743	822.414	1469.160

a. Covariates appearing in the model are evaluated at the following values: age = 59.70.

Pairwise Comparisons

Dependent Variable:result

(I) treat	(J) treat	Mean Difference (I-J)	Std. Error	Sig.ᵃ	95% Confidence Interval for Differenceᵃ	
					Lower Bound	Upper Bound
0	1	232.317	251.371	.360	-273.377	738.010
1	0	-232.317	251.371	.360	-738.010	273.377

Based on estimated marginal means

a. Adjustment for multiple comparisons: Sidak.

결과가 나왔습니다. 이제 adjusted 된 평균과 95% 신뢰구간❹과 adjusted 된 평균차와 95% 신뢰구간❺을 구했습니다. 이 값을 논문에 실으면 되겠습니다.

이제는 Homogeneity of Regressions 도 한번 알아봅시다.

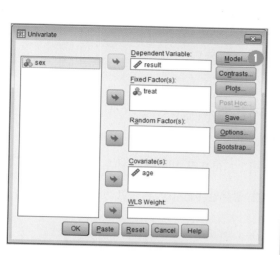

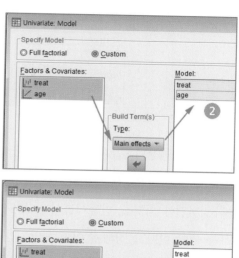

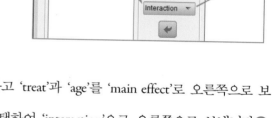

아까 실행했던 메뉴에서, 'Model❶'을 클릭하고 'treat'과 'age'를 'main effect'로 오른쪽으로 보냅니다❷. 다시 'treat'과 'age'를 한꺼번에 선택하여 'interaction'으로 오른쪽으로 보냅니다❸. 이때 어떤 것을 main effect로 보내느냐에 따라 결과가 조금씩 달라집니다.

Tests of Between-Subjects Effects

Dependent Variable:result

Source	Type III Sum of Squares	df	Mean Square	F	Sig.
Corrected Model	1.049E6	3	349561.835	.467	.707
Intercept	1214436.489	1	1214436.489	1.623	.209
treat * age	96260.536	1	96260.536	.129	.722
treat	221872.193	1	221872.193	.296	.589
age	514492.780	1	514492.780	.687	.411
Error	3.443E7	46	748477.653		
Total	1.128E8	50			
Corrected Total	3.548E7	49			

a. R Squared = .030 (Adjusted R Squared = -.034)

결과가 나왔습니다.

Test for Homogeneity of Regressions					
Source	SS	df	MS	F	P
between regressions	96260.54	1	96260.54	0.13	0.71861 ②
mainder	34429972.02	47	732552.60		

앞서 보았던 엑셀의 p값과 끝자리가 조금 다르지만, SS, df, F 등 다른 숫자가 모두 같으며 유효숫자에 의한 작은 차이입니다.

이제는 적절한 차트를 만들어봅시다. dBSTAT의 그 차트를 만들어봅시다. ANOVA는 이런 차트를 써야 한다고 정해져 있지는 않지만, 제가 생각할 때 가장 적당한 차트입니다.

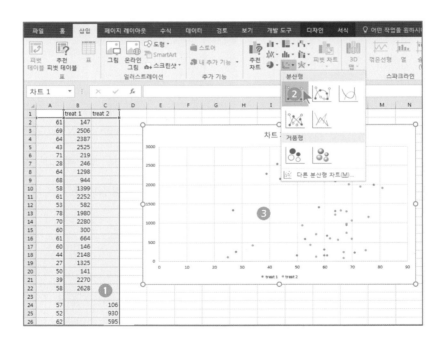

엑셀에서 자료를 ❶과 같이 표현합니다. X값 1열(교란변수)과 Y값 2열(결과변수), 총 3열로 배치한 뒤에 분산형❷을 이용해서 산점도❸를 그립니다.

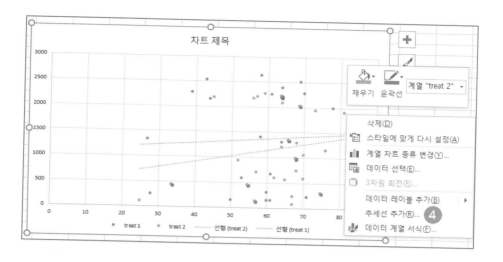

이후 점을 찍고 우클릭으로 '추세선 추가❹'를 하여 두 개의 추세선을 그리면 이들이 평행하며 Homogeneity of Regressions를 보여줍니다. 나이(x)가 1 증가할 때 result(y)가 증가하는 것, 즉 기울기가 같다는 것은 나이가 result에 미치는 영향이 같다는 뜻이 됩니다.

또 파란 선(treat 1)이 빨간 선(treat 2)보다 위에 있다는 것은 treat 1의 result가 더 높다는 뜻이 됩니다. 이 경우는 파란 선(점들)과 빨간 선(점들)이 좌우 방향에서 거의 같이 있지만, 만일 파란 선(점들)이 더 오른쪽에 있다면 나이가 더 많다는 것을 의미합니다.

이 회귀선이 의미하는 바를 간단히 설명해보겠습니다.

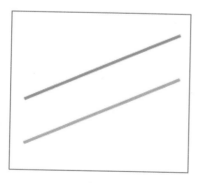

아주 대략적으로 이야기하면 이런 경우는 '나이(교란변수)'는 두 군의 차이가 없는데 결과변수는 파란색이 더 높다는 것을 보여줍니다(x축이 교란변수인 age이고, y축이 결과변수라고 생각합시다).

213

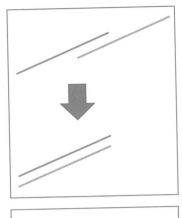

일견 빨간 선이 더 높아보이고, t-test를 하면 빨간 선이 높다고 나오겠지만, 이것은 빨간 선의 교란변수(나이)가 더 높기 때문에 나온 착시 현상이므로, 이를 보정하면(≒ 빨간 선을 직선 방향으로 끌어당기면 ≒ 나이에 의한 효과를 보정하면 ≒ 만일 두 군이 나이가 같다고 가정하면) 파란 선이 더 높아 집니다.

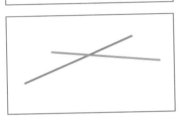

파란 선과 빨간 선은 기울기가 평행하지 않아 빨간 선은 교란변수(나이)가 증가함에 따라 오히려 감소하고, 파란 선은 더 증가하는 양상이 되면(또는 같이 증가하더라도 그 정도가 다르면) 나이를 어떻게 설정하느냐에 따라 다른 결과를 보이므로 신중해야 합니다.

이렇게 해서 가장 간단한 형태의 ANCOVA를 엑셀과 dBSTAT와 SPSS에서 알아보았습니다. SPSS는 기본 메뉴에는 없어서 초보자들이 찾기는 힘들지만(그래서인지 통계책이나 인터넷에도 자세한 방법이 희소합니다), CONSORT에서 굳이 adjusted mean difference를 예시하고 있어 조금 자세히 설명하였습니다.

가장 단순한 형태의 ANCOVA는 앞서 설명한 엑셀에서 해보는 것이 편합니다. 한꺼번에 여러 가지가 계산되니까요. 차트까지 그려주는 dBSTAT도 장점이 있습니다. SPSS는 여러 covariate을 넣을 수 있는 장점이 있고, 구석구석에 필요한 것들이 숨어 있으므로 아는 사람은 편하지만, 모르는 사람은 어렵습니다. (저도 여러번 실험해보고, 다른 프로그램들과 값을 비교해 가면서 겨우 찾아냈습니다.) 차트는 엑셀로 만드는 것이 편하고 정보가 많습니다.

한마디로 같은 것을 다른 이름으로 표현한 것이라고 할 수 있습니다. 그냥 이름만 보면 ANOVA와 ANCOVA는 가깝고, regression은 꽤 먼 것처럼 느껴집니다. 공부할 때도 그렇게 배우고, dBSTAT의 메뉴 구성도 그렇게 되어 있습니다. 저는 이것이 합리적이라고 생각합니다. 실제 사용자가 그렇게 느끼기 때문이지요.

그런데 R에서는 같은 회귀식으로 표현합니다. (반응변수 y 및 설명변수 x, x1, x2는 연속형변수, A, B, W는 범주형변수일 때)

통계 이름 (Design)	식 (Formula)
One-way ANOVA	$y \sim A$
One-way ANCOVA with 1 covariate	$y \sim x + A$
Two-way factorial ANOVA	$y \sim A * B$
Two-way factorial ANOVA with 2 covariates	$y \sim x1 + x2 + A * B$

STATA의 경우에도,

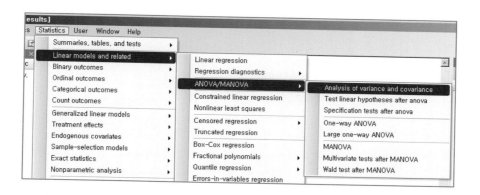

ANOVA 등도 ANCOVA나 regression과 함께 모두 General Linear Model 아래에 들어와 있기 때문에 오히려 ANCOVA를 찾아가기는 더 쉽습니다. 대신에 t-test와 ANOVA는 매우 멀리 있는 것처럼 느껴지는 메뉴 구성입니다.

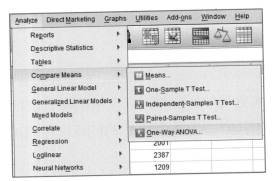 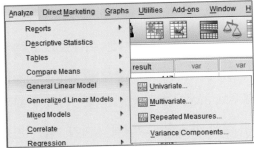

SPSS는 '평균 비교' 아래에 t-test와 ANOVA를 넣어두었습니다.

이들 메뉴 구성을 right/wrong의 접근이 아니라 얼마나 사용자에게 편리한가로 생각한다면, 이 중에서 초보자에게 더 어울리는 방식은 dBSTAT라고 생각합니다. 이 메뉴 구성의 장단점은 다른 책에서 이미 다루었으니 생략하겠습니다.

Baseline character에서 유의한 차이가 있다면

만일 baseline character에서 p<0.05인 변수가 있었다면 어떻게 해야 할까요? 만일 미리 연구 계획서에 특별한 언급 없이 Chi-squared test 또는 t-test를 하기로 했다면 그대로 하면 됩니다. 왜냐하면 baseline character에서 p<0.05인 것은 우연에 의한 것일 가능성이 크기 때문입니다.

Such significance tests assess the probability that observed baseline differences could have occurred by chance; however, we already know that any differences are caused by chance. Tests of baseline differences are not necessarily wrong, just illogical. Such hypothesis testing is superfluous and can mislead investigators and their readers. (앞에서 한 번 나온 것이지만, 반복합니다.)

그러나 혹시 나이 때문에 결과에 차이가 생긴 것인지 염려될 수도 있겠지요. 그런 경우라면 미리 연구 계획서에 써둘 수 있습니다. 'baseline character에서 p<0.05인 변수가 있다면 그것에 따라 adjust한 통계법을 사용하겠다'고 말이죠. Chi-squared test를 하려고 했는데, adjust가 필요하다면 앞서 설명 드린 Mantel-Haenszel test나 혹은 좀 더 복잡하게 logistic regression을 할 수 있겠지요. t-test를 하려고 했는데 adjust가 필요하다면 앞서 설명 드렸듯이 2-way ANOVA 또는 ANCOVA 등을 고려해볼 수 있습니다. 생존분석으로 log-rank test를 계획했다가 Cox regression을 고려해볼 수도 있습니다. 단, **연구 계획서에 미리 써 둔 경우에** 말입니다.

Similar recommendations apply to analyses in which adjustment was made for baseline variables. If done, both unadjusted and adjusted analyses should be reported. Authors should indicate whether adjusted analyses, including the choice of variables to adjust for, were planned

CONSORT에서는 adjust를 한 경우에 adjust하지 않은 것과 adjust한 분석을 동시에 표현하도록 권하며, adjust한 것이 이미 계획된 것인지 아닌지 명시하도록 하였습니다.

> Ideally, the trial protocol should state whether adjustment is made for nominated baseline variables by using analysis of covariance. Adjustment for variables because they differ significantly at baseline is likely to bias the estimated treatment effect.

이상적으로, baseline 변수에 의해서 adjust 된 것인지 연구 계획(protocol)에 써 두어야 합니다. 당연히 그런 adjust가 치료 결과에 bias를 줄 것이라고 예상되기 때문에 연구 계획에 써 둔 것이죠.

여기서 연구자는 질문이 생길 것입니다. '아니 검정을 해보지 않고서 어떻게 baseline 변수가 차이가 있는지 알 수 있나' 하고 말입니다. 그래서 저는 아예 검정을 해보지 않기를 더 권합니다. 만일 검정을 해보고 p값이 작다는 생각이 들면 이에 대해 adjust해야겠다는 유혹을 강하게 받을 것이기 때문입니다.

> Authors should resist the temptation to perform many subgroup analyses. Analyses that were prespecified in the trial protocol (see item 24) are much more reliable than those suggested by the data, and therefore authors should report which analyses were prespecified.

CONSORT에서는 저자들이 subgroup analysis를 하고자 하는 유혹에 저항해야 한다고까지 표현하고 있군요. 그래서 protocol이 중요합니다. 연구자는 쉽게 납득이 되지 않을 수도 있지만 Baseline 변수의 차이가 생겼다면 그것을 통계적인 방법으로 교정하려는 노력보다 훨씬 중요한 것이 무작위 배정과 은폐와 가림이라는 것을 생각해야 하고, 그럼에도 불구하고 뭔가 adjust해야겠다는 생각이 든다면 protocol에 이런 내용을 미리 언급해두면 될 것입니다. CONSORT에서 제시하는 예를 보도록 하겠습니다.

> "On the basis of a study that suggested perioperative β-blocker efficacy might vary across baseline risk, we prespecified our primary subgroup analysis on the basis of the revised cardiac risk index scoring system. We also did prespecified secondary subgroup analyses based on sex, type of surgery, and use of an epidural or spinal anaesthetic. For all subgroup analyses, we used Cox proportional hazard models that incorporated tests for interactions, designated to be significant at p<0.05 ⋯ Figure 3 shows the results of our prespecified subgroup

analyses and indicates consistency of effects ⋯ Our subgroup analyses were underpowered to detect the modest differences in subgroup effects that one might expect to detect if there was a true subgroup effect.[1]"

분명히 prespecified라고 명시했으며, Cox proportional hazard models을 사용하였다고 합니다. 원래의 논문에서 Figure 3도 한번 보도록 하겠습니다.

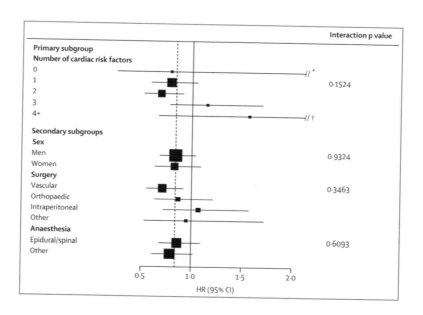

마치 메타분석에서 보는 것과 같은 forest plot으로 표현했습니다.

Cox proportional hazard models이 adjust 모형에 사용되었다면 adjust되기 전 모형은 log-rank test였을 가능성이 가장 크겠군요. 그러나 본문을 보면 adjust하지 않은 것도 Cox proportion

1_Eff POISE Study Group, P. J. Devereaux, Homer Yang, Salim Yusuf, Gordon Guyatt, Kate Leslie, Juan Carlos Villar et al. (2008). Effects of Extended-Release Metoprolol Succinate in Patients Undergoing Non-Cardiac Surgery (POISE Trial): A Randomised Controlled Trial. *Lancet (London, England)*, 371(9627), 1839–1847. doi:10.1016/S0140-6736(08)60601-7. 무료로 전문을 볼 수 있으므로 간단히 살펴보시는 것도 좋겠습니다.

al hazard models을 사용하였습니다. (All analyses used Cox proportional hazards models except for new clinically significant atrial fibrillation, cardiac revascularisation, congestive heart failure, clinically significant hypotension, and clinically significant bradycardia, for which we used a x^2 test.)

통계법을 간략하게 표로 나타내면 아래와 같습니다.

Adjust 전	Adjust 후
t-test ANOVA	ANCOVA Multiple regression
Chi-squared test	Mantel-Haenszel test logistic regression
Log-rank test	Cox proportional hazard models

크게 중요하지는 않지만, 잘 다루지 않는 주제라 이어서 이야기하도록 하겠습니다. 왜 중요하지 않다고 표현했냐 하면 adjust하는 것은 그리 자주 필요하지도 않을뿐더러 adjust보다 중요한 것은 미리 randomization을 잘해서 수학적 방법이 아니라 연구 설계에서 adjust하는 것이 바람직하고 RCT답기 때문입니다. 마치 adjust한 통계법이 더 좋은 통계법, 혹은 미처 발견하지 못한 사실을 알아낼 수 있는 좋은 통계법인 듯한 인상을 줄까봐 매우 조심스럽습니다. 다시 말하지만, 잘 계획된 RCT의 경우에는 통계법이 아주 단순합니다. 무작위 배정과 은폐, 가림, 정확하고 일관된 진단 도구와 연구 계획이 훨씬 중요합니다.

관찰 연구에서는 조금 상황이 다를 수 있습니다. 현상을 관찰하기 위해서는 이것저것 시도해볼 필요가 있습니다. 그렇지만 보통은 그것을 결정적인(conclusive) 증거라고 말하지는 않습니다.

Harms

모든 부작용과 예상치 못한 결과들은 양 군별로 정리하여 기술해야 합니다. 무작위 대조 연구는 비록 드문 부작용을 찾아내기에는 부적당하지만, 그래도 치료의 효과뿐 아니라 부작용을 찾아내기에 매우 효과적인 방법입니다.

부작용 때문에 치료를 중단한 숫자를 포함하여 치료의 이익과 손해에 대해 기술하도록 합니다.

For each study arm the absolute risk of each adverse event, using appropriate metrics for recurrent events, and the number of participants withdrawn due to harms should be presented. Finally, authors should provide a balanced discussion of benefits and harms.

Harms에 대해서는 'CONSORT Extension for Harms'가 별도로 존재하고, 이것과 연관된 checklist가 있습니다. 총 10개의 문항으로, 쉬운 영어로 되어 있으니 원문을 그대로 살펴보겠습니다.

1. If the study collected data on harms and benefits, the title or abstract should so state.
2. If the trial addresses both harms and benefits, the introduction should so state.

이하 Methods 부분에서,

3. List addressed adverse events with definitions for each (with attention, when relevant, to grading, expected vs. unexpected events, reference to standardized and validated definitions, and description of new definitions). Methods의 Outcomes 부분에 쓰는 내용입니다.
4. Clarify how harms-related information was collected (mode of data collection, timing, attribution methods, intensity of ascertainment, and harms-related monitoring and stopping rules, if pertinent). Methods의 Outcomes 부분에 쓰는 내용입니다.

221

5. Describe plans for presenting and analyzing information on harms (including coding, handling of recurrent events, specification of timing issues, handling of continuous measures, and any statistical analyses). Methods의 통계 부분에 쓰는 내용입니다.

이하 결과 부분에서,

6. Describe for each arm the participant withdrawals that are due to harms and their experiences with the allocated treatment. (결과의 CONSORT chart에 넣습니다.)

7. Provide the denominators for analyses on harms. (분모를 꼭 쓰도록)

8. Present the absolute risk per arm and per adverse event type, grade, and seriousness, and present appropriate metrics for recurrent events, continuous variables, and scale variables, whenever pertinent.(pertinent 적절한)

9. Describe any subgroup analyses and exploratory analyses for harms.

이하 discussion에서,

10. Provide a balanced discussion of benefits and harms with emphasis on study limitations, generalizability, and other sources of information on harms.

추가로 흔히 하는 실수 11가지를 열거하고 있습니다.

1. Using generic or vague statements, such as "the drug was generally well tolerated" or "the comparator drug was relatively poorly tolerated."

2. Failing to provide separate data for each study arm.

3. Providing summed numbers for all adverse events for each study arm, without separate data for each type of adverse event.

4. Providing summed numbers for a specific type of adverse event, regardless of severity or seriousness.

5. Reporting only the adverse events observed at a certain frequency or rate threshold (for example, >3% or >10% of participants).

6. Reporting only the adverse events that reach a P value threshold in the comparison of the randomized arms (for example, P < 0.05).

7. Reporting measures of central tendency (for example, means or medians) for continuous variables without any information on extreme values.

8. Improperly handling or disregarding the relative timing of the events, when timing is an important determinant of the adverse event in question.

9. Not distinguishing between patients with 1 adverse event and participants with multiple adverse events.

10. Providing statements about whether data were statistically significant without giving the exact counts of events.

11. Not providing data on harms for all randomly assigned participants.

이렇게 많은 내용을 포함하면 논문의 길이가 길어지지 않을까 걱정하는 저자들을 위해 그렇지 않다고(Improved reporting of harms need not lead to longer manuscripts.) 말하고 있습니다. harms에 대해서 자세하고 분명하게 기록하기 위해서는 미리 protocol에 자세히 적어두어야 합니다. 미리 적어두지 않으면, 또 연구자가 미리 알아두지 않으면 남아 있는 기록이 없을 것입니다.

Ch7.
Discussion

토론(discussion)은 형식상 상당히 자유로울 수 있는 부분이고, 그렇기 때문에 더 작성하기 어려워하기도 합니다. 한편 학문의 분야에 따라서, 또는 전통에 따라서 양식이 달라지기도 합니다. 아주 길게 쓰기를 원하는 저자나 리뷰어도 있고, 그 반대가 있기도 합니다. 일반화하기 어려운 이 부분에 대해서 함께 생각해보도록 합시다.

Limitation

이 부분에 대해서는 몇몇 논문이 제시한 포맷이 도움이 될 것 같습니다.

예를 들어 Annals of Internal Medicine에서는 아래와 같은 내용을 포함하도록 한다고 CONSORT에서 말하고 있지만, 제가 찾아본 바로는 바뀌었거나 없어진 듯합니다. 그래도 여전히 도움이 될 수 있으므로 그대로 옮겨 보겠습니다. 왜냐하면

We recommend that authors follow these sensible suggestions, perhaps also using suitable subheadings in the discussion section. (CONSORT 20)

라고 굳이 표현했기 때문입니다.

(1) a brief synopsis of the key findings

(2) consideration of possible mechanisms and explanations

(3) comparison with relevant findings from other published studies (whenever possible including a systematic review combining the results of the current study with the results of all previous relevant studies)
이 부분에서 너무 잡다한 이야기를 많이 해서 마치 교과서 같기도 하고, 잡탕 같은 느낌을 주기도 해서 이 부분을 줄이라는 요구도 있습니다. 여기에 많은 참고문헌이 달리기도 하고요.

(4) limitations of the present study (and methods used to minimise and compensate for those limitations)
흔히 경험하는 경우는 샘플 수가 적다는 형식적인 언급은 없어야 할 것 같다는 생각이 듭니다. CONSORT는 이 limit에 대해서 특히 강조하고 있고, 아예 한 section의 이름을 limitation으로 하고 있습니다. 내시경적 수술이 개복적 수술보다 우수하다는 연구에서 내시경적 수술은 잘 훈련된 사람에 의해서 시행되고, 개복적 수술은 그렇지 않다는 결론을 낼 때, 저자는 이에 대한 언급을 충분히 해야 함을 CONSORT는 예를 들어 설명합니다.

(5) a brief section that summarises the clinical and research implications of the work, as appropriate.

또 부정확한 검사(imprecision)에 대한 이야기도 하고 있습니다. 부정확한 검사가 어떤 결과를 일으키는지에 대해서 앞에서 여러 번 강조한 바가 있습니다. 예를 들면 어른에게 좋은 검사법이지만, 아이들에게는 적합하지 않을 수도 있습니다. 검사자가 익숙하지 않은 경우도 있습니다. 검

사자가 검사기계마다 조금씩 다르거나, 검사자마다 다른 기준을 가질 수도 있습니다. 모두 문제가 있는 경우지만 미리 생각하면 예방이 가능할 수 있습니다.

The difference between statistical significance and clinical importance should always be borne in mind. Authors should particularly avoid the common error of interpreting a non-significant result as indicating equivalence of interventions. The confidence interval (see item 17a) provides valuable insight into whether the trial result is compatible with a clinically important effect, regardless of the P value.

Authors should exercise special care when evaluating the results of trials with multiple comparisons. Such multiplicity arises from several interventions, outcome measures, time points, subgroup analyses, and other factors. In such circumstances, some statistically significant findings are likely to result from chance alone. (CONSORT 20)

이 짧은 문장 속에 제가 '3대 오결론(3 misconclusions)'이라고 말하는 3가지가 언급되어 있습니다. What a coincidence! 제가 생각하는 그 3대 오결론을 CONSORT에서도 그대로 이야기하는군요.

임상적으로 의미 있는 것(clinical significant)과 통계적으로 의미 있는 것은 전혀 다릅니다. 마치 p값이 작으면 작을수록 임상적으로 더 의미 있을 것만 같은 착각을 일으키는데, p값은 N에 의존하기 때문에 N만 커지면 매우 작아질 수 있습니다. 새로운 수술법이 통계적으로 매우 유의미하게(p=0.00002) 출혈을 줄일 수 있는데, 출혈이 줄어드는 양이 5ml라면 이것이 임상적으로 얼마나 의미가 있을까요? 수술 후에 피검사 한 번만 해도 5ml 이상의 피가 소비됩니다.

또 다른 결론이지만, 비슷한 이유로 N수가 작으면 p>0.05가 됩니다. P>0.05라는 것은 귀무가설을 기각할 수 없다는 말이지 귀무가설을 채택한다는 말은 아닙니다. 앞서도 여러 번 언급하였으니 자세한 이야기는 생략하겠습니다. 다중 검정에 대해서도 이미 앞서 여러 번 이야기했지요.

'3대 오결론(3 misconclusions)'에 대해서 http://blog.naver.com/kjhnav/220637597720에 저의 간단한 설명이 나와 있고, 영어로 된 좀 더 긴 글은 https://goo.gl/TRsNNw에 있습니다.

그리고 discussion에 그동안의 선행 연구들을 충분히 토론하고 체계적으로 요약하도록 권하는 경우도 있고 (We recommend that, at a minimum, the discussion should be as systematic as possible and be based on a comprehensive search, rather than being limited to studies that support the results of the current trial.

COSORT22.) 어떤 저널은 본 연구의 결과를 중심으로 간략히 적도록 하기도 합니다. 이미 뻔히 알려진 내용을 반복함으로 지면을 낭비할 필요는 없다는 것이지요. 저널 방침에 따라서 정해져야 할 내용이라고 생각됩니다.

Generalisability

'일반화'는 다른 말로 external validity 또는 applicability라고 말할 수 있습니다. "이 연구의 결과를 얼마나 다른 시간, 다른 나라, 다른 지역에서 적용할 수 있는가"를 뜻합니다. 어떻게 보면 가장 중요한 이야기입니다. 어떤 연구 결과를 주목하는 이유는 미국의 한 연구기관에서 연구한 것이 우리나라에서도 적용 가능할 것이라는 (확실하지 않은) 믿음 때문입니다.

'일반화'는 동전의 양면과 같습니다. 넓은 범위를 가지면 좋은 점도 있고 나쁜 점도 있습니다. 본 연구가 (온갖 이유의) 요통에 대해서 A 치료법보다 B 치료법이 우수하다는 것을 보여준다고 할 때, 새로운 환자가 (이유를 알 수 없는) 요통이 있을 때는 B 치료법을 적용하는 것이 타당할 수 있지만, 어떤 특정한 이유를 발견하게 된다면 더 이상 이 연구 결과를 적용하는 것이 마땅하지 않습니다.

서울에 가면 서울말을 배운다는 명제는 일반적으로 그렇지만, 지방에서 올라온 학생들끼리 기숙사에 살게 되면 서울 사람이 없어서 억센 경상도나 부산 말을 배울 수도 있습니다(제가 1학년 때 경험한 이야기입니다). 이런 일이 연구 결과에서도 일어날 수 있는 것이죠.

이것은 어떤 것이 좋다, 나쁘다라고 말할 수 있는 것이 아니며, discussion이나 연구에 국한된 것도 아닙니다. 사회의 모든 의사결정과도 관련된 내용입니다. 저자의 책임뿐 아니라 독자의 책임까지 같이 있는 부분입니다. 저자는 잘 표현했더라도 독자가 잘못 이해하는 경우도 아주 흔하니까요.

먼저 저자가 inclusion criteria와 exclusion criteria를 자세히 기술하고, 독자는 자세히 볼 필요가 있습니다. 그리고 baseline 변수들이 나와 있는 table 1도 자세히 읽어볼 필요가 있습니다. 어떤 치료를 어떤 용량과 방법으로 적용하였는지, 언제 결과를 평가하고 어떤 평가방법을 사용하였는지 꼼꼼히 살펴보아야 합니다.

예제

이 부분은 generalisability라는 주제로 예제를 골라보았지만, 그 외 다른 부분도 볼 것이 많아서 전체적으로 살펴보겠습니다.

압박골절이라는 병에 대해서 vertebroplasty를 적용하면 시행하지 않은 군에 비해 유리할까요?[1] 이에 대해서 연구자들은 이런 결론을 내렸습니다.

> Improvements in pain and pain-related disability associated with osteoporotic compression fractures in patients treated with vertebroplasty were similar to the improvements in a control group.

우리나라도 많이 시행하는데, 이거 자세히 한번 읽어볼까요?

United States에 5개 병원, United Kingdom에서 5개 병원, Australia에서 1개 병원이 참가했고, RCT로 진행하였으며, 치료 후 1개월째 통증이 줄어들 것을 예상했습니다. 상당히 여러 병원에서 시행했군요. 여러 나라의 여러 병원에서 시행한 것은 '일반화'를 위해서는 좋은 방법이라고 할 수 있습니다.

> The study initially had a power of more than 80% to detect differences in both primary and secondary outcomes in 250 patients, with a two-sided alpha of 0.05, on the basis of a 2.5-point difference on the RDQ and a 1.0-point difference on the pain rating.

1_Kallmes, David F., Bryan A. Comstock, Patrick J. Heagerty, Judith A. Turner, David J. Wilson, Terry H. Diamond, Richard Edwards et al. (2009). A Randomized Trial of Vertebroplasty for Osteoporotic Spinal Fractures. *The New England Journal of Medicine*, 361(6), 569–579. doi:10.1056/NEJMoa0900563. 무료로 볼 수 있음.

처음에는 250명의 환자가 필요할 것으로 계산하였는데, 이는 평균차이만으로 계산한 샘플수이며 예상 표준편차 없이는 계산될 수 없는 값입니다. 예를 들어 '그는 남자이다. 그래서 35세이다'와 같이 전혀 논리에 맞지 않는 계산입니다. 그리고 primary outcome을 하나가 아닌 둘로 잡았고, 이에 대한 p값을 고려하지 않고, 샘플 수 계산에도 반영하지 않았습니다.

After early difficulty in recruitment and a planned interim analysis of the first 90 patients, we reduced the target sample size to 130 patients, with approval from the independent data and safety monitoring board.

처음에 계획한 필요 샘플은 250명이었으나, 환자가 잘 모이지 않아 planed interim analysis에 따라 90명이 되었을 때 계획을 바꾸어서 목표를 130명으로 줄였습니다. interim analysis(중간분석)를 했다면 그것에 대해서 p값을 조정해야 했을 것입니다. interim analysis를 계획했다면 어떤 방식으로 할 것인지, 그때 어떻게 대처할 것인지를 계획했어야만 합니다. 만일 planed interim analysis에 의한 것이 샘플 수를 줄이는 것이었다면 그에 대한 근거가 있었어야 합니다. 만일 interim analysis에서 충분히 차이가 발생했다면 중간에 분석을 그만할 수도 있지만, 결론적으로 차이가 없다고 하면서, 그것도 샘플 수를 줄여서 유의한 차이가 없다고 하니 상당히 비논리적인 상황이 되었습니다.

이런 점에서 샘플 수의 계산은 중요한 의미를 가집니다. 평소 환자가 생기는 빈도가 어느 정도인지 알고 있기에 필요한 샘플 수에 따라 연구 center를 더 늘리든지 미리 계획에 반영할 필요가 있었습니다. 현재는 필요한 샘플 수를 절반으로 줄인 셈입니다(250에서 130으로).

With the reduced sample size, the study had a power of more than 80% to detect important differences in the primary outcome measures — a 3.0-point difference between groups on the RDQ (with an assumed SD of 6.7) and a 1.5-point difference on the pain rating (with an assumed SD of 2.7) — at 1 month.

수정한 표본의 계산식에서도 엉뚱한 점이 관찰됩니다. 여전히 두 개의 outcome을 설정하고 있습니다.

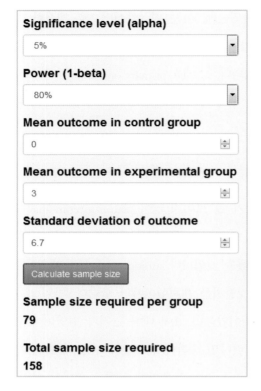
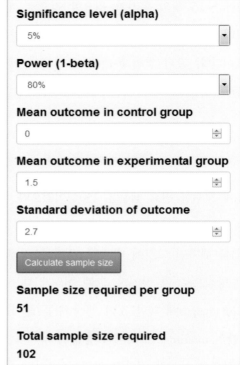

각각의 샘플 수를 계산해보니 (p값을 조정하지 않더라도) 158명과 102명이 됩니다(www.sea ledenvelope.com/power/continuous-superiority/). 만일 primary outcome을 굳이 2개로 하고 싶다면 계산이 매우 복잡해집니다. 하지만 아주 단순하게 해서 p값을 0.025로 조정할 수 있다면, 훨씬 많은 수가 필요하게 됩니다.

여기에서 assume한 표준편차는 어디에 근거한 것일까요? 6.7과 2.7말입니다. 우선 interim analysis를 시행한 결과일까요? 처음에는 평균차이를 2.5로 예상했는데 (표준편차도 없이) 250명이 필요하다고 했습니다. 수정된 계산식에서는 오히려 예상되는 평균차이를 3으로 더 크게 잡았는데요, 표준편차를 매우 좁게 잡았기 때문에 필요한 샘플은 더 줄게 됩니다. 즉 평균차이를 더 크게 잡고, 표준편차를 더 좁게 잡아서 의도적으로 샘플 수를 줄인 듯합니다. 예상되는 평균차이와 표준편차가 아니라, 그냥 샘플 수를 적게 잡기 위해서 평균과 표준편차를 넣은 것 같은 인상을 줍니다.

90개에서 40개를 더 추가한 130개의 결과에서는 평균차이도 그렇게 벌어지지 않습니다. (−1.3 to 2.8)로 최종 계산되므로 평균차이는 0.75 정도입니다. 그동안 중간분석한 자료를 근거로 했더라면, 0.75 근처로 예상되는 평균차이를 잡았어야 했겠지요. 정황상 처음의 assumed 평균차이와 표준편차는 전혀 근거 없이 정한 것이며 interim analysis에서 다시 계산한 값도 이유 없이 그냥 줄인 셈입니다.

게다가 이 논문의 결론은 두 치료법의 비열등성 검정(were similar to)처럼 마무리되고 있는데, 이것 또한 절대적으로 잘못된 결론입니다. 우위성 검정에서 "p>0.05이었다면 차이가 있다고 말할 수 없다. 즉 뭐라고 결론 내릴 수 없다"라고 결론지었어야 합니다. Authors should particularly avoid the common error of interpreting a non-significant result as indicating equivalence of interventions.라고 했던 바로 그 잘못을 범한 것이죠.

그리고 샘플 수 계산을 위한 참고문헌을 보면,[1] 본 연구와 직접 관련이 없는 요통의 점수와 관련된 것입니다. 샘플 수 계산을 위한 참고문헌이라면, 이 연구의 세팅과 관련하여 그 결과를 예측할 수 있는 선행 연구인 경우가 보통입니다.

다중 검정에 대해서는 이런 언급이 있습니다. A P value of less than 0.043 for between-group differences in the primary outcomes was considered to indicate statistical significance. All reported P values are two-sided and have not been adjusted for multiple testing. 잘 이해되지 않는데, 샘플 수 계산을 할 때는 p는 0.05를 기준으로 한다고 했다가 여기서는 0.043을 기준으로 했다고 하였습니다. 그런데 primary outcome은 1달 후에 조사하는 것이라서 interim analysis를 할 것도 없기 때문에 p=0.043을 기준으로 하는 것이 조금 이상합니다. multiple test에 대해서는 adjust하지 않는다고 하였습니다.

primary outcome이 아닌 secondary outcome인 every 6 months의 any deaths, events involving paralysis, hospitalizations, new-onset fractures, new radiculopathy or myelopathy, and infection에 대해서는 O'Brien−

1_ Ostelo, Raymond W. J. G., Rick A. Deyo, P. Stratford, Gordon Waddell, Peter Croft, Michael Von Korff, Lex M. Bouter and Henrica C. de Vet (2008). Interpreting Change Scores for Pain and Functional Status in Low Back Pain: Towards International Consensus Regarding Minimal Important Change. *Spine*, 33(1), 90-94. doi:10.1097/ BRS.0b013e31815e3a10.

Fleming stopping rules of P<0.001 and P<0.019 for two prespecified interim analyses in order to evaluate the accumulating evidence of treatment efficacy를 한다고 되어 있습니다. 6개월마다 2번의 interim analysis를 하게 되면 총 3번의 secondary outcome을 보는 셈입니다.

planned analyses		p-value threshold / Z threshold						
		Haybittle–Peto		O'Brien-Fleming		Fleming-Harrington-O'Brien	Pocock	
2	1	0.001	3.290	0.005	2.797		0.0294	2.178
	2 (final)	0.05	1.962	0.048	1.977		0.0294	2.178
3	1	0.001	3.290	0.0005	3.471		0.0221	2.289
	2	0.001	3.290	0.014	2.454		0.0221	2.289
	3 (final)	0.05	1.964	0.045	2.004		0.0221	2.289
4	1	0.001	3.290	0.00005	4.049	0.0067	0.0182	2.361
	2	0.001	3.290	0.0039	2.863	0.0083	0.0182	2.361
	3	0.001	3.290	0.0184	2.338	0.103	0.0182	2.361
	4 (final)	0.049	1.967	0.0412	2.024	0.0403	0.0182	2.361
5	1	0.001	3.290	0.00001	4.562		0.0158	2.413
	2	0.001	3.290	0.0013	3.226		0.0158	2.413
	3	0.001	3.290	0.008	2.634		0.0158	2.413
	4	0.001	3.290	0.23	2.281		0.0158	2.413
	5 (final)	0.049	1.967	0.41	2.040		0.0158	2.413

앞서 중간분석(46쪽) 부분에서 보았던 표입니다. (빨간 상자로 표시한 부분) O'Brien-Fleming 방법으로 3번의 검사를 하기로 한 경우를 주목해주세요. 저자들은 표와는 다른 숫자, 즉 0.001과 0.019와 0.043을 기준으로 secondary outcome을 비교하기로 한 듯합니다. 그래서 0.043을 primary outcome에도 적용한 것이 아닌가 싶은데, 다소 이해가 되지 않는 선택입니다.

Randomization에 대해서도 살펴봅시다. We used stratified, blocked randomization according to study center to achieve roughly balanced groups. 아마도 center에 대해서 stratified되었으며 block sizes ranged from 4 to 12 patients block size도 (아마도 조금 의심스럽기는 하지만) 4, 6, 8, 10, 12가 가변적으로 사용된 모양입니다.

Study center — no. (%)	Vertebroplasty Group (N = 68)	Control Group (N = 63)
Mayo Clinic	14 (21)	16 (25)
Other than Mayo Clinic (4 center)	15 (22)	12 (19)
United Kingdom (5 center)	26 (38)	26 (41)
Australia	13 (19)	9 (14)

이 표는 각 센터별로 배치된 인원입니다.

9개의 center 들이 매우 적은 수의 환자 구성을 보여주고 있습니다. 예를 들어 미국의 경우 4개 center에 27명, 즉 6.75/center명이 배정됩니다. 환자 수가 적을수록 block size가 커지면서 unbalance가 커지게 되고, 동시에 block size가 작을수록 앞서 살펴보았듯이 randomness가 훼손됩니다. 예를 들어 block size가 4이고 환자가 총 4명이었다면, 첫 두 환자가 AA라면 나머지는 볼 것도 없이 BB라는 것을 알 수 있다는 것이죠. 게다가 지금과 같이 blinding이 open된 연구에서는 더욱 그렇습니다.

또 한편, 의문이 드는 부분은 기간입니다. From June 2004 through August 2008까지 모집했다고 했는데, 4년간 모집한 인원이 센터당 6.75명 정도라면 6개월에 약 1명꼴로 환자가 방문했다는 뜻이 됩니다. 또는 더 많은 수의 환자가 왔지만, 임상시험에 동의한 사람이 적었을 수도 있습니다. 어쨌든 그런 경우라도 그 센터의 시술 경험이 일관되었다고 할 수 있을지, 임상시험을 위한 시술과 측정이 일관되게 이루어질지 의문입니다. 사람도 계속 바뀔 것이고 Protocol에 대해서도 충분히 숙지하지 못할 수도 있습니다. (사실 비판적으로 보기 위해서 언급한 것이지 꼭 그렇다는 것은 아니고, 가능성이죠.)

Blinding에 대해서도 부정확하고 빠진 기록이 보입니다.

The protocol specified that study-group assignments should be concealed from all patients and study personnel who performed follow-up assessments for the duration of the study. Only the study statisticians, who did not have any contact with the patients, saw unblinded data. 통계학자만(only) unblind되었다고 쓰여 있지만, 본문을 보면 doctor도 unblind되었고, 환자도 unblind되었을 가능성이 매우 높습니다.

환자는 모두 처치 침대에 누웠고, 그때 봉투를 열었습니다. 이 점은 잘한 점입니다. 시술군은 국소 마취제를 투여하고, PMMA를 투여하였습니다. 마취제를 투여하지 않으면 통증이 있으며 11-gauge or 13-gauge를 사용하여 PMMA를 투여하였는데, 실제 이 정도 굵기는 매우 두꺼운 바늘이라 마취가 되었다고 하더라도 표면만 마취되어 바늘이 뼈를 뚫고 들어갈 때의 느낌을 모르기는 쉽지 않습니다. (For the vertebroplasty procedure, 11-gauge or 13-gauge needles were passed into the central aspect of the target vertebra or vertebrae.).

대조군은 가능한 한 유사한 상황을 연출했습니다. (During the control intervention, verbal and physical cues, such as pressure on the patient's back, were given, and the methacrylate monomer was opened to simulate the odor associated with mixing of PMMA, but the needle was not placed and PMMA was not infused.) 말도 하고, 손으로 누르기도 하고 냄새도 피웠습니다. 하지만 제일 중요한 마취 주사도 사용하지 않았고, PMMA도 주입하지 않았기 때문에 환자가 blind되지 않았을 가능성이 높습니다. 의사가 blind되지 않은 것은 자명합니다. 그런데도 마치 환자와 의사 모두 blind된 것처럼 기록되어 있습니다. 명백하게 잘못된 기록입니다. 아마도 리뷰하는 사람도 자세히 읽지 않았거나 이 처치가 어떤 처치인지 모르는 사람이었던 것 같습니다.

그리고 중요한 평가자, 한 달 뒤에 평가하는 사람은 어떻게 blind되었는지 나와 있지 않습니다. modified Roland–Morris Disability Questionnaire (RDQ)를 조사하였는데, 이것은 통증에 대한 설문조사로 조사자의 주관이 개입될 수 있으므로 평가자의 blinding이 중요한데, 이것에 대해서는 자세한 언급이 없습니다.

한편 환자가 얼마나 blinding되었는지 평가하기 위해 조사하기도 했습니다. (Patients were asked before discharge on the day of the procedure and at each follow-up assessment to guess which procedure they had undergone and to rate their confidence in their guess on a scale from 0 (no confidence) to 10 (complete confidence))

앞서 설명하였듯이 blinding은 항상 가능하지 않습니다. 최선의 노력을 다한 것으로도 연구의 가치는 있습니다. 이 연구가 적은 샘플 때문에, 특히 각 center마다 적은 샘플이 배정되었기 때문에 blinding이 매우 어려웠을 가능성에 대해서 이해할 수 있습니다.

inclusion criteria와 exclusion criteria를 살펴봅시다. 이것은 '일반화'에 중요한 요소일 수 있습니다. 이것에 따라 해석이 완전히 달라질 수도 있기 때문입니다.

inclusion criteria : an age of 50 years or older, a diagnosis of one to three painful osteoporotic vertebral compression fractures between vertebral levels T4 and L5, inadequate pain relief with standard medical therapy, and a current rating for pain intensity of at least 3 on a scale from 0 to 10. Fractures needed to be less than 1 year old, as indicated by the duration of pain. We previously had found that a fracture duration of up to 1 year was associated with a good response to vertebroplasty. For fractures of uncertain age, an additional requirement was marrow edema on magnetic resonance imaging or increased vertebral-body uptake on bone scanning.

이 inclusion criteria 때문에 이 논문은 가치 있는, 혹은 가치 없는 논문이 될 수도 있습니다. 그리고 이 부분은 통계학자들은 이해할 수 없는, 이 분야의 사람만이 평가할 수 있는 분야이기도 합니다. 이 연구의 경우 골절이 있은 뒤 최대 1년까지도 시행했다는 것의 indication 으로 잡았다는 것은 '굳이 필요 없는 사람까지 include한 것이 아닐까'라는 비판을 받을 수 있습니다. 또 한국의 경우에는 '2주 이상의 적극적인 보존적 치료에도 불구하고 통증이 있는 경우'를 한정하고 있는데, 이는 혹시라도 있을 수 있는 다른 원인의 통증을 충분히 교정한다는 것을 전제로 하고 있습니다. 저자들도 역시 이 점에 대해 inadequate pain relief with standard medical therapy라고 표현하고 있습니다. 즉 다른 치료로 효과를 보이지 않은 경우에 해당하는 것입니다.

또는 통증의 원인이 압박골절 자체가 아닌 것에 관련되었을 가능성이 많습니다. 압박골절에 의한 통증은 골절이 유합된 이후에 보통 없어집니다. 이후 1년 정도까지의 통증은 압박골절이 아닌 다른 원인에서 유발된 통증일 가능성이 큽니다. 이런 경우라면 vertebroplasty의 유무와 별 차이가 없을 것이기 때문입니다. 폐렴 환자도 가슴이 아픕니다. 가슴이 아픈 환자에 심장 stent를 삽입하는 치료와 하지 않은 치료 사이에는 별 차이가 없는 것이 당연합니다.

'새 농법이 사과를 맛있게 하는가'라는 질문에 대한 연구는 더 특수하고 일반화되지 않았지만, 새 농법이 사과에 미치는 영향을 정확히 볼 가능성은 높아집니다. 반면 '새 농법이 과일을 맛있게 하는가'라는 질문에 사과, 배, 오렌지 등을 포함시켜 연구를 하면, 더 일반적이긴 하지만 새 농법이 사과에 미치는 영향은 희석됩니다. 그러므로 inclusion criteria를 정할 때

연구의 목표와 목적을 정확하게 이해하여야 합니다. 모든 과일에 좋은 농법이라는 선행 연구의 결과나 병리학적인 기전이 뒷받침된다면 다른 과일들을 포함시켜야 할 것입니다. 만일 새 농법이 사과에 효과적인 농법이었다면 다른 과일들을 포함시켜서 결과적으로 별다른 차이를 증명할 수 없게 될 것입니다.

이 논문은 Baseline 변수들 중에서 흡연, 성별, 취업 상태, 결혼 유무는 보여주었지만 정작 중요한 '압박골절의 정도'나 '압박골절의 개수'는 보여주고 있지 않습니다. 또는 '압박골절 후 처치까지의 기간'도 중요한 변수일 수 있습니다. 저자들은 1~3까지의 골절, 수상 후 1년 이내라고 하였으므로, 이 정보는 가지고 있었을 것입니다. 마치 악성종양에 대해서 분석하면서 stage가 빠진 것과 비슷합니다. 살짝 부러진 것과 많이 부러진 것에 대한 분포라도 대충 알았더라면 좋았을 것입니다.

이처럼 연구의 inclusion criteria와 baseline 변수들을 자세히 보면 비판할 영역이 매우 많습니다. 그 부분이 결정적일 수도 있습니다. 그러나 이는 일반적인 논문의 요약(abstract)과 결론(conclusion)에 잘 언급되거나 인용되지 않고 그냥 받아들여지기도 합니다. 또한 섣불리 일반화되어 전혀 다른 상황에 적용되기도 합니다.

그래서 일반화(generalisabily)를 위해서는 저자와 편집자, 독자, 모두가 비판적이면서도 종합적으로 이해할 필요가 있고, 단순히 통계적인(수학적인) 관점이 아니라 임상적인 관점에서 접근해야 합니다.

이 논문은 ITT를 했다고 합니다(For our primary analyses, we used an intention-to-treat strategy, with patients analyzed in their assigned group.). vertebroplasty에는 68명, 대조군에는 63명이 배정받았습니다. 이들 중에 각각 1명, 2명의 loss가 있었고 1명, 2명의 cross-over가 발생했습니다.

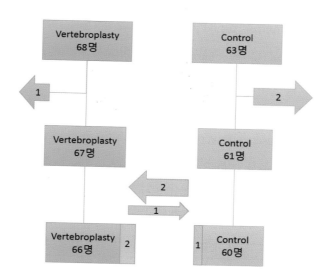

원칙적인 의미의 ITT는 '배정된 대로 분석'하는 것입니다. 그렇기 때문에 68명, 63명이 되어야 맞습니다. 이 논문의 경우에는 cross-over된 2명과 1명은 각각 원래 '배정된 대로' 했을 것 같은데, loss된 사람의 경우는 imputation했다는 말은 없습니다. 주된 결과인 table 2에서는 몇 명으로 분석했는지 밝히지 않고 ITT라고만 표시하였습니다.

CONSORT의 예시에는 N수가 항상 표현되어 있으며 For each group, number of participants (denominator) included in each analysis and whether the analysis was by original assigned groups(CONSORT 16)이라고 분모에 해당하는 숫자를 구체적으로 쓰도록 checklist에도 나와 있습니다.

실제 많은 논문에서 loss된 사람을 빼고도 ITT라고 쓰기도 하고, 굳이 조금 달리 표현해서 modified ITT(mITT)라든지, 약간 다른 이름으로 부르기도 하기 때문에 보통의 기준에서 볼 때 이 논문이 잘못되었다고 할 수는 없습니다. 단지 CONSORT에 언급된 대로 보자면(엄격하게 보자면) ITT의 원칙과는 벗어난 듯하다는 것입니다.

저자들은 반복적으로 result와 conclusion에서 p>0.05라는 해석을 did not differ significantly at 1 month라거나 improvements were similar라고 말하고 있습니다. 이것은 전형적인 잘못된 해석에 속합니다. 마치 우위성 검정(superiority analysis)에서처럼 샘플 수를 산정하고 연구를 진행하다가 결과적으로 p>0.05일 때 '차이가 없다. 비슷하다'라고 결론을 내는 것은 워낙 흔히 범하는 오류이기도 합니다. Authors should particularly avoid the common error of interpreting a non-significant result as indicating equivalence of interventions. (CONSORT 20)라고 언급하고 있죠. 간단히 말해서 p>0.05인 경우는 샘플 수가 작거나 혹은 실제로 차이가 없거나 한 경우입니다. 이 경우는 샘플 수가 작아서 그런 것임을 앞에서도 여러 번 언급했습니다.

동시에 In this study, the confidence interval for the comparison of the RDQ score (-1.3 to 2.8) excluded a treatment benefit of 3 points or more and therefore provided evidence against clinically meaningful treatment effects with respect to functional disability. Similarly, the confidence interval for the comparison of pain ratings (-0.3 to 1.7) excluded a benefit of 2 points or more.라는 discussion 부분에서 비열등성 한계를 각각 3 과 2로 **설정했더라면** 비열등성 한계를 넘어섰을 것이라는 뉘앙스의 글이 포함되어 있습니다. 아마도 저자 중 누군가는 이에 대해 인식하고 있었던 것 같습니다. 이처럼 비열등성 한계를 미리 정한 것이 아니기 때문에 근본적인 잘못을 범하고 있습니다. 많은 저자들이 비열등성 검정에 대한 이해가 없습니다.

CONSORT의 비열등성 검정을 위한 extension[1]에도 역시 이렇게 언급합니다. Most RCTs aim to determine whether one intervention is superior to another. Failure to show a difference does not mean they are equivalent. 그리고 이런 말도 있네요. the term "equivalence" is often inappropriately used when reporting "negative" (null) results of superiority trials; such trials often lack statistical power to rule out important differences. 앞서 말씀드린 내용의 반복입니다. power가 적다는 말은 표본 수가 적다는 말과 비슷한 의미인 경우가 많습니다. Equivalence was inappropriately claimed in 67% of 88 studies published from 1992 to 1996 on the basis of nonsignificant tests for superiority.

1996년(20년 전)경에도 67%가 우위성 검정에서 significant하지 않으면 그냥 비슷한 것으로 했다고 하니 다른 말로 33% 정도는 비열등성 검정의 원칙에 따랐다고 추정할 수 있습니다.

또 Fifty-one percent stated equivalence as an aim, but only 23% reported that they were designed with a preset

---

1_Piaggio G, Elbourne DR, Pocock SJ, Evans SW, Altman DG and CONSORT Group f (2012). Reporting of noninferiority and equivalence randomized trials: Extension of the consort 2010 statement. *JAMA*, 308(24), 2594–2604. doi:10.1001/jama.2012.87802.

margin of equivalence. 51%가 동등성을 목표라고 언급하였고, 23% 정도가 동등성 한계(margin of equivalence)를 보고하였다고 합니다. 약 20년 전 이야기입니다. 요즘은 좀 더 좋아졌겠지요. 어쨌든 우리의 예제 논문은 2009년도의 것인데, 흔히 하는 실수를 종합적으로 잘 보여주고 있습니다.

There was a trend toward a higher rate of clinically meaningful improvement in pain in the vertebroplasty group than in the control group (64% vs. 48%, P = 0.06). 저자들은 vertebroplasty가 대조군보다 우수한 듯한 경향성(trend)을 보인다고 했습니다. 그리고 이 proportion은 post-specified라고 하였습니다. 설사 이것의 p=0.001이었다고 하더라도 이것은 신뢰할 만한 결과가 아닙니다. 왜냐하면 pre-specified되지 않았기 때문이며 여러 secondary outcome 중의 하나이기 때문입니다.

이 논문의 경우에 inclusion criteria가 너무 광범위하였기에 만일 골절의 정도에 따라 subgroup analysis를 했다면 어떤 결과가 나왔을지 매우 궁금합니다. 사후에 결정한(post-specified) subgroup analysis의 결과가 전체의 결론을 바꿀 수는 없지만, 다음 연구의 중요한 자료가 될 수 있기 때문입니다.

At 3 months, 9 patients (13%) in the vertebroplasty group and 32 patients (51%) in the control group had crossed over to the other group and had undergone the alternative procedure (P<0.001). 이 경우가 바로 비슷한 교훈을 줍니다. pre-specified되긴 했지만, primary outcome이 아니기 때문에 비록 p<0.001이라 하더라도 결론에는 영향을 주지 못합니다. 그렇지만 만족한 사람과 그렇지 않은 사람을 자세히 살펴봄으로써 다음 연구에는 inclusion criteria를 달리하거나 outcome을 달리해야겠다는 계획을 세울 수 있습니다.

However, even after they underwent the alternative intervention, patients who were originally assigned to either the vertebroplasty group or the control group did not have the same level of improvement at 3 months as did patients who did not cross over. 저자들이 밝히듯이 A 치료의 결과가 좋지 않아서 B 치료를 받은 사람은 B 치료도 결과적으로 만족스럽지 않았는데, (아마도) vertebroplasty의 indication이 되지 않는 사람, 즉 compression fracture가 오래전에 있었고 현재의 통증은 다른 이유에서 비롯된 사람인 경우가 포함된 것이 아닌가 짐작해봅니다.

환자의 blindness에 대해서도 기존의 blind index를 사용하지 않고 독창적인 방법으로 평가하였는데, 아마도 blinding index가 많이 보급되지 않았기 때문일 수 있습니다. 저자들이 최선을 다해서 blinding에 대해 평가하고자 한 점을 높이 평가하고 싶습니다. 실제로 외과적 처치에서 blinding이 그만큼 어렵고 또 중요하다는 것을 시사해준다고 생각합니다. At 14 days, 63% of patients in the control group correctly guessed that they had undergone the control intervention, and 51% of patients in the vertebroplasty group correctly guessed that they had undergone vertebroplasty. 만일 don't know 인 환자의 수를 알 수 있다면 앞의 Bang's Index 공식을 이용해서 구할 수 있었을 것입니다. Notably, among the eight patients in the vertebroplasty group who crossed over to the control group, six (75%) guessed incorrectly at 1 month that they had received the control intervention. Control 치료를 다시 받겠다고 한 사람 8명 중에 7명이 incorrect guess한 것은 아마도 치료의 결과가 좋지 않았기 때문일 겁니다.

저자들은 limitation으로 비슷한 이야기를 하고 있습니다. Third, the persistence of pain after vertebroplasty or fracture healing may indicate causes of the pain other than fracture, a possibility that our baseline imaging excluded to a certain extent but not entirely. 제가 지적하고 싶었던 바로 그 내용입니다. 압박골절에 의한 통증이 아닌 다른 통증이 포함되었을 가능성을 여러 점에서 보여주었습니다.

Fourth, ~~ it remains possible that vertebroplasty is effective only for fractures of a certain age or healing stage. 역시 동의하며, 압박골절은 급성기 때에 통증을 일으키며 만성기 때에는 이차성 원인에 의한 다른 통증이 생길 수 있습니다. 그래서 골절이 매우 미미하여 MRI에는 보이지만, 실제로는 급성기 통증이 심하지 않은 사람은 실험군, 대조군 모두 효과가 있는 것으로 나왔을 수 있습니다. 혹은 충분히 골절이 유합된 후에도 남아 있는 다른 이차성 원인에 의한 통증에도 역시 둘 다 효과가 없을 가능성이 있습니다. 즉, 동일 진단의 압박골절이라도 stage 또는 grade에 따라 효과가 다르므로, 좀 더 세부적인 indication을 정할 필요가 있었을 것이라고 생각합니다. 이것이 결국 generalization과 관련된 특별히 중요한 내용이며, baseline 변수들에 이에 대한 언급이 있었으면 좋았을 것입니다. 일반적으로 남자/여자, 흡연 여부, 나이 등과 같은 변수들을 언급하는 것은 그것들이 영향을 미칠 것이라고 생각되기 때문입니다. 이처럼 결과에 영향을 미칠 것이라고 생각되는 변수를 baseline 변수에 넣어줌으로써 독자는 중요한 정보를 얻을 수 있습니다.

이 연구는 몇 가지 부분에서는 훌륭했고, 몇 가지 부분에서는 부족했습니다. 그런데 아무런 문제가 없는 아주 훌륭한 연구라 할지라도 일반화에는 문제가 있을 수 있습니다. 연구 자체로는 훌륭했지만, 나이가 많은 사람들에게 치중된 연구일 수 있습니다. 혹은 동양인에게만 적용되는 연구 결과일 수도 있습니다. 그 시대, 그 상황에 국한된 것일 수도 있습니다. 이를 구분하는 것은 독자의 몫으로, 꼼꼼하게 읽어보면서 자신의 임상에 적용할 수 있을지 확인해보아야 합니다.

저자의 입장에서는 일반화를 위해서 넓게 잡을 수도 있고, 좁게 잡을 수도 있습니다. 전 연령의 환자를 대상으로 연구하는 것이 간혹 일반화에 도움이 될 수도 있을 것 같지만, 때로는 죽도 밥도 안 되는 결과가 될 수도 있는 셈이지요.

비뚤림(bias)의 종류와 해결

이쯤 해서 '비뚤림' 또는 '편향' 등으로 번역되는 bias에 대해서 정리해보려고 합니다. 이것은 discussion에 국한된 이야기는 아니지만, 이 비뚤림에 대한 이해를 바탕으로 discussion하는 것이 좋을 것 같습니다.

비뚤림은 중재 효과를 과대 평가 혹은 과소 평가할 수 있습니다. 잘 계획된 무작위 대조 연구는 이런 비뚤림을 최소화하기 위한 것이지만, 그렇다고 모든 비뚤림을 해결할 수 있는 것은 아니기에 이에 대해서 같이 생각해보는 것이 좋겠습니다.

선택 비뚤림 selective bias
치료 효과에 비뚤림이 나타날 때 가장 중요한 요인은 치료군 배정에 의한 것이다. 치료 배정에 대한 정보가 알려지지 않도록 적절한 방법을 사용하는 것이 매우 중요하다.
실행 비뚤림 performance bias
실행 비뚤림은 임상시험이 진행되는 동안 중재군과 비교군에 제공되는 중재의 체계적 차이를 말한다.
탈락 비뚤림 attrition bias
탈락 비뚤림은 연구에서 대상자 탈락의 체계적 차이 때문에 발생하며 배제 비뚤림(exclusion bias)으로 불리기도 한다.
결과확인 비뚤림 detection or measurement bias
결과확인 비뚤림이란 결과 평가에 있어서 두 군 사이에 발생할 수 있는 체계적 차이로 결과를 평가할 때 배정에 대한 눈가림법이 이루어져 있으면 이런 비뚤림이 적게 발생할 가능성이 크다.

이 표는 '임상진료지침 정보센터'의 '문헌의 질 평가 항목'(www.guideline.or.kr)에서 제시하는 4가지 비뚤림입니다. 하나씩 살펴봅시다.

244

> ### 선택 비뚤림 selective bias
> 치료 효과에 비뚤림이 나타날 때 가장 중요한 요인은 치료군 배정에 의한 것이다. 치료 배정에 대한 정보가 알려지지 않도록 적절한 방법을 사용하는 것이 매우 중요하다.

이것은 무작위 배정을 통해서 부분적으로 해결할 수 있습니다. 무작위 배정을 하지 않으면 치료자와 피험자의 (의식적인 혹은 무의식적인 선호도에 의해) '남자는, 심한 사람은, 가난한 사람은, 교육을 받은 사람은……' 어떤 특정한 치료법을 더 선호하게 될 가능성이 있습니다. 무작위 배정은 그러한 배정에 의한 비뚤림을 해결하기 위한 것입니다. 그리고 배정에 대한 정보가 알려지지 않도록 block size를 크게 하고, 변동을 주는 등의 방법에 대해서도 배웠습니다.

'가장 중요한 요인'이라고 강조했지만, 가장 중요한 것인지는 천천히 생각해보겠습니다. 그러나 그 center의 위치에 따라 한국 사람, 도시에 사는 사람, 부유한 사람, 나이가 많은 사람이 선택적으로 포함될 가능성이 항상 있습니다. Inclusion criteria에 의해서도 발생할 수 있습니다. 선택된 대상에 대해서는 어떤 치료법이 효과가 있을지라도 다른 집단에서는 효과가 없을 가능성이 있어서 generalizability와도 관련이 있습니다. 그렇기 때문에 무작위 배정을 통해서는 선택 비뚤림을 부분적으로만 해결할 수 있습니다.

> ### 실행 비뚤림 performance bias
> 실행 비뚤림은 임상시험이 진행되는 동안 중재군과 비교군에 제공되는 중재의 체계적 차이를 말한다.

이를 예방하기 위해서 치료자의 blinding이 중요합니다. 의사가 관심을 가지는 새로운 치료법을 적용한 환자에 대해서는 보다 정성스럽게 관찰하고 치료할 가능성이 있습니다. 약물의 투여 방법이 더 편리할 경우에는 약물 효과뿐 아니라 그 편리성 때문에도 효과가 달라질 수 있습니다. 간혹 이 비뚤림을 완벽하게 통제할 수는 없을지라도 placebo 또는 sham drug 등을 이용해서 가급적 통제해야 합니다. 또는 CONSORT의 예제에도 있었듯이 내시경적 처치는 숙련된 사람에 의해서 보통 시행되고, 개복적 처치는 덜 숙련된 사람에 의해서 시행되는데 비뚤림을 통제하려면 충분히 숙련되도록 해야 합니다. 이런 종류의 비뚤림은 연구 디자인을 계획할 때 충분히 고려해야 하는 종류이며, 논문을 읽는 사람이 이 분야의 실무자로서 신중하고도 비판적으로 생각하지 않으면 완전히 간과할 수 있는 비뚤림입니다.

> **탈락 비뚤림** attrition bias
>
> 탈락 비뚤림은 연구에서 대상자 탈락의 체계적 차이 때문에 발생하며 배제 비뚤림(exclusion bias)으로 불리기도 한다.

치료의 효과가 적은 사람이 중도에 소실될 가능성이 많습니다. 또는 반대로 효과가 좋은 사람도 병원에 다시 오지 않을 가능성이 있습니다. 이 비뚤림을 줄이기 위해서 ITT에 관해서 공부하고 가능한 탈락을 줄이기 위한 많은 노력을 기울여야 하겠습니다.

어떤 경우는 피험자의 blinding이 해제되어 자신이 어떤 치료를 받고 있는지 알게 된 뒤 그 치료를 거부할 수도 있습니다. 자신은 새로운 약을 원했는데, 기존의 약을 투여받게 되어 거부하는 경우가 이에 해당합니다. 이를 예방하기 위해서 사전에 충분히 설명하고 동의를 받도록 하면서 동시에 수시로 환자의 상태를 확인하고 격려하는 등의 조치가 필요하겠습니다. 예제(112쪽)에서도 이런 점을 소개하였습니다.

> **결과확인 비뚤림** detection or measurement bias
>
> 결과확인 비뚤림이란 결과 평가에 있어서 두 군 사이에 발생할 수 있는 체계적 차이로 결과를 평가할 때 배정에 대한 눈가림법이 이루어져 있으면 이런 비뚤림이 적게 발생할 가능성이 크다.

'눈가림법(blinding)'이 결과확인 비뚤림을 줄이는 것은 당연하지만, 앞서도 설명하였듯이 다른 비뚤림에도 영향을 미치기 때문에 blinding은 계속 강조하여야 합니다. blinding과 상관없이 혈당처럼 시간에 따라 변동하는 결과, 혈압과 같이 검사자의 태도나 복장, 말투 등에 영향을 받는 검사, 정량 검사와 반정량 검사가 있는 혈당과 같이 몇 가지 검사가 혼재하는 경우, 숙련도에 따라서 달라지는 검사, 환자의 식사 여부에 따라서 달라지는 검사 등은 검사의 변동을 증가시키며 이것이 어떤 영향을 미치는지도 배웠습니다.

> **해석 비뚤림** interpretation bias
>
> 잘못된 해석과 잘못된 데이터 처리로 생기는 비뚤림입니다.

이건 제가 만든 용어입니다. (CONSORT에서 강조하고 있는) 다중 검정에 의해 p값이 우연에 의해 작게 나온 것을 과대해석하거나 p>0.05인 것을 동등하다고 해석하는 것 등을 포함합니다.

명목변수를 숫자로 코딩한 것을 연속변수로 다루는 실수도 있습니다. 대문자, 소문자 코딩을 통계 프로그램이 인식하지 못해서 생기는 문제도 있고, 한두 개 실수로 잘못 입력된 극단값에 의해서도 발생할 수 있습니다. 예를 들어, 혈당이 185인 것을 135라고 입력할 수도 있습니다. 영문자 o와 숫자 0을 착각한 경우도 있습니다. 1과 7을 혼동하는 경우나 i와 l(영문)과 1(숫자)을 혼동하는 경우도 있습니다. 얼마나 가까이 있는지 실제 키보드에서 이들의 위치를 한번 살펴보세요.

절대 일어나서는 안 되는 일들이지만, 실제로 언제든지 일어날 수 있는 일들이며 굳이 이름 붙이기에도 민망한 단순 실수까지 포함됩니다. 뭔가 이름을 붙여야 자세히 보고 생각할 수 있을 것 같아서 명명해보았습니다. 이들 중 일부는 통계 프로그램이 알아서 해결해줄 수 있는 부분이 있을 것입니다. 그런 프로그램을 만들고 싶은데, 쉽진 않겠죠.

> **출판 비뚤림** publication bias
>
> 통계적으로 유의한 결과물만 출판되어 발생하는 비뚤림입니다.

메타분석을 하면 다루게 되는 비뚤림입니다. 연구자도 논문의 편집자도 무언가 의미 있는 것만 보고하려는 유혹을 받습니다. 출판사의 입장에서 인용되기 좋은 연구를 실어야 하기 때문에 어쩔 수 없이 그런 주제를 채택하고 연구자는 연구 업적 때문에 그런 연구를 선호합니다. 제약회사도 자신의 약이 좋다고 하는 것만 보고하려는 유혹을 받습니다. 이런 비뚤림을 해결하기 위해 바로 이어서 배울 '임상연구 등록'을 더욱 권장해야 할 필요가 있습니다.

앞서 배웠던 것들은 이러한 비뚤림을 해결하기 위한 것이지만, 잘 계획되고 수행된 '무작위 대조 연구'라 하더라도 이 모든 것을 해결할 수는 없습니다. 저자와 독자가 쓰고, 읽고, 이해하는 능력을 갖추어야 합니다.

Ch8.
protocol 만들기와 등록

지금까지 내용을 이해하셨다면 protocol이 매우 중요하다는 생각이 들 것입니다. RCT는 거의 protocol에 정해진 대로 하도록 되어 있기 때문입니다. 연구는 대충하고 나온 결과를 어떻게든 통계적인 방법으로 해결해보려는 태도는 매우 바람직하지 않을 뿐 아니라, 결과를 보장할 수 없게 합니다.

그러면 이렇게 미리 생각한 protocol을 어떻게 만드는지, 또 어떻게 등록하는지 알아보도록 하겠습니다.

한국 임상연구의 등록

임상연구정보서비스(Clinical Research Information Service, 이하 CRIS)는 국내에서 진행되는 임상시험 및 임상연구에 대한 온라인 등록 시스템으로서, WHO International Clinical Trials Registry Platform (ICTRP)에 세계 11번째 Primary Reigstry로 가입하였습니다.

헬싱키 선언(제35조)에 따르면 모든 인간을 대상으로 하는 연구로서 대상자를 직접 관찰하는 코호트 등의 관찰연구 및 중재연구(임상시험) 등 모든 종류의 임상연구는 첫 피험자를 모집하기 이전에 공개적으로 접근이 가능한 데이터베이스(primary registry)에 연구 정보를 공개해야 합니다. 이것은 피험자들이 자신이 속한 실험이 어떤 연구목적을 따라 어떤 방법으로 언제까지 이루어지는지 등에 대해 스스로 알 수 있도록 하기 위한 것입니다. 그렇다면, 우리나라의 피험자들은 우리말로 된 시스템에 등록하는 것이 헬싱키 선언의 취지에 더 맞다고 생각됩니다.

또 다른 이유 중 하나가 앞서 자주 이야기되었던 바와 같이 pre-specified된 연구 protocol을 보관하기 위한 것도 있습니다. 만일 연구자가 어떤 변수에 대해 조사하고 어떤 통계 방법을 쓸 것인지 미리 등록해두지 않으면, 사후에 적절하게 변조한 연구가 가능하며 그것이 어떤 문제점을 낳는지 수차례 이야기하였습니다.

CRIS(cris.nih.go.kr)는 WHO 국제임상시험등록플랫폼(ICTRP)의 국가대표 등록 시스템(Primary Registry)으로 국내뿐만 아니라 국제적으로 임상연구정보를 공개할 수 있습니다. 국제의학학술지편집인협의회(ICMJE)에서 요구하는 등록 조건을 만족시켰으며 CRIS 등록을 완료하였다면, 타 등록 시스템(ex. ClinicalTrials.gov)에 이중 등록을 할 필요가 없습니다. 간혹 어떤 논문은 등록된 번호를 요구하기도 하는데, 연구자들이 논문 투고에 필요한 등록번호를 사용할 수 있습니다. CRIS(cris.nih.go.kr)의 등록번호는 ClinicalTrials.gov의 것과 동일한 효과를 지닙니다.

검색하기

연구자가 자신의 연구를 등록하기 위해서는 계정이 필요하지만, 그 외 다른 연구자들이 올린 내용을 보는 것은 로그인도 필요 없이 모두 공개되어 있습니다. 그래서 먼저 둘러보는 것이 도움이 될 것입니다.

먼저 '분류별검색'을 한번 들어가볼까요?

국제질병표준분류(KCD-5 code)	검색건수
◎ 특정 감염성 및 기생충성 질환	43 개의 임상연구
◎ 신생물	110 개의 임상연구
◎ 혈액및 조혈기관의 질환과 면역기전을 침범하는 특정장애	43 개의 임상연구
◎ 내분비, 영양 및 대사 질환	100 개의 임상연구
◎ 정신 및 행동 장애	43 개의 임상연구
◎ 신경계통의 질환	129 개의 임상연구
◎ 눈 및 눈 부속기의 질환	16 개의 임상연구
◎ 귀 및 꼭지돌기의 질환	8 개의 임상연구
◎ 순환기계통의 질환	122 개의 임상연구
◎ 호흡기 계통의 질환	54 개의 임상연구
◎ 소화기계통의 질환	188 개의 임상연구
◎ 피부 및 피부밑조직의 질환	10 개의 임상연구
◎ 근육골격계통 및 결합조직의 질환	126 개의 임상연구
◎ 비뇨생식기계통의 질환	59 개의 임상연구
◎ 임신, 출산 및 산후기	13 개의 임상연구
◎ 출생전후기에 기원한 특정 병태	0 개의 임상연구
◎ 선천 기형, 변형 및 염색체 이상	7 개의 임상연구
◎ 달리 분류되지 않은 증상, 징후와 임상및 검사의 이상소견	12 개의 임상연구
◎ 손상, 중독 및 외인에 의한 특정 기타 결과	10 개의 임상연구
◎ 질병이환 및 사망의 외인	0 개의 임상연구
◎ 건강상태 및 보건서비스 접촉에 영향을 주는 요인	11 개의 임상연구
◎ 특수목적 코드	0 개의 임상연구
◎ 해당사항없음	283 개의 임상연구

국제질병표준분류에 따라서 등록된 임상연구들이 나와 있습니다. 자신이 속한 영역의 것을 봄으로써 어떤 식으로 연구 protocol을 만들어야 하는지 알 수 있습니다.

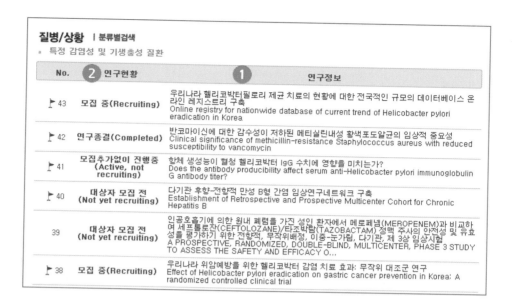

그중에 '연구정보❶'는 연구의 제목으로서 한글과 영어로 되어 있고, 제목뿐 아니라 내용도 구글, 네이버 등에서 검색할 수 있습니다.

연구현황❷에는 모집 전인지, 모집 중인지, 종결인지 표시됩니다. 등록을 하면 '모집 전'이 되고, 첫 대상자를 등록하면 '모집 중'으로 바뀌는 것이 일반적이지만, 우리나라의 경우에는 이미 환자를 모집한 경우도 등록할 수 있으며 이때는 앞에 깃발을 세워서 표시합니다. 아직 보급이 덜 된 상황에서의 배려라고 할 수 있습니다.

첫 페이지에서 검색창❶에 내용을 적고 검색하면 기본 검색 결과가 나타납니다. '상세 검색 ❷'을 이용하면 보다 자세하게 검색할 수 있습니다.

기본검색	상세검색	유사연구검색

검색할 조건 항목란에 **검색어**를 입력하세요.

- 연구제목
- CRIS등록번호
- 연구종류 　전체
- 모집현황 　전체
- 연구비지원기관
- 연구책임기관
- 질병/질환명
- 임상시험단계 　☐Phase 0 ☐Phase 1 ☐Phase1/Phase2 ☐Phase 2 ☐Phase2/Phase3 ☐Phase 3 ☐Phase 4
- 중재
- 결과변수
- 성별 　전체
- 대상자 연령 　☐18세 이상 ☐18세 미만
- 최초제출일 　☐ ～ ☐
- 최종갱신일 　☐ ～ ☐

이것이 상세검색 창입니다. 여러 가지 필터들을 사용할 수 있습니다. 연산자가 작동되지 않기 때문에 관심 있는 내용을 모두 넣어야 합니다. 예를 들어 '위암'이라고 검색하면 15건이 검색되는데, '위종양'은 1건, '위암 OR 위종양'은 0건이 검색됩니다. 연산자가 작동되지 않는 이유는 아마도 이렇게 연산자를 넣어서 검색할 정도의 일반인이 없기 때문일 것입니다.

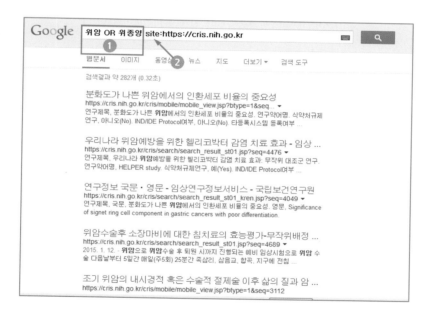

'보기항목 추가'를 클릭하여 원하는 항목을 선택하고 확인하면, 검색 결과에 원하는 내용이 보입니다. 'EXCEL'을 클릭하면 검색 결과를 엑셀 파일로 다운받아서 볼 수 있습니다.

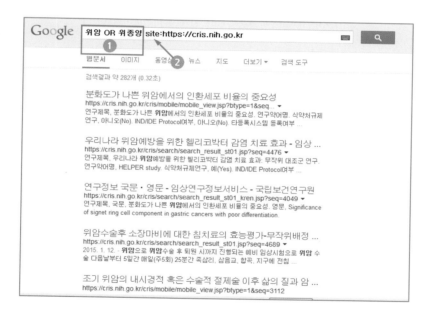

구글 연산자를 사용하고 싶은 경우도 있습니다. OR 등의 익숙한 연산자를 사용하고❶ 뒤에 site: 필터를 이용하여 CRIS의 주소를 적어주면 이렇게 CRIS 내에 있는 자료들을 모두 검색해낼 수 있습니다. 이 결과는 연구뿐 아니라 공지사항, 예제 등등 다양한 내용을 모두 검색하기 때문에 필요 없는 자료도 많을 수 있습니다.

기본적인 +, -, OR 연산자를 잘 섞어서 적절한 자료를 찾기 바랍니다. 지금은 자료가 별로 없어서 어떤 방법을 쓰더라도 검색이 크게 어렵지 않지만, 나중에 자료가 많아지게 되면 검색하기 어려울 수도 있습니다.

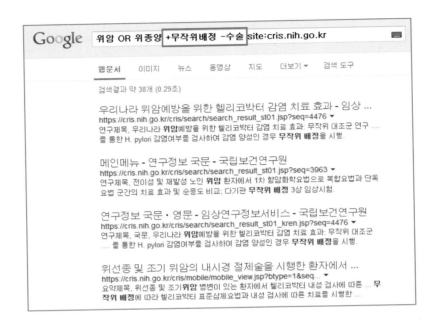

위 그림은 '무작위배정'이라는 말이 들어간 조건과 '수술'이라는 말이 들어가지 않은 조건을 추가하여 검색해본 것입니다.

선행 연구 검토하기

이제는 실제 사례 하나를 선택해서 보도록 합시다. 거의 논문과 같다고 생각하면 되고, 또 이를 바탕으로 논문을 쓴다고 생각해도 됩니다. 만들어진 protocol 중의 일부를 이곳에 등록하는 것이므로 protocol의 최소 사양이라고 생각해도 될 것 같습니다.

지금의 경우는 무작위 대조 연구를 중심으로 살펴보는 것이 좋겠습니다.

연구개요

| 연구정보 국문 | 연구정보 영문 | 연구정보 국문·영문 | 이력보기 | 연구자/기관정보 | 대상자 모집기준 |

상 태 : 승인
최초제출일 : 2013/03/05　　　　**검토/승인일 :** 2013/03/15　　　　**최종갱신일 :** 2013/03/13

이전화면

1. 연구개요

CRIS등록번호	KCT0000701
연구고유번호	HM-ESNP-102
요약제목	HCP1004 와 비모보정 500/20mg의 안전성과 약동학적 특성을 비교하기 위한 임상시험
연구제목	건강한 한국인 성인 남성 자원자에서 HCP1004 와 비모보정 500/20mg의 안전성과 약동학적 특성을 비교하기 위한 공개형, 무작위 배정, 교차, 단회 투여 임상시험
연구약어명	ESNP
식약처규제연구	예(Yes)
IND/IDE Protocol여부	예(Yes)
타등록시스템 등록여부	아니오(No)
타등록시스템/등록번호	

'CRIS등록번호'는 CRIS에서 부여하는 번호이므로 연구자가 결정할 수 없습니다.

257

'연구고유번호(Unique Protocol ID)'는 연구기관에서 부여한 번호로 연구자가 승인받은 IRB 번호라고 생각하면 됩니다. IRB 승인이 되지 않으면 등록신청이 되지 않기 때문에 IRB는 항상 있게 마련이니까요. 별도 고유번호가 없는 경우는 연구자가 정해서 입력하면 됩니다.

'요약제목(Public/Brief title)'은 '일반인이 이해할 수 있는 수준의 제목'이어야 한다고 권하고 있습니다. 왜냐하면 이 내용은 일반인들에게도 공개되어 있기 때문이고 연구에 참여하는 대상자도 볼 수 있어야 하기 때문입니다. 앞서 보았듯이 구글에서도 모두 검색이 됩니다.

'연구제목(Scientific title)'은 연구 계획서에 나온 공식적인 제목이면서, **IRB승인서의 제목과 동일해야 합니다.** 그래서 이 제목이 사실 좀 길고 복잡합니다.

'연구약어명(Acronym)'은 보통 영문을 적절히 줄여서 부르는 경우가 많고 나름대로 부르기 좋도록 정합니다. 예로 나와 있는 것이 **M**ultinational **MONI**toring of trends and determinants in **CA**rdiovascular disease인데 이를 줄여서 MONICA라 하고, Justification for the Use of statins in Prevention: an Intervention Trial Evaluating Rosuvastatin은 JUPITER로 사용하기도 합니다. 보통 신약 광고 등에 자주 나오는 이름이기도 합니다.

'식약처규제연구'에 '예'라고 되어 있는 경우는 주로 신약 개발인 경우입니다. 식약처장 (KFDA)의 승인을 받아야 하는 임상시험인 경우에 '예'라고 답하면 됩니다.

아래의 표를 보면 답을 찾기 쉬울 것입니다.

---

tip **약사법 시행규칙 제31조(임상시험계획의 승인 등) 다음 각 호의 어느 하나에 해당하는 시험에 대하여는 법 제34조에 따른 식품의약품안전청장의 승인대상에서 제외한다.**<개정 2009.6.19>

1. 시판 중인 의약품 등의 허가사항에 대한 임상적 효과관찰 및 이상반응 조사를 위하여 실시하는 시험
2. 시판 중인 의약품 등의 허가된 효능·효과 등에 대한 안전성·유효성 자료의 수집을 목적으로 하는 시험
3. 대체의약품 또는 표준치료법 등이 없어 기존의 치료방법으로는 만족할 만한 효과를 기대하기 어려워 생명에 위협을 주는 질환인 말기암 또는 후천성면역결핍증 등의 치료법을 개발하기 위하여 시판 중인 의약품 등을 사용하는 시험
4. 체외진단용 의약품 또는 의약외품을 사용하는 시험
5. 그 밖에 시판 중인 의약품 등을 사용하는 경우에 안전성과 직접적으로 관련되지 아니하거나 윤리적인 문제가 발생할 우려가 없는 경우로서 식품의약품안전청장이 정하는 경우

IND(Investigational New Drug Application), IDE(Investigational Device Exemption)는 해당하는 연구자라면 당연히 알고 있을 것입니다.

'타등록시스템 등록여부'는 다른 시스템에 등록했는지 여부를 묻는 항목입니다. CRIS 외에 세계적으로 여러 등록처가 있는데, 그중에 가장 유명한 것이 ClinicalTrial.gov입니다. 중복해서 등록할 필요가 없는데도 간혹 중복 등록한 경우가 있기 때문에 기록해주어야 합니다.

1. 연구개요

CRIS등록번호	KCT0001248
연구고유번호	2013022
요약제목	근시에 대한 눈 주위혈 지압의 유효성 및 안전성 평가를 위한 선헌연구
연구제목	근시에 대한 눈 주위혈 지압의 유효성 및 안전성 평가를 위한 선헌연구
연구약어명	
식약처규제연구	예(Yes)
IND/IDE Protocol여부	예(Yes)
타등록시스템 등록여부	예(Yes)
타등록시스템/등록번호	ClinicalTrials.gov-NCT02064660

이 경우가 바로 그러한 예입니다. 이렇게 할 필요는 없는데, 연구자들이 간혹 잘 모르고 이 중으로 등록하는 것이 더 안전하다고 생각하거나, 나중에서야 한국의 CRIS가 있다는 것을 알아서 다시 등록하는 경우가 있습니다. 혹은 ClinicalTrial.gov에 등록한 뒤에 영어라 너무 복잡해서, 또는 중간에 주기적으로 변경해줄 시기를 잊어서 불이익을 당할까봐 CRIS에 다시 등록하는 경우도 있습니다.

2. 임상연구윤리심의

승인상태	제출 후 승인(Submitted approval)
승인번호	H-1209-045-425
승인날짜	2012-10-25
위원회명	의학연구윤리심의위원회
자료모니터링위원회	아니오(No)

그 다음 단계로는 IRB인데, 이것은 나온 대로 입력하면 되고, CRIS에서는 IRB승인이 된 연구만 등록할 수 있습니다. 즉 '제출 후 승인', '제출 후 면제', '제출 불필요'의 경우에만 등록이 됩니다. 승인번호는 심의결과 통지서에 나온 IRB 승인번호를 입력하면 됩니다. 다기관 연구의 경우에는 번호가 여럿이기 때문에 연구책임자 소속기관의 IRB 승인번호를 입력하면 되고, IRB 승인번호가 통지서에 나와 있지 않을 때는 통지서에 나온 연구고유번호를 입력해도 됩니다. 승인날짜는 IRB 승인날짜입니다. 자료모니터링위원회는 필수이며 IRB 이름을 기록하면 됩니다.

3. 연구자

연구책임자

성명	유경상
직위	부교수
기관명	서울대학교병원

연구실무담당자

성명	한혜경
직위	Sub-I
기관명	서울대학교병원

등록관리자

성명	박경미
직위	이사
기관명	한미약품

3단계는 연구자 정보를 입력하면 됩니다. 연구자의 전화번호나, 이메일 등도 적도록 되어 있습니다. **최소한의 기간마다 로그인해서 수정해야 하는데, 별로 수정할 것이 없더라도 이 메일 주소라도 한번 수정했다가 다시 저장하곤 합니다.** 등록담당자는 CRIS에 등록을 담당 하는 사람을 말합니다.

4. 연구현황	
연구참여기관	단일
전체연구모집현황	연구종결(Completed)
첫환자 등록일자	2012-11-01
첫환자 등록여부	실제등록(Actual)
목표대상자수	68 명
자료수집종료일 (Primary Complete date)	2012-12-24
연구종료일 (Study Complete Date)	2012-12-24
참여기관별 연구진행현황 1	
기관명	서울대학교병원
연구모집현황	연구종결(Completed)
첫환자 등록일자	2012-11-01
첫환자 등록여부	실제등록(Actual)

첫 환자 등록이 아직 안 된 경우, 예상되는 날짜를 입력하고 '예정(Anticipated)'을 선택합니다. 이후, **첫 환자 등록 일자가 정해지면 '실제등록(Actual)'으로 반드시 변경해야 합니다.** 등록만 해두고 actual로 바꾸지 않으면 일정 시점이 지나 불이익을 받을 수 있습니다. 일시중지(Suspended)는 대상자 모집이나 등록이 조기에 중지되었으나 재시작 가능성이 있는 상태이며, 모집중단(Terminated)은 대상자 모집이 조기에 중지되어 재시작할 예정이 없는 상태입니다. 연구종결(Completed)은 연구가 정상적으로 잘 끝난 상태이고, 연구철회(withdrawn)는 첫 환자 등록 전에 연구가 중단된 것입니다.

목표대상자수(Target sample size)는 계산된 내용을 적으면 됩니다. 보통 IRB 승인을 받을 때 썼던 숫자를 그대로 적으면 되겠습니다. '자료수집 종료일'은 primary outcome을 마지막으로 측정한 날짜로, 연구가 진행 중일 때는 예상 날짜를 입력하고 '예정(Anticipated)'을 선택하면 됩니다. 자료 수집이 종료되면 정확한 날짜를 입력하고 '실제 (Actual)'로 변경해야 합니다.

'연구종료일'은 secondary outcome이나 부작용 등 최종적인 자료수집이 완료된 날짜입니다. 그러니까 '자료수집 종료일'과 '연구 종료일'은 다른 의미를 가집니다.

5. 연구비지원기관

연구비지원기관 1

기관명	한미약품
기관종류	제약회사
연구과제번호	HM-ESNP-102
센터과제여부	아니오(No)

6. 연구책임기관

연구책임기관 1

기관명	한미약품
기관종류	제약회사

이 경우는 단일 연구기관에 의한 것이지만, 여러 연구기관이 포함된 경우는 모두 써야 하는데 그 예는 독자가 살펴보도록 합니다.

특별히 연구비지원기관이 없는 경우에는 책임연구자의 소속기관명을 적으면 됩니다. 필수기록사항이기 때문입니다. 연구과제번호도 마찬가지로 연구비 지원이 없으면, 책임연구자 소속기관의 연구번호를 입력하면 됩니다. 연구책임기관의 경우 의뢰자주도임상연구(SIT) 시에는 의뢰기관명, 연구자주도임상연구(IIT) 시에는 책임연구자 소속기관명을 입력합니다.

7. 연구요약	
연구요약	건강한 남성 피험자를 대상으로 시험약인 한미약품㈜ "HCP1004 와 비모보정 500/20mg" 을 경구 투여 했을 때의 안전성 및 약동학적 특성을 비교 평가한다

연구요약은 일반인이 이해할 수 있도록 연구목적과 배경, 대상자와 진행될 중재, 측정할 결과변수, 연구 가설 등을 설명하는 것입니다. 이 경우는 상당히 간략한데, 다른 연구들을 보면 대부분 이보다 자세하며 보통 논문의 초록에 해당한다고 생각하면 됩니다. 워낙 많고 다양한 사례가 있으므로 다른 예를 살펴보면 좋겠습니다.

이 부분은 좀 자세한 설명이 필요하겠군요. 아니 사실 IRB를 통과하기 위해서는 이 부분이 이미 결정난 상태이므로 IRB의 것을 써주면 됩니다.

공부를 위해서 조금 더 살펴보겠습니다.

8. 연구설계

연구종류		중재연구(Interventional Study)
연구목적		치료(Treatment)
임상시험단계		Phase1
중재모형		교차설계(Cross-over)
눈가림		사용안함(Open)
배정		무작위배정(RCT)
중재종류		의약품(Drug)
중재 상세설명	국문	시험군: HCP1004 대조군: 비모보정 단회투여, 교차설계
	영문	experimental: HCP1004 active comparator: vimovo single dose, cross over
중재군 수		2
중재군 1	중재군명 국문	HCP1004
	중재군명 영문	HCP1004
	목표대상자 수	34
	중재군유형	experimental
	상세내용 국문	HCP1004-->wash out-->vimovo
	상세내용 영문	HCP1004-->wash out-->vimovo
중재군 2	중재군명 국문	비모보정
	중재군명 영문	vimovo
	목표대상자 수	34
	중재군유형	active comparator
	상세내용 국문	vimovo-->wash out-->HCP1004
	상세내용 영문	vimovo-->wash out-->HCP1004

이 연구는 1상 연구이고 눈가림을 하지 않았습니다. 대상자에게 직접 약을 투여하는 중재연구(interventional)이며, 중재연구가 아닌 것은 관찰연구(observational)입니다.

중재와 관찰

담배가 유해한지를 보는 연구나 골밀도가 골절에 미치는 영향을 보는 연구 등은 인위적으로 담배를 주거나, 골밀도를 조절하지 못하므로 확실한 관찰연구입니다. 그런데 간혹 어떤 처치 후에도 무작위 배정을 한 것이 아니라 그 자체로서 배정된 경우, 예를 들면 stent를 삽입하였는데 흡연이 그 결과에 미치는 영향을 알아보고자 한다면, 흡연군과 비흡연군은 우리가 정할 수 있는 것이 아닙니다. 즉 observational 연구는 중재(intervention)가 시행될 수는 있으나, 각 피험자는 중재 이전에 이미 study group이 결정되는 것이라고도 볼 수 있습니다.

중재연구

이것이 진정한 의미의 RCT가 속한 연구입니다.

연구목적

- 치료(Treatment): 질병, 징후 및 증상, 상태 치료에 대한 한 가지 이상의 중재를 평가하기 위해 설계된 프로토콜.
- 예방(Prevention): 특정 질병 또는 건강상태의 발생을 예방하기 위한 한 가지 이상의 중재를 평가하기 위해 설계된 프로토콜.
- 진단(Diagnostic): 질병 또는 건강상태를 규명하기 위한 한 가지 이상의 중재를 평가하기 위해 설계된 프로토콜.
- 보조적 치료(Supportive Care): 주된 목적이 질병을 치료하기 위해서가 아니라, 안정성은 최대로 하고 부작용이나 연구 대상자의 건강 또는 기능 감소를 최소로 하고자 한 가지 이상의 중재를 평가하기 위한 프로토콜.

- 스크리닝(Screening): 아직 증상을 가지고 있지 않은 사람들에게서 증상 발견의 방법을 평가 또는 검사하기 위해 설계된 프로토콜.

- 헬스케어연구(Health Services Research): 헬스케어의 전달, 과정, 관리, 조직, 재정 등을 평가하기 위해 설계된 프로토콜.

6가지의 연구목적에 대해 매뉴얼에 나와 있는 것을 그대로 옮겨보겠습니다. 설명을 보면 쉽게 이해가 됩니다.

임상시험 단계

CRIS에 등록하는 것은 phase 1부터이겠지요. 이때부터 사람에게 적용하니까요. 1상(phase 1)은 인체에서 약물의 대사와 약리작용, 용량에 따른 약물의 **부작용**과 연관성이 있는지 결정하기 위한 최초의 연구로, 약물 유효성의 초기 증거를 얻기 위한 연구입니다. 건강한 사람에 대해서 시행하게 됩니다.

2상(Phase 2)은 특정 질병이나 상태를 가진 환자에게 적용되는 약의 유효성을 평가하고, 단기 부작용과 위험성을 결정하기 위해 진행하는 임상시험입니다.

3상(Phase 3)은 약물의 유효성이 제시된 2상의 결과를 확보한 후 진행하는 비교-대조 임상시험이며 기존의 대표적인 약물과 비교하게 됩니다. 전반적인 이익과 위험성의 관련성을 평가하고, 치료 기준의 충분한 근거를 제시하기 위한 추가적인 정보를 얻기 위해 진행합니다.

위키피디아(https://en.wikipedia.org/wiki/Phases_of_clinical_research)에 요약된 표입니다.

Phase	Primary goal	Dose	Patient monitor	Typical number of participants	Notes
Preclinical	Testing of drug in non-human subjects, to gather efficacy, toxicity and pharmacokinetic information	unrestricted	A graduate level researcher (Ph.D.)	not applicable (*in vitro* and *in vivo* only)	
Phase 0	Pharmacodynamics and Pharmacokinetics particularly oral bioavailability and half-life of the drug	very small, subtherapeutic	clinical researcher	10 people	often skipped for phase I
Phase I	Testing of drug on healthy volunteers for dose-ranging	often subtherapeutic, but with ascending doses	clinical researcher	20-100	determines whether drug is safe to check for efficacy
Phase II	Testing of drug on patients to assess efficacy and safety	therapeutic dose	clinical researcher	100-300	determines whether drug can have any efficacy; at this point, the drug is not presumed to have any therapeutic effect whatsoever
Phase III	Testing of drug on patients to assess efficacy, effectiveness and safety	therapeutic dose	clinical researcher and personal physician	1000-2000	determines a drug's therapeutic effect; at this point, the drug is presumed to have some effect
Phase IV	Postmarketing surveillance – watching drug use in public	therapeutic dose	personal physician	anyone seeking treatment from their physician	watch drug's long-term effects

중재모형

중재모형에는 단일군(Single group), 평행설계(Parallel), 교차설계(Crossover), 요인설계(Factorial)의 4가지가 있습니다. 그중에서 단일군은 모든 피험자가 동일한 하나의 중재를 받는 설계입니다. 이 예에서는 교차설계를 하였습니다.

교차설계는 그림에서 보다시피 "HCP1004-->wash out-->vimovo"처럼 투여하는 방식으로 한 피험자의 경우 두 종류 약제를 모두 투여받게 됩니다. 이것과 대비되는 평행설계는 한 사람이 한 가지의 치료만 받게 되는 더 흔히 보는 방식입니다. 교차설계는 첫 번째 처치의 잔류효과(residual or carry-over effect)가 발생하지 않도록 충분한 시간(wash out period)을 두고 시험을 진행해야 하며, ① 적응증의 특성이 급성질환으로 자주 재발하고, ② 치료가 일시적 증상 완화/치료하는 질환에 적합하며, ③ 연구대상자의 탈락이 상대적으로 적게 일어날 것이라고 예측되는 질환에 적용하는 것이 좋습니다. 예를 들어 당뇨약의 경우 약을 먹는 동안에는 효과가 있지만, 먹지 않으면 재발해야 다시 다른 약을 투여해서 결과를 볼 수 있습니다. 한번 먹어서 치료되어버린다면, 이런 교차설계를 할 수 없습니다. 수술의 경우에도 그렇습니다. 이런 교차설계는 한 대상자에 대해 두 번의 시험을 하게 되므로 적은 샘플 수로 결과를 알아내기에 용이합니다.

요인설계(Factorial)는 아무리 생각해도 번역이 잘못된 것 같은 느낌이 드는데(여기뿐 아니라 일반적으로 요인설계라고 번역합니다만, 제가 생각에는 다차원설계로 번역하는 것이 더 적합할 것 같습니다.) 하나의 요인이 아니라 두 개 이상의 요인을 분석하는 설계로, 대표적으로 2 way ANOVA 같은 경우입니다. 거의 사용되지 않고 있는데, 실제로 사용하지 말기를 권합니다. 결과 해석이 아주 복잡해집니다.

눈가림

눈가림에는 Open(눈가림 사용 안함), Single blind(연구자 또는 대상자 중 어느 한쪽은 중재 배정에 대해 모르고 있는 상태), Double blind(연구자와 대상자 등 모두가 중재 배정에 대해 모르고 있는 상태)가 있습니다.

외과적 수술을 하는 경우에는 시술자가 어떤 것인지 모르기가 쉽지 않아서 완전히 blind 되기가 쉽지는 않지만, 가능한 눈가림이 되어야 공정한 연구가 될 수 있습니다. 특히 검사 결과가 상당히 주관적인 경우에는 더욱 그렇습니다. 또한 평가자(연구의 평가를 하는 사람)도 역시 blind가 되는 것이 바람직한데(triple blind) CRIS에서는 언급하지 않고 있군요.

눈가림을 한다면 subject / caregiver / investigator or outcome assessor 중 어떤 것을 선택할지 정하도록 되어 있습니다.

중재군유형

중재군을 arm이라고 합니다. 보통 흔한 것이 double arm study입니다. 두 개의 군으로 되어 있습니다. 중재군유형(Arm type)으로는 시험군(Experimental), 활성 대조군(Active comparator), 위약 대조군(Placebo comparator), 샴 대조군(Sham comparator), 비중재군(No intervention) 기타(Other) 중에서 선택합니다. 위약 대조군은 가짜 약을 투여하고, 샴 대조군은 가짜 수술이나 가짜 시술을 하게 되는데 개념적으로는 비슷합니다. 활성 대조군은 기존에 쓰이는 표준 치료제를 사용한 대조군입니다. 현재 좋은 치료법이 있는 경우에는 위약을 사용하는 것이 비윤리적이기 때문에 활성대조군 사용이 좋겠죠.

혼돈스러운 것이 cross-over 유형인 경우입니다. 사실 cross-over인 경우는 한 사람이 시험군이면서 대조군이 되는 것이라서, 조금 표현하기가 어렵다고 생각할 수 있습니다. 하지만 이는 시험받는 사람의 입장이고, 중재군 유형으로 생각하면 시험군과 대조군으로 표현될 수 있습니다.

상세내용(Arm description)에는 중재 내용에 대한 주요 사항(예. 약물인 경우 약물 이름, 용량, 횟수, 기간, 주입 경로 등), 중재군 간의 차이점을 상세히 설명하도록 되어 있습니다. 위의 그림에서는 그리 상세히 설명되어 있지 않군요.

상세 내용의 실례를 몇 가지 들어보겠습니다.

- 1군의 경우 총 100주간 1일 1회 엔터카비어(0.5mg)를 지속 투약하면서 Peginterferon alfa-2a를 48주간 180ug을 주 1회 피하 주사하고, 동시에 HBV vaccine(20 ug)을 4주, 8주, 12주, 28주에 투여하도록 한다. 1군의 경우 총 100주간 1일 1회 엔터카비어(0.5mg)를 지속 투약하면서 Peginterferon alfa-2a를 48주간 180ug을 주 1회 피하 주사하고, 동시에 HBV vaccine(20 ug)을 4주, 8주, 12주, 28주에 투여하도록 한다.

- 시험치료: 5일간 투여/2일간 휴약 일정에 따르는 TKI258 단일약제, 시험약: TKI258 캡슐, 용량: 500 mg 1일 1회 경구투여, 3주마다 시행.

- 약물이름: YH4808, diclofenac 횟수: 단회 투여, 주입 경로: 경구 투여, description: YH4808 + diclofenac 단회 투여 → 휴약기(21일) → YH4808 단회 투여 → 휴약기(21일) → diclofenac 단회 투여.

다양한 형태로 연구자들이 기록하고 있다는 것을 보여주는 것입니다.

Tip) Active comparator는 무엇?

임상에서는 이런 말을 잘 쓰지 않죠. 보통은 active control이라는 말을 더 흔히 씁니다. 그런데 왜 굳이 이런 말을 쓰게 되었을까요? 정확한 이유는 잘 모르겠지만 짐작은 됩니다.

Study design 중에 case-control study라는 것이 있습니다. 이때 사용된 control은 지금 우리가 쓰고 다루고 있는 RCT에서의 control과 전혀 다른 뜻입니다. case-control study에서의 control은 병이 없는 집단을 말하고, case는 병이 있는 집단을 말합니다. RCT에서 control은 '원인이 없는' 또는 '다른 원인이 있는'이라는 뜻이 되지요. 즉 우리가 새로운 수술법에 관심이 있다면, 기존의 수술법이 RCT의 control이 되는 것입니다. 그래서 이 둘 사이에 혼돈이 있을 수 있고 실제 논문을 읽을 때나 토론할 때, 이런 점을 감안하여 문맥으로 파악해야 합니다. 아마도 그래서 control이라는 말 대신에 comparator라는 말을 쓴 것 같습니다.

한편 passive comparator라는 말이 있을까요? 이런 말 대신에 위약군 또는 placebo라는 말을 사용하겠지요. 거의 비슷한 말로 negative control이라는 말을 쓰기도 합니다.

예제

━━

다음 CRIS 등록번호 KCT0001926의 예를 보도록 하겠습니다.

1. 연구개요	
CRIS등록번호	KCT0001926
연구고유번호	2015-237-I
요약제목	내시경적 역행성 담췌관조영술을 위한 에토미데이트 기반 진정의 안전성과 효과
연구제목	내시경적 역행성 담췌관조영술을 위한 미다쫄람 기반 진정 유도 시 에토미데이트와 프로포폴 간헐적 투약의 안전성 및 효과분석: 무작위, 이중맹검 전향적 연구
연구약어명	
식약처규제연구	아니오(No)
IND/IDE Protocol여부	
타등록시스템 등록여부	아니오(No)
타등록시스템/등록번호	

연구약어명은 기록하지 않았습니다. 우리나라는 연구약어명을 잘 사용하지 않는 경향이 있는데, 외국인들은 흔히 씁니다. Clinicaltrials.gov의 경우 연구제목(Official Title)은 600자 미만으로 작성하고 요약제목(Brief Title)은 300자 이내로 쓰도록 되어 있습니다. 연구약어명(Acronym)은 Brief Title의 앞 글자만 따서 대문자로 표현하기도 합니다.

4. 연구현황

연구참여기관	단일
전체연구모집현황	연구종결(Completed)
첫 연구대상자 등록일	2015-07-20
첫 연구대상자 등록여부	실제등록(Actual)
목표대상자수	128 명
자료수집종료일	2016-04-06 , 실제등록(Actual)
연구종료일	2016-04-11 , 실제등록(Actual)
참여기관별 연구진행현황 1	
기관명	한림대학교동탄성심병원
연구모집현황	연구종결(Completed)
첫 연구대상자 등록일	2015-07-20
첫 연구대상자 등록여부	실제등록(Actual)

현재는 연구가 종결된 상태이며, 2015년 7월 20일 첫 번째 피험자가 등록된 후 총 128명에 대해 시행되었을 것입니다. 마지막 피험자는 2016년 4월 6일 시행했는데, 특별히 이 경우는 마취약제이기 때문에 outcome을 측정하고 특별한 부작용이 있는지 관찰하는 데 5일 정도 걸렸기 때문에 4월 11일에 결과까지 나왔습니다. 상당히 빨리 나온 셈이지요.

8. 연구설계

연구종류	중재연구(Interventional Study)
연구목적	치료(Treatment)
임상시험단계	해당사항없음(Not applicable)
중재모형	평행설계(Parallel)
눈가림	양측(Double)
눈가림 대상자	연구대상자(Subject), 의사 또는 연구자(Investigator)
배정	무작위배정(RCT)
중재종류	의약품(Drug)
중재 상세설명	영문명: MIDAZOLAM INJ. 5MG/5ML (Bukwang, Korea, Seoul, Korea) 한글명: 부광미다졸람주사 5mg/5ml 성분명: Midazolam 5mg/5ml/A 적응증: 최면진정제 각군에서는 동일하게 유도용량으로 midazolam을 kg당 0.05mg (60세 미만의 성인의 경우 총투여량은 5mg이하 & 60세 이상 고령자, 쇠약 환자의 경우 총투여량은 3.5mg이하로 총 투여량을 제한한다.) 투약한다. 영문명: ETOMIDATE-LIPURO INJECTION 20MG/10ML/A (B.Braun Korea, Seoul, Korea) 한글명: 에토미데이트리푸로주 성분명: Etomidate 20mg/10ml/A 적응증: 전신마취 유도 유도용량으로 midazolam을 kg당 0.05mg 투약하고 ETOMIDATE-LIPURO INJECTION 20MG/10ML/A (B.Braun Korea, Seoul, Korea)를 이후 유지용량으로 0.05 mg/kg (0.025 ml/kg) 씩 간헐적으로 필요 시 진정 정도에 따라서 주사한다. 영문명: FRESOFOL MCT INJ. 1% (150MG/15ML/A) (Fresenius-kabi Korea, Seoul, Korea) 한글명: 프레조폴엠시티주 1% 15ML 성분명: Propofol 150mg15ml/A 적응증: 전신마취 유도, 전신마취의 유지, 인공호흡 중인 중환자의 진정 유도용량으로 midazolam을 kg당 0.05mg 투약하고 이후 유지용량으로 FRESOFOL MCT INJ. 1% (150MG/15ML/A) (Fresenius-kabi Korea, Seoul, Korea)를 0.25 mg/kg (0.025 ml/kg) 씩 간헐적으로 필요 시 진정 정도에 따라서 주사한다. 이렇게 투약하면 두 군에서 각각 유도용량 및 유지용량으로 주사되는 주사량이 동일하여 이중맹검을 유지할 수 있다. 첫 유도용량을 투약한 후 60초동안 환자의 진정 정도를 평가한 후 추가 유지용량의 투약 여부를 결정한다.
중재군 수	2

중재군 1	중재군명	에토미데이트군
	목표대상자 수	64
	중재군유형	experimental
	상세내용	유도용량으로 midazolam을 kg당 0.05mg 투약하고 ETOMIDATE-LIPURO INJECTION 20MG/10ML/A (B.Braun Korea, Seoul, Korea)를 이후 유지용량으로 0.05 mg/kg (0.025 ml/kg) 씩 간헐적으로 필요 시 진정 정도에 따라서 주사한다.
중재군 2	중재군명	프로포폴군
	목표대상자 수	64
	중재군유형	active comparator
	상세내용	유도용량으로 midazolam을 kg당 0.05mg 투약하고 이후 유지용량으로 FRESOFOL MCT INJ. 1% (150MG/15ML/A) (Fresenius-kabi Korea, Seoul, Korea)를 0.25 mg/kg (0.025 ml/kg) 씩 간헐적으로 필요 시 진정 정도에 따라서 주사한다.

중재연구입니다. 그냥 관찰연구가 아니라, 무언가 약을 투여하고 실험한 것이죠. 실험연구라고도 생각할 수 있습니다. 평행설계군요. 많은 경우가 그렇죠. 한 사람에게 두 종류의 실험을 하진 않는다는 겁니다.

Blinding은 double이군요. Subject와 Investigater만 되어 있습니다. caregiver도 사실 blinding을 했는데, 단지 그렇게 표현하지 않은 것 같군요. 연구요약을 보면. 사용 의약품은 이중 맹검을 유지할 수 있도록 표시기재 또는 코드화한다. 코드화하는 경우, 응급상황에서 임상시험에 사용되는 의약품의 종류를 쉽게 식별할 수 있도록 하고 맹검해제 사실이 은닉되지 않도록 한다. 또한 최종 형태를 부피와 포장 Pack을 동일하게 하여 이중 맹검을 유지한다. 에토미데이트와 프로포폴은 모두 불투명 백색의 액체로서 육안적으로 구분이 불가능할 정도로 유사하다. 맹검 유지 시 원내 연구자(*** 임상강사, %%% 임상강사)에 의한 독립성을 갖게 되며 시술자 및 내시경실 간호사, 환자는 모두 이중 맹검이 유지된다.라고 되어 있습니다.

중재 상세 설명에는 진짜 상세하게 설명했군요. 중재군은 각각 64명씩 샘플을 취하기로 했고, 활성 대조군(active comparator)으로는 프로포폴을 사용하기로 하였나 봅니다.

10. 결과평가변수	
주요결과변수 유형	안전성/유효성(Safety/Efficacy)
주요결과변수 1	
평가항목	전체 호흡관련 위해사례 발생빈도
평가시기	진정내시경을 위해 내원한 시점부터 충분한 회복 후 내시경실에서 퇴원할 때까지의 전 기간
보조결과변수 1	
평가항목	전체 심혈관관련 위해사례 발생빈도
평가시기	진정내시경을 위해 내원한 시점부터 충분한 회복 후 내시경실에서 퇴원할 때까지의 전 기간
보조결과변수 2	
평가항목	전체 투입 진정제 용량
평가시기	진정내시경을 위해 내원한 시점부터 충분한 회복 후 내시경실에서 퇴원할 때까지의 전 기간
보조결과변수 3	
평가항목	활력 징후 (산소포화도, 평균혈압 그리고 맥박수)의 시간별 변화
평가시기	진정내시경을 위해 내원한 시점부터 충분한 회복 후 내시경실에서 퇴원할 때까지의 전 기간

결과평가변수도 비교적 단순하게 기록되었지만, 내용을 알 수 있습니다.

Primary Outcome에 대해서 다른 예도 조금 더 살펴보죠.

Effect of potassium depletion on plasma progesterone (Change from Baseline of progesterone)
[Time Frame: Day 1 and Day 8 of placebo period of treatment (healthy subjects) or once (Gitelman patients)] [Designated as safety issue: No]

Healthy subjects : Change from Baseline of progesterone in response to synacthen at day 8 in subject treated by placebo.

Patients with Gitelman syndrome: Change from Baseline of progesterone in response to synacthen

---

ClinicalTrials.gov Identifier: NCT02297048의 예입니다. '제8일째 약제에 의해서 progesterone의 양이 처음에 비해서 달라진 변화'가 outcome입니다. 아주 명확하죠? 실제 한국도 그렇고 미국도 그렇고 Primary Outcome을 명확하게 쓴 경우가 많지 않아서 적절한 예를 찾기가 쉽지 않습니다.

관찰연구

관찰연구는 사실 이 책의 주제는 아닙니다. 그렇지만 CRIS를 배우는 마당에 같이 다루는 것도 좋을 것 같고, 또 관찰연구를 이해하면 대응이 되는 실험연구가 어떤 것인지도 이해하기 수월할 것 같아 함께 다루도록 하겠습니다.

관찰연구모형

- Cohort: 사전에 계획된 일반적 특성을 가진 피험자 그룹을 주어진 기간 동안 관찰 및 추적하는 방법.
- 아무런 조작 없이 어떤 인구집단을 조사한 뒤에 아무런 조작 없이 관찰했을 때, 일정 시간이 지난 뒤에 다시 조사하여 어떤 질병을 관찰합니다. 초기에 어떤 특징이 있는 사

람이 더 많이 발생했는지 관찰해보는 방법입니다. 중재는 없었지만, 나름대로 인과관계를 설명하기에 좋은 방법이라고 볼 수도 있습니다. 많은 시간이 걸리는 방법으로 보통은 prospective이지만, 과거의 자료를 이용한 retrospective cohort study도 있습니다.

- Case-control: 특정 성격(상태 또는 노출 등)을 지닌 그룹을 다른 특성을 가지거나, 비슷한 특성을 가진 그룹과 비교하는 방법.

- 어떤 일정 시점에 폐암에 걸린 사람과 걸리지 않은 사람, 흡연자와 비흡연자의 숫자를 비교해보는 방법입니다. Case는 병에 걸린 사람, Control은 병에 걸리지 않은 사람입니다. 인과성을 설명하기에 별로 좋지 않은 방법입니다. 예를 들어 폐암과 흡연과 상관관계(인과관계가 아님)가 있다고 할 때, 폐암에 걸린 사람들이 호흡기의 이유로 담배를 더 욕구하게 될지도 모릅니다. 또는 고령자의 경우에는 오히려 흡연을 하는 사람이 더 폐암에 걸리지 않을지도 모릅니다. 폐암에 걸린 사람들은 이미 젊은 나이에 죽었기 때문에 말이지요. 그래서 이런 Case-control 연구로 인과관계를 추정하는 것은 매우 조심스럽습니다.

- 단면적 연구(cross-sectional study)와는 비슷한 점도 있고 조금 다른 점도 있습니다. cross-sectional study는 어떤 나라나 지역 전체를 다루는 경우가 많고 특정 질환이 아닌 여러 변수와 성격을 다루는 경우가 많지만, case-control study는 특정 질환이나 상태에 관심을 가지고 있습니다.

- Case-only: 특정 성격을 가진 단일 그룹을 관찰하는 방법.

- Case-crossover: 피험자의 질병 발생 직전(위험 기간)의 특성과 동일한 피험자의 이전의 특성을 비교하는 방법.

- Ecologic or community studies: 동일한 지리학적 특성을 가진 집단을 개인 수준의 특성이 아닌 다양한 환경적 특성 또는 국제적 측정 기준치에 따라 비교하는 방법.

- Family-based: 가족 내의 유전 연구, 쌍둥이 연구, 가족의 환경 연구와 같은 가족 구성원 사이에서 진행되는 연구 방법.

파란색 부분은 매뉴얼의 내용을 그대로 옮긴 것입니다.

연구관점

- Prospective: 임상연구에 등록된 피험자를 전향적 관점으로 주기적으로 관찰하여 자료를 수집하는 것.
- 앞서 보았던 Cohort 연구가 대표적인 경우입니다.
- Retrospective: 이전에 선택 또는 등록되었던 피험자에게서 관찰된 자료를 사용하는 것.
- 가끔 retrospective한 cohort study도 있습니다.
- Cross-sectional: 피험자가 등록된 특정 시기에 관찰 또는 측정이 이루어지는 것, case-control study가 대표적입니다.

생물자원 종류

채취하게 되는 모든 생물자원을 포함합니다. 전혈, 혈청, 백혈구, 소변, 조직 등입니다.

대상자 선정기준: 중재연구

9. 대상자선정기준		
연구대상(자)/질환		* 근육골격계통 및 결합조직의 질환 골관절염, 류마티스양 관절염, 강직성 척수염의 증상 및 징후 완화와 NSAID 사용에 따른 위궤양 발생 위험 감소
희귀질환 여부		아니오(No)
대상자 포함기준	성별	남자(male)
	나이	20 세(Year) ~ 50 세(Year)
	국문	1. 체질량지수(BMI)가 18.0 이상 27.0 이하인 자 2. 본 임상시험에 대한 자세한 설명을 듣고 완전히 이해한 후, 자의로 참여를 결정하고 선별검사(screening procedure) 전에 서면 동의한자 3. 신체검사, 임상검사, 문진 등으로 연구자 판단 시 본 시험의 피험자로 적합한 자
	영문	1. BMI: 18.0 - 27.0 kg/m2 2. Willingness to sign the written Informed Consent Form
대상자 제외기준	국문	1. 임상적으로 유의한, 간, 신장, 신경계, 호흡기계, 내분비계, 혈액 ? 종양, 심혈관계, 비뇨기계, 정신계 질환이 있거나 과거력이 있는 자 2. Naproxen 및 esomeprazole 성분을 포함한 약물 및 기타 다른 약물(아스피린, 항생제 등)에 과민반응이 있거나 임상적으로 유의한 과민반응의 병력이 있는 자 3. 약물남용의 과거력이 있거나, 소변 스크리닝 검사에서 남용약물 또는 cotinine에 대하여 양성반응을 보인 자 4. 예상 첫 투약일 3개월 이내에 타 임상시험에 참여한 자
	영문	1. Evidence of clinically relevant pathology 2. History of relevant drug and food allergies 3. Positive screen on drugs of abuse 4. Participation in a drug study within 3months prior to drug administration.
건강인 참여 여부		예(Yes)

연구대상(자)/질환은 표준질병분류에 따른 큰 제목을 넣고, 그 아래에 구체적인 질환명을 MeSH 용어에 따라 기재합니다. 그 외 나머지 내용들은 IRB에 적힌 대로 쓰면 됩니다.

앞서 설명했듯이 inclusion criteria와 exclusion criteria는 신중하게 선정해야 합니다. 비슷한 연구에서 어떻게 선정했는지 잘 관찰해보는 것도 좋은 방법입니다.

연구집단설명	국문	KNDP 코호트에 참여한 대상자 중 본 연구에 동의한 모든 인원
	영문	KNDP cohorts who agreed to the study enrollment
대상자추출방법	국문	보건복지부지정 2형 당뇨병 임상연구센터에서 운영한 KNDP 코호트 대상자 중 본 선정 기준에 해당하며, 본 연구에 동의하는 모든 인원들
	영문	KNDP cohorts who met inclusion criteria conducted by T2DM clinical research center.
연구대상(자)/질환		* 내분비, 영양 및 대사 질환 Diabetes, epidemiology, database, registry
희귀질환 여부		아니오(No)
대상자 포함기준	성별	둘다(Both)
	나이	20 세(Year) ~ 75 세(Year)
	내용	공복혈장 포도당 농도 126 mg/dL 이상, 75 g 경구 당부하검사 후 2시간 째 혈장 포도당 농도가 200 mg/dL 이상, 또는 당화혈색소 6.5% 이상인 자 (신환/재진 군) - 현재 인슐린이나 경구 혈당강하제로 치료 중인 자 - 혈장 포도당 농도 100 mg/dL 이상, 75 g 경구 당부하검사 후 2시간 째 혈장 포도당 농도가 140 mg/dL 이상, 또는 당화혈색소 5.7~6.4% 사이에 해당되는 자 (고위험 군)
대상자 제외기준		연구자 판단에 따라 장기 관찰이 곤란한 자
건강인 참여 여부		아니오(No)

연구집단설명	국문	세브란스 심장혈관 병원에 입원 또는 외래를 통하여 내원하여 질병력, 혈액, 소변 검사를 시행하고 그 결과 심장 내과 전문의가 상기 선정 기준에 합당하다고 판단한 경우와 그 가족
	영문	high risk cardiovascular disease patients and their relatives
대상자추출방법	국문	심뇌혈관질환 고위험군 선정 기준 중 한가지 이상의 조건에 해당하는 환자 중, 연구의 목적을 이해하고 자발적으로 연구 참여 동의서에 서명한 만20세에서 만75세 사이의 대상자
	영문	High risk cardiovascular disease patients
연구대상(자)/질환		* 순환기계통의 질환 Hypertension Diabetes Mellitus End Stage Renal Diasease Relatives of Myocardial infaction Asymptomatic peripheral arterial disease
희귀질환 여부		아니오(No)
대상자 포함기준	성별	둘다(Both)
	나이	20 세(Year) ~ 75 세(Year)
	내용	1. 고위험군 고혈압 환자 ①만성 신질환 stage 2 (60<eGFR(GFR:glomerular filtration rate))이하인 경우 target organ damage 중 1개 이상을 만족하는 경우 ②만성 신질환 stage 3 (eGFR < 60)의 경우 모든 환자 2. 미세알부민뇨증을 동반한 당뇨 환자 (Albumin-Creatinine Ratio ≥ 30mg/g) 3. 소변이 나오지 않고 투석 중인 만성 신부전 환자 4. 부모, 형제 중 남자 55세 이하, 여자 65세 이하의 연령에 급성심근경색을 앓은 환자가 있는 가족 구성원 (환자 형제 또는 자녀) 5. 무증상 말초혈관질환이 진단된 환자
대상자 제외기준		1. 급성심근경색 (STEMI, NSTEMI), 관상동맥 증후군 (불안정성 협심증), 증상이 있는 관상동맥질환 또는 이에 해당하는 과거력이 있는 경우 2. 증상이 있는 말초혈관질환, 심부전 또는 이에 해당하는 과거력이 있는 경우 3. 기대 수명이 6개월 이하인 심각한 비심혈관계 질환 (e.g. 전이성 암, 패혈증, 간경변) 4. 임신부 또는 임신이 의심되거나 수유 중인 경우
건강인 참여 여부		예(Yes)

다양한 예가 있지만, 적당히 두 개를 골라보았습니다.

연구모집단설명

관찰군이나 코호트에 대한 자세한 설명입니다.

대상자 추출방법

- 확률추출법(Probability sampling): 모집단의 구성원이 일정한 확률을 갖고 표본에 선정되도록 하는 방법으로, 단순무작위표본추출법(simple random sampling), 통적무작위추출방법(systemic random sampling), 집락표본추출방법(cluster random sampling) 등이 있습니다.
- 비확률추출법(Non-probability sampling): 확률적으로 접근하지 않은 표본추출방법으로 편의추출법(convenience sampling), 목적추출법(purposive sampling) 등이 있습니다.

위와 같은 방법을 사용하라고 매뉴얼에 쓰여 있는데, 이렇게 잘 기술되어 있는 것은 예를 찾기 힘들군요. 즉 대부분 그냥 병원에 방문한 환자들을 대상으로 관찰한 것이라서, 비확률적인 추출이 되겠습니다. 또는 어떤 집단을 선택해서 전수조사를 하였다면 이때는 추출법이 필요하지 않겠지요.

연구대상(자)/질환

역시 국제질병분류에 의하며 자세한 내용은 MeSH를 따릅니다.

10. 결과평가변수

주요결과변수 유형	유효성(Efficacy)
주요결과변수 1	
평가항목	혈압(수축기, 이완기, 평균), 심박수, 맥박수, 일회박출량, 일회박출량지수, 심박출량, 심박출량지수
평가시기	첫 10분동안 매 1분마다 → 다음 10분동안 매 2분마다 → 20분 이후로는 매 5분마다
보조결과변수 1	
평가항목	마약성 진통제 소비량
평가시기	수술 후 2일 동안 정해진 시간 간격으로 (회복실, 수술 후 2, 4, 8, 12, 18, 24, 32, 48시간)
보조결과변수 2	
평가항목	통증점수 (visual analogue scale, VAS)
평가시기	수술 후 2일 동안 정해진 시간 간격으로 (회복실, 수술 후 2, 4, 8, 12, 18, 24, 32, 48시간)
보조결과변수 3	
평가항목	체온
평가시기	마취 시작 부터 회복실까지 15분 간격

10단계는 결과변수(Outcome Measure)에 관한 내용입니다. 앞서도 말씀드린 바와 같이 결과 변수들은 pre-specify하여 protocol에 규정하여야 하고, 그것으로 IRB에 승인을 받고, 여기에 다시 그대로 붙여 넣으면 됩니다.

위의 그림과 같이 주요 결과변수(primary outcome)는 1개이어야 합니다. 어떤 연구를 보면 primary outcome이 2개인 경우도 있습니다. 특수한 경우이든지 연구자가 뭔가를 잘 모르고 올렸을 수 있습니다. 참고로 Clinicaltrials.gov에서는 Primary outcome measure를 하나만 선정할 수 있다고 하더군요.

그런데 위 그림에 기록된 평가항목을 보면 구체화되지 않았습니다. 혈압을 말하는 것인지, 심박수를 말하는 것인지, 위의 내용을 모두 종합하는 어떤 다른 지수가 있다는 것인지 알 수가 없습니다. 조사하는 모든 항목을 적는 것이 아니라, 어떤 항목을 outcome으로 할 것인지 써야 합니다.

평가시기도 마찬가지로 전부 수십 번을 측정하는데, 그것의 평균인지, 최대값인지, 막연한 평가시기를 말하고 있습니다 그중 20분간 관찰된 것 중에 최대값을 하겠다든지, 20분의 값을 하겠다든지 등의 보다 구체적인 기술이 필요합니다.

10. 결과평가변수	
주요결과변수 유형	유효성(Efficacy)
주요결과변수 1	
평가항목	연수막 암종증 환자에서 Methotrexate 뇌실요부관류 항암치료법의 임상반응율(clinical response rate)를 구한다
평가시기	치료시작 14일, 3개월, 마지막방문
보조결과변수 1	
평가항목	연수막 암종증 환자에서 Methotrexate 뇌실요부관류 항암치료법의 부작용을 관찰한다.
평가시기	치료시작 14일, 3개월, 마지막방문

이 경우도 역시 항암치료법의 임상반응이 무엇인지 막연하죠?

10. 결과평가변수	
주요결과변수 유형	해당사항 없음(Not applicable)
주요결과변수 1	
평가항목	위절제술 후의 예후
평가시기	마지막 추적검사 시점
보조결과변수 1	
평가항목	인환세포의 비율, 면역화학염색 소견
평가시기	수술 당시

이 경우도 막연합니다.

10. 결과평가변수	
주요결과변수 유형	유효성(Efficacy)
주요결과변수 1	
평가항목	이중관 기관지내 튜브의 삽관 소요 시간
평가시기	이중관 기관지내 튜브 삽관시
보조결과변수 1	
평가항목	1차 삽관 시도시 성공률
평가시기	이중관 기관지내 튜브 삽관시
보조결과변수 2	
평가항목	성대 및 기관내로 튜브 진입시 저항 정도
평가시기	이중관 기관지내 튜브 삽관시
보조결과변수 3	
평가항목	이중관 기관지내 튜브 삽관 전후 혈역학적 변화 (평균 동맥압, 심박수)
평가시기	이중관 기관지내 튜브 삽관 전, 후
보조결과변수 4	
평가항목	인후통 빈도 및 강도, 애성 빈도
평가시기	수술 후 1, 24 시간째

이 정도면 무엇을 측정할지 이해가 되는군요. 실제 많은 경우에 부정확한 결과변수를 기록하고 있는데, 기록은 구체적으로 하지 않았더라도 실제 연구에서는 구체적이었기를 기대합니다.

주요 결과변수 유형

- 안전성 (Safety)
- 유효성 (Efficacy)
- 안전성/유효성 (Safety/Efficacy)
- 생물학적 동등성 (Bio-Equivalence)
- 생물학적 이용성 (Bio-availability)
- 약물 동태성 (Pharmacokinetics)
- 약물 역학 (Pharmacodynamics)
- 약물 동태&역학 (Pharmacokinetics/dynamics)
- 임상적 동등성 (Clinical-equivalence)
- 해당사항 없음(Not applicable)

가장 흔히 보게 되는 것이 아마도 안전성과 유효성이 될 것입니다.

CRIS 통계

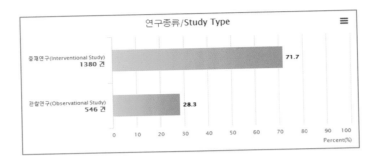

CRIS 통계에서는 등록된 다양한 자료들을 일목요연하게 볼 수 있습니다. 중재연구가 관찰연구보다 두 배 이상 많군요

시험단계 / Phase

승인년도 : 전체 ▼ 검색

Phase1
145 (14.7%)

Phase1/Phase2
17 (1.7%)

Phase2
69 (7.0%)

Phase2/Phase3
10 (1.0%)

Phase3
116 (11.8%)

Phase4
133 (13.5%)

해당사항없음(Not applicable)
494 (50.2%)

시험단계별로도 분석되어 있습니다.

연구책임기관 / Sponsor

승인년도 : [전체 ▼] [검색]

서울아산병원(Asan Medical Center)
122 (8.8%)

분당서울대학교병원(Seoul National University Bundang Hospital)
88 (6.3%)

서울대학교병원(Seoul National University Hospital)
84 (6.1%)

한국한의학연구원(Korea Institute Of Oriental Medicine)
35 (2.5%)

건국대학교병원(Konkuk University Medical Center)
28 (2.0%)

(사)삼성생명공익재단삼성서울병원(Samsung Medical Center)
20 (1.4%)

삼성서울병원(Samsung Medical Center)
18 (1.3%)

전남대학교병원(Chonnam National University Hospital)
14 (1.0%)

가톨릭대학교 서울성모병원(The Catholic University Of Korea, Seoul St.Mary'S Hospital)
14 (1.0%)

건국대학교(Konkuk University)
13 (0.9%)

기타 (Other)
951 (68.6%)

상기 내용은 CRIS 등록완료 건수를 기준으로 상위 10개 기관만을 제시한 것이며, '입력' 된 기관명을 기준으로 하였으므로 동일 소속의 기관인 경우에도 각각 집계 되었음

이렇게 연구기관에 따라서도 살펴볼 수 있습니다. 이것은 2015년 2월 즈음의 자료이며,

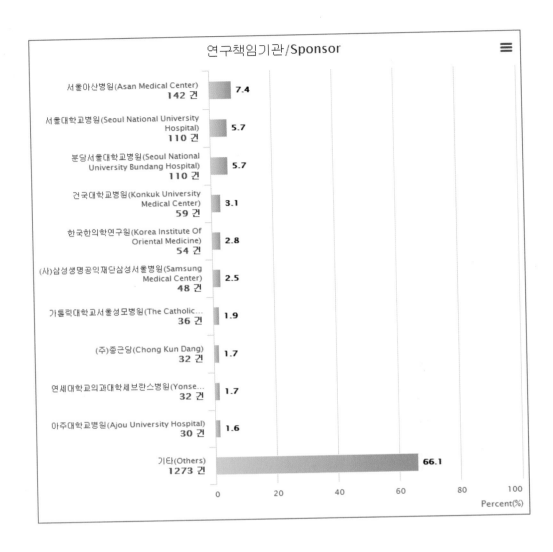

이것은 2016년 6월의 자료입니다. 분포는 거의 비슷한 양상을 보입니다. 특징적으로 한의학 연구원에서 꽤 많은 연구를 하고 있으며, ㈜종근당이 새로운 연구를 열심히 등록하고 있음을 알 수 있습니다. 꽤 많은 연구자들이 한국의 CRIS 외에 미국의 등록센터에도 등록하고 있기 때문에 이 자료가 전부는 아니라는 점을 감안해야 합니다.

등록하기

회원가입을 한 후에 반드시 로그인해서 이메일 정보 등 추가 작업을 하여야 하고 그로부터 며칠이 지나야 임상연구를 등록할 수 있습니다.

계정은 기관계정과 개인계정이 필요합니다. 만일 서울대학교병원에 소속된 의사가 연구를 하려고 할 때 '서울대병원', '서울대학교병원', '서울대학교 부속병원', '서울대학교' 등으로 다양하게 입력할 수도 있기 때문에 그 기관에 해당하는 계정을 가지고 그것을 이용하도록 하고 있습니다. 그 기관에서 최초로 등록하는 사람은 회원가입을 할 때 의료기관 등을 선택하도록 되어 있고, 그 의료기관은 이미 목록 속에 있어서 나중에 등록하는 사람은 나와 있는 목록에서 선택하면 됩니다.

간혹 대학병원의 교수로서 연구자인 경우 학교나 병원으로 선택하여 입력하면 그 자체로는 문제가 없지만, 앞서 본 것처럼 분산되어 통계가 잡힐 수 있습니다. 만일 이런 경우라면, 미리 어떻게 할지를 결정해서 한 기관 내의 연구자들은 동일한 기관에 등록되도록 하는 것이 조금 더 바람직하지 않을까 합니다.

참고로 ClinicalTrials.gov 같은 곳에서 계정을 만들려면 우선 기관의 계정이 무엇인지 알아야 하고, 그 기관에서 대표가 되는 사람을 통해서 계정을 부여받아야 합니다. 외국 사이트는 우리나라처럼 휴대전화 등을 통한 본인 인증을 받을 수 없기 때문입니다.

```
* 등록 절차

1)개인계정은 책임연구자(교수) 명의로 발급하여 드리며, 기관계정(Organization)은 SeoulNUH이다.
2)개인계정은 반드시 아래 정보(A, B, C)와 함께 현재 계정관리자 임상약리학과/임상시험센터 ▨▨ 교수
(▨▨@snu.ac.kr)에게 신청하면 된다
  A. 책임연구자(교수)의 국문 및 영문 성명, 소속/직위(영문)
  B. 책임연구자 이메일 주소 및 전화번호
  C. 실무담당자 국문성명, 소속 및 연락처(전화번호 및 이메일 주소)
* 모든 공식 교신은 책임연구자의 이메일로 발송
3)개인계정이 있는 연구자는 기관계정과 개인계정(User Name, Password) 입력 후 로그인 하면 된다.
4)사이트 Help 메뉴의 Quick Start Guide 등에 임상시험 등록을 위한 자세한 방법이 설명되어 있다.
5)최초 등록 시 또는 내용 수정 후에 record 상태를 [in progress]에서 [completed]로 변경해야 내용이 release 된
 다.
6)등록된 임상시험 정보를 update할 때마다 [자동 spelling check] 기능을 사용하는 것을 권장한다.
7)등록된 임상시험에 대해서는 최소한 6개월마다 Record update를 하여야 한다.

* 문의처: 임상시험센터 ▨▨ 교수(02-▨▨▨-▨▨▨▨), 임상시험센터 행정실 ▨▨▨(02-▨▨▨-▨▨▨▨)
```

이것은 서울대학교병원의 공지사항을 예로 든 것으로, 대표 한 사람이 그런 권한을 부여하도록 되어 있습니다. 또 **등록한 후 약 30일 정도의 기간이 소요된다고 하니** 논문 연구를 시작하려면 미리 이런 내용을 알아두는 것이 좋겠습니다.

초기 등록을 한 뒤에는 update를 해야 합니다. 적어도 12개월, 권장하기는 6개월마다 글자라도 하나씩 고쳐야 합니다. 또 첫 번째 피험자가 enroll되면 21일 이내로 기록합니다. 이 기간 내에 등록하지 않으면 정확한 날짜를 입력할 수 없겠죠. Recruitment에 변화가 있거나 종료가 되면 변경된 내용을 30일 이내에 기록해야 합니다. '임상시험 종료일'은 마지막 피험자가 투약이나 수술을 받는 날이며, outcome을 측정하는 날은 '임상 종료일'입니다.

임상 종료일로부터 12개월 내로 임상연구의 결과를 기록합니다. 결과는 이후에 추가 결과가 계속 생길 수 있으므로 그 당시까지의 결과를 기록합니다. 5년 추시 결과라도 1년 되기 전에 초기 결과를 기록하라는 뜻이죠.

결과 등록은 논문 쓰는 것과 동일합니다. 먼저 Participant flow에서 총 등록한 피험자 수나 중도 탈락자, 시험을 완료한 자 등을 숫자로 입력합니다. baseline and demographic characteristics도 논문 쓰는 것과 똑같이 하면 됩니다. outcome measures에는 primary 및 각 secondary outcome measure들의 결과도 숫자로 기록합니다. adverse event information에는 부작용, 합병증 등의 문제들을 수 및 비율(%)로 기록하고 자세한 내용도 기록합니다.

외국 연구의 검색

한국에서 연구자들이 등록하는 곳이 CRIS라면 외국의 연구자들은 어디에 어떻게 등록하고 있을까요? 또 CRIS를 포함해서 이런 등록된 연구들을 한꺼번에 검색할 수는 없을까요? CRIS를 포함한 세계적인 등록처들의 플랫폼이면서 이를 관리하고 허락해주는 곳이 ICTRP (http://www.who.int/ictrp/en/)입니다.

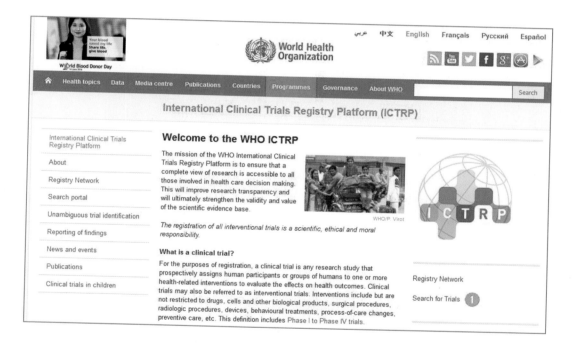

여러 가지 읽어볼 만한 내용들이 있지만, 일단 검색부터 해보도록 합시다❶.

검색창에는 AND OR NOT 같은 연산자를 사용하여 검색할 수 있습니다❷. 보다 자세한 검

색을 할 수 있는 'Advanced Search❸'는 잠시 후에 살펴보겠습니다.

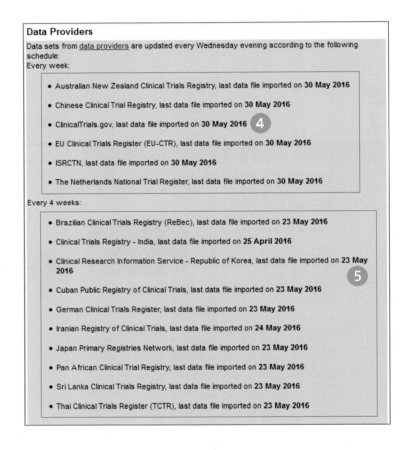

아래쪽에는 포함된 데이터 소스들을 보여주고 있습니다. 매주 업데이트되는 위의 6개 사이

트 안에는 제일 흔히 보는 ClinicalTrials.gov❹를 포함한 6개 사이트가 있습니다. 아래쪽에는

4주마다 업데이트되는 10개의 사이트가 있고, 그중에 우리나라의 CRIS도 있습니다❺.

이처럼 전 세계에 공인된(지정한 형식에 맞추어진) 사이트들로부터 자료를 받아서 검색하므로 한꺼번에 검색할 수 있습니다.

'Advanced Search❸'에 들어가면 역시 AND OR NOT의 연산자를 사용할 수 있는 창❻이 있는데 이것은 각각 title이나 condition이나, intervention의 영역에서❼ 역시 연산자를 사용하여 검색할 수 있습니다. 사용법은 여타의 검색 엔진들과 비슷해서 어렵지 않을 것입니다. 용어의 정의를 살펴보려면 파란색 글자 위에 커서를 올리거나 클릭해보면 됩니다. 각각을 간단히 살펴보는 것이 도움이 될 것 같습니다.

- Condition: 연구의 대상 질환군.

- Intervention: 처치, 치료 방법에 해당하는 것으로 만일 약이라면 generic name을 사용하도록 권하고 있습니다. 검색의 편리를 위해서겠지요.

- Recruitment status: 현재 환자를 모집 중인지 검색합니다. 'Recruiting'과 'ALL' 두 개의 옵션이 있습니다.

- Primary Sponsor: 연구를 후원하는 개인이나, 기관, 혹은 회사가 될 수 있습니다. 연구비를 제공할 수도 있고 그렇지 않을 수도 있으며, 연구의 시작과 유지를 책임지는 주체입니다.

293

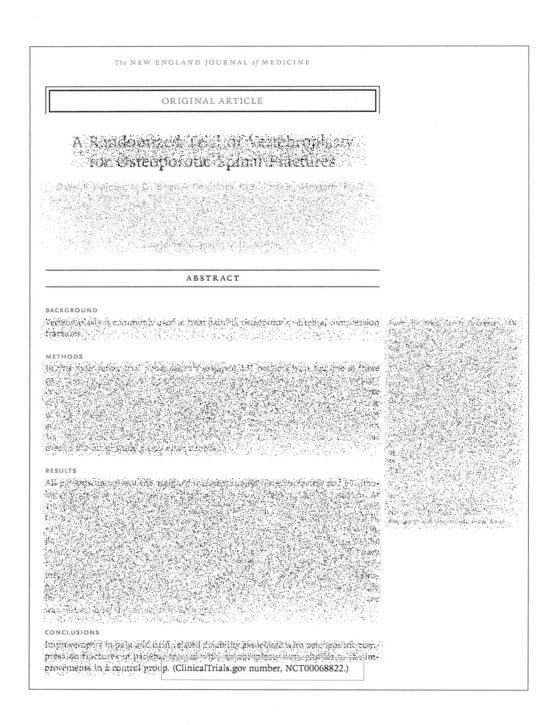

The NEW ENGLAND JOURNAL of MEDICINE

ORIGINAL ARTICLE

A Randomized Trial of Vertebroplasty
for Osteoporotic Spinal Fractures

ABSTRACT

BACKGROUND
Vertebroplasty is commonly used to treat painful osteoporotic vertebral compression fractures.

METHODS

RESULTS

CONCLUSIONS
Improvements in pain and pain-related disability associated with osteoporotic compression fractures in patients improvements in a control group. (ClinicalTrials.gov number, NCT00068822.)

실제로 이렇게 글자를 입력해서 검토할 수도 있지만, 간혹 논문을 보면서 이 논문이 어떤 식으로 계획되었는지 궁금할 때도 있습니다. (제일 아래 빨간 상자)

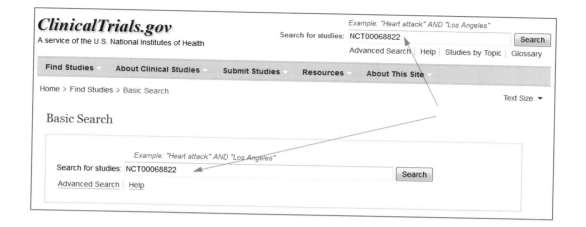

번호를 입력해서 검색하면

이렇게 검색 결과가 나옵니다. 역시 당연하게도 completed, Has Results로 나오는군요.

혹자는 ClinicalTrials.gov에 등록하는 것이 CRIS에 등록하는 것보다 더 좋다고 생각하거나 CRIS가 있는지 몰랐다는 이유로, 또 지금까지 보았던 많은 양질의 외국 논문들이 ClinicalTrials.gov에 등록되어 있기에 자연스럽게 ClinicalTrials.gov를 생각하는 것 같습니다. 제가 어느 것이 더 좋다는 판단을 할 수는 없지만 원래의 취지를 생각한다면 CRIS에 등록하는 것이 맞고, 등록하기도 훨씬 쉽다는 것, 그리고 이미 유수의 국내 유명 연구단체와 병원에서 등록하고 있다는 것을 말씀드리고 싶습니다. 아울러 사용법에 있어서는 ClinicalTrials.gov와 CRIS가 거의 공통됩니다. 단어도 공통 단어를 많이 씁니다.

등록과 검색의 이유

이와 같은 등록 플랫폼의 목적은 인권 측면에서 내가 속한 임상시험이 어떤 목적으로 어떻게 이루어지는지 알 수 있도록 하기 위한 것이 첫 번째입니다. 앞서 말씀드린 것처럼 헬싱키 선언(제35조)에 따르면 '모든 인간을 대상으로 하는 연구로서 대상자를 직접 관찰하는 코호트 등의 관찰연구 및 중재연구(임상시험) 등 모든 종류의 임상연구는 첫 피험자를 모집하기 이전에 공개적으로 접근이 가능한 데이터베이스(primary registry)에 연구정보를 공개'해야 합니다.

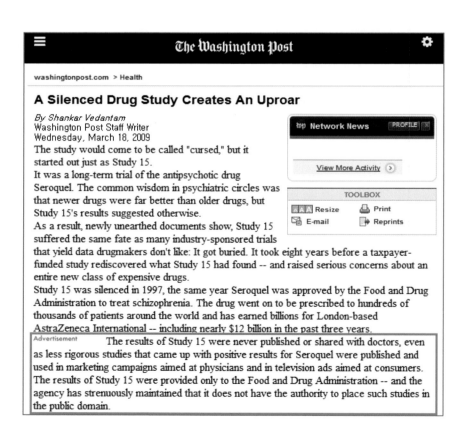

또 다른 이유도 있습니다. '출판 비뚤림'이라는 현상이 있습니다.

2009년 세계적 제약회사인 Astrazeneca에서 schizophrenia의 치료약제로 Seroquel이라는 약제를 개발하고 이것의 효능을 평가하였습니다. 기사에서 study 15라고 불린 연구의 결과는 결코 출판되지도, 의사에게 알려지지도 않았습니다. 그리고 열심히 팔렸죠.

새로운 스마트폰의 단점은 광고할 필요가 없습니다. 광고에는 장점만 부각해서 소비자들의 감성에 호소합니다. 그것을 본 소비자들은 정말 좋은 제품으로 생각하여 구매하거나, 혹은 비록 그 제품이 실제로 광고만큼 좋지는 않더라도, 고가의 제품을 사용함으로써 부러움을 산다는 이유로 구매합니다. 그것을 감성 마케팅이나 프리미엄 정책이라고 부르기도 하지만, 약은 그렇지 않습니다. 약은 단점 역시 보고하고 알려져야 합니다. 부정적인 연구 결과도 모두 공개되어야 한다는 원칙이 대중들에게도 지지를 받습니다. 자동차 같은 안전과 관련된 실험 결과도 비슷한 원칙이 적용됩니다.

ClinicalTrials.gov는 Food and Drug Administration Modernization Act of 1997 (FDAMA)의 결과로 만들어졌습니다. 그리고 2000년에 일반인에게 공개되었습니다.(which was made available to the public in February 2000.) 2007년도에 요구사항이 더 확장되었고(FDA Amendments Act of 2007 (FDAAA).) 임상시험의 결과도 입력하도록 되었습니다.

(https://clinicaltrials.gov/ct2/about-site/background)

한국의 임상연구정보서비스(Clinical Research Information Service, CRIS)는 2010년 5월에 정식으로 운용되기 시작하였고, 앞서 살펴본 것처럼 세계 각국의 대표 임상연구등록시스템에 등록된 연구 정보를 취합하여 공개하는 WHO의 ICTRP(International Clinical Trials Registry Platform)에 primary registry로 합류하여 국내 임상연구정보를 국외 연구자 및 일반인에게도 공개하게 되었습니다. 한국어를 기본으로 하고 있지만, 영어를 추가적으로 쓸 수도 있어서 외국 환자가 항암 투여를 받기 위해서 문의한 적도 있다고 하더군요(지인의 개인적인 경험).

개인적으로는 한국의 일반인들이 볼 수 있도록 한국어를 기본으로 하는 CRIS에 등록하는 것이 ClinicalTrials.gov에 등록하는 것보다 좋다고 생각합니다. 아울러 거의 논문과 같은 정도의 계획을 세워야 하기 때문에 훌륭한 논문을 쓰기 위한 전 단계로서의 장점도 있다고, 다른 연구자들이 어떤 연구를 하고 있는지 알게 되어 중복된 연구를 피할 수 있다는 장점도 있습니다.

한편 논문을 쓰면서 아직 출판되지는 않았지만 CRIS 등에 기록된 결과를 참고할 수도 있을 것입니다. 음성의 결과가 나온 것이 출판되지 않도록 막을 수도 있습니다. 아직까지 systematic analysis에서 http://www.who.int/ictrp/en/을 검색해야 한다는 이야기를 들어본 적은 없지만(강사들에게나 책에서) 저는 당연히 systematic analysis에도 포함되어야 한다고 생각합니다. 출판 비뚤림을 막기 위한 수학적인 방법보다 더 직접적인 방법이 되기 때문입니다.

가끔 구글 검색을 하다 보면 논문으로 나오진 않았지만, 등록되어 있는 연구가 검색될 때도 있습니다. 위의 것은 Clinicaltrials.gov의 것이고, 아래는 다른 데이터베이스입니다. 개인적으로는 구글 검색보다는 구글 학술검색에서 검색되는 것이 더 좋겠다는 생각이 듭니다. 이 연구는 complete되었지만 아직 results는 보고되지 않은 것인데, results가 보고되었지만 출판되지 않은 것도 검색할 수 있도록 말이지요.

한편, 출판되었다 하더라도 선택적으로 보고될 수 있습니다. 앞서 줄곧 강조하였던 것이 pre-specified data analysis였는데, primary outcome과 다른 outcome에 대해서도 미리 규정하였는지를 확인하도록 하고 점검하기 위한 실제적인 방법으로 이와 같은 등록 플랫폼이 있는 것은 중요하다고 생각합니다. 연구자가 유의하지 않은 primary outcome을 버리고, 유의한 secondary outcome 중의 하나를 선택해서 보고할 수도 있기 때문이지요. 그것은 비윤리적이지만, 비윤리적인지 잘 모르기 때문에 이와 같은 장치가 필요하다고 생각합니다.

이미 동일한 연구가 다른 장소에서 시행되고 있다면 내가 그 연구를 하는 것이 어떤 의미가 있을지 신중히 고려할 필요가 있겠지요. 중복되는 연구는 낭비일 수도 있으니까요. 그런 의미에서도 연구의 등록과 검색은 중요한 의미를 가집니다.

Ch9.
비열등성 연구

비열등성 검정은 CONSORT에서 2006년에 나온 checklist 이후 개정된 것이 없지만, 이것이 아주 훌륭합니다. 비열등성 검정에 익숙하지 않은 분도 있기 때문에 왜 필요한 것인지부터 찬찬히 다루어보도록 하겠습니다.

비열등성/동등성 연구에서 비열등성 연구와 동등성 연구는 비슷한 점이 많고, 이해하기에는 비열등성 연구가 더 쉽기 때문에 먼저 비열등성 연구를 주제로 이야기를 진행하겠습니다.

비열등성 검정의 필요성

보통 우리가 연구에서 많이 보는 것은 'p = 0.005이므로 유의한 차이가 있었다, 통계적으로 유의미하다.' 이런 식의 연구입니다. 그리고 p > 0.05이면 유의한 차이가 없는 것이라고 생각하고, 또 실제 논문에서 'p = 0.09이므로 유의한 차이가 없었다'라고 말하기도 합니다.

여기에 큰 오해가 있습니다. p = 0.05라는 값이 무슨 합격선처럼 여기고 있다는 것입니다. 아무리 의미 있게 차이가 있는 두 약이라 하더라도, 샘플 수가 적으면 p값이 커지기 때문에 **p > 0.05라는 것이 차이가 없음을 말하는 것이 아니라, 차이가 있음을 보이지 못한 것입니다. 이번 연구, 이번 샘플에서는.** 무슨 말장난 같은 이야기냐구요?

'루팡이 도둑이라고 말할 수 없다'　　**?**　　'루팡이 도둑이 아니다'

이 두 문장은 다른 뜻이지요. 앞 문장은 아직까지 증거가 부족하고, 도둑이라고 말할 수 있는 처지가 아니라는 것이지, 도둑이 아니라는 뜻은 아닙니다. 좀 더 확증적인 증거가 필요하다. 심증은 있지만 물증은 없다. 이런 말은 일반 사회에서도 흔히 하는 이야기입니다.

이에 대해서, 아래 두 논문을 잠깐 보셔도 좋겠습니다.

Altman DG, Bland JM. Absence of evidence is not evidence of absence. BMJ. 1995;311(7003):485.

Sexton SA, Ferguson N, Pearce C, Ricketts DM. The misuse of 'no significant difference' in British orthopaedic literature. Ann R Coll Surg Engl. 2008;90(1):58-61.

예를 들어, 새로운 로봇을 이용한 수술법이 기존의 수술법과 별 차이가 없다거나, 새로운 인공슬관절 기계가 기존의 것과 별 차이가 없다는 식의 논문은 꽤 많은데, 모두 적당히 몇 명에게 시험해봤더니 p값이 0.05 이상이었기에 통계적인 차이가 없었다는 식입니다. 이것이 틀렸나요? 왜 틀렸나요? 이미 유의한 차이가 있는 두 가지 치료법이라 하더라도 샘플 수가 작은 경우에는 얼마든지 p>0.05로 나오게 된다고 앞서 말씀드렸습니다. 그러므로 충분한 숫자로 검정해보았을 때도 차이가 없었다는 이야기를 듣고 싶습니다.

그렇다면 진짜 두 치료법이 차이가 없다는 것은 어떻게 증명할 수 있을까요? 이와 같은 이유로 비열등성(열등하지 않다), 동등성(차이가 없다) 연구가 필요합니다.

한편, 아주 작은 차이(임상적으로는 아무런 의미가 없는 차이)라도 통계적으로는 의미 있는, 즉 p<0.05가 될 수도 있습니다. 예를 들어 기존의 수술법과 최소침습 수술법의 출혈량의 차이는 50cc이며, 이는 수술 후 혈액 검사를 한 번 하는 정도밖에 안 되는 작은 차이이므로 임상적으로 의미가 없지만, p<0.05가 될 수도 있습니다. 샘플 수가 아주 많아지면 그런 경향을 더 보입니다.

그러므로 비열등하다/동등하다는 것을 보인다고 할 때, '얼마까지'의 차이는 임상적으로 의미 없는 차이라는 임상적 판단이 포함됩니다. 이 '얼마까지'를 '비열등성 한계(non-inferiority limit or margin)'라는 말로 부르게 됩니다. '임상적'이라는 말은 '통계적, 수학적으로 계산할 수 없는, 임상 전문가들이 정해야만 하는'이라는 의미를 포함합니다.

또 다른 면에서의 필요성도 있습니다. 약과 수술 기구의 발달로 최근의 임상 결과는 상당히 좋아졌습니다. 약과 수술 등 의학적인 치료로 얻을 수 있는 거의 최대한의 효과를 이미 얻었는지도 모릅니다. 나머지 부분은 환자의 유전적, 생활습관적인 요인 등에 기인하는 부분이 많습니다. 이러한 '천장효과' 때문에 더 이상 더 우수한 약과 수술 기구를 개발한다는 것이 거의 힘들고, 발전 방향이 부작용을 줄이는 쪽으로 맞춰지는 경향이 있습니다. 부작용이 줄어드는 것, 즉 가격이 더 싸거나, 비침습적이라거나, 복용이 편리하다거나 하는 것은 (아닌 경우도 있지만) 굳이 통계적 증명이 필요 없는 뻔한 내용인 경우가 많습니다. 그렇기 때문에 효과면에서만 비열등/동등하다면 새로운 치료가 우수하다는 것이 자명하므로 이런 방향의 연구(비열등성 연구)가 점점 더 많이 필요하게 됩니다.

가장 흔히 볼 수 있는 것으로 copy drug(generic drug)의 경우인데, 기존의 우수한 외국 약물과 동일한 성분의 국내 약을 개발하는 경우 등이 전형적인 비열등성 연구의 예입니다.

요약하면, 비열등성/동등성 연구는 꼭 필요하며, 단순히 p가 0.25이기 때문에 차이가 없다고 말할 수는 없습니다. 적절한 비열등성/동등성 연구를 위해서는 충분한 샘플 수를 가지고, 비열등성 한계를 미리 정해두고 연구해야 합니다.

비열등성 연구의 해석

'비열등성 한계'가 중요한 지침이 됩니다.

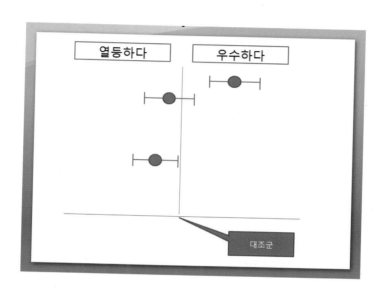

이전에 오즈비 등을 배우면서 이런 그림을 보았을 것입니다. 만일 오즈비 등이라면, 세로선은 대조군에 해당하는 1이 될 것이고, t-test 등에서는 기준이 0이 될 것입니다만, 어쨌든 대조군을 기준으로 잡을 때, 오른쪽으로 있을수록 신약이 우수하다고 합시다. 그런데 그림에서처럼 우수한 경우와 열등한 경우는 모두 기준선을 포함하지 않게 되고, p<0.05이며 우수한지 열등한지는 그림을 보면 알 수 있습니다.

그리고 p>0.05라면 기준선을 걸치게 되므로 p값만으로, 또는 95% CI값만으로 우위성을 검정할 수 없게 됩니다. 이 경우 보통 두 군의 차이가 없다는 식으로 잘못된 결론을 내는 경우가 많지만, 앞서 설명드렸듯이 샘플 사이즈가 작으면 얼마든지 p>0.05가 될 수 있으므로 진짜 결론은 '결론 내릴 수 없다'가 됩니다.

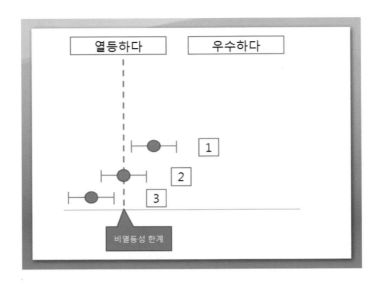

'비열등성 한계'를 기준으로 보면, 역시 비슷한 말을 할 수 있습니다. [1]은 비열등성 한계를 지난 것이므로 비열등한 것이고, [3]은 열등한 것입니다. 한편 [2]의 경우에는 결론을 낼 수 없습니다. 앞선 설명과 유사합니다.

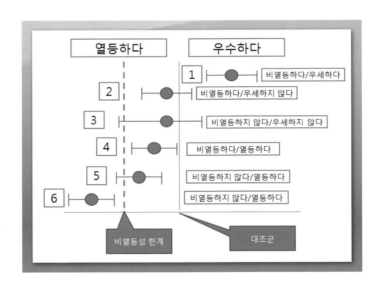

이제 이 두 경우를 합쳐서 설명할 때가 되었습니다. 당연히 비열등성 한계는 보통 기준(대조군)보다 아래쪽(열등한 쪽)에 위치하게 됩니다. 이제 글 읽기를 멈추고 [1]번부터, [6]번까지의 경우와 각각의 설명(오른쪽의 파란 상자)을 충분히 살펴보시기 바랍니다.

[1]은 비열등하면서 동시에 우수한 경우로 $p<0.05$이면서 비열등성 검정을 했는데, 다행스럽게도 우수하다는 것을 덤으로 알게 된 경우입니다. 비열등성 검정은 이런 경우가 가능하므로, 동등성 검정보다 더 많이 사용되는 것 같습니다.

[2]와 [4]는 모두 비열등성 검정의 가설을 이룬 것으로 비열등한 것입니다. 각각 p값은 0.05보다 크고, 작겠지만, 이때의 p값은 중요한 의미가 없습니다.

[3]의 경우는 이도 저도 아닌, 결론이 없는 경우로 샘플 수가 부족한 경우라고도 생각할 수 있습니다.

비열등성 검정의 이해가 없는 경우에는 [4]의 경우가 못마땅할 수 있습니다. '분명히 열등한데, 열등하지 않다니 무슨 말이야'라고 말입니다. 이런 경우가 앞서 예를 든 것처럼 통계적으로 의미 있는 출혈의 차이가 있었는데 그 차이가 50cc라서 임상적으로는 의미가 없다고 판단하는 경우입니다.

[5]의 경우에는 비열등성 검정으로서는 결론이 없는 경우로 우위성 검정으로서는 열등한 경우입니다.

[6]의 경우는 결론적으로 열등한 경우입니다.

만일 비열등성 한계를 아예 처음부터 정하지 않았다면(즉 우위성 검정이라면) 비열등하다는 결론은 나오지 않습니다.

비열등하다는 말속에는 '에이, 괜히 우수하지 않으니까 비열등하다는 말로 넘어가려는 거지. 뭔가 좀 부족한 듯한 냄새가 난다.'라고 생각할 이유가 전혀 없습니다. 위의 예에서 보듯이 어떤 경우는 더 우수한 것도 포함된 개념입니다. 순전히 문자적, 숫자적으로 열등하지 않다(때로는 우수할 수도 있다)는 것을 포함한 개념이므로 그 말 때문에 뭔가 꿍꿍이가 있는 듯이 느낄 필요는 없습니다.

많은 가이드라인들이 있지만, 한글로 된 〈임상시험계획서 및 결과보고서의 통계적 고려사항(식품의학품안전청, 11-1470000-002426-01)〉의 20쪽을 보면, "활성 대조 연구가 시험약과 활성 대조약 간의 동등성(비열등성)을 입증하기 위한 것이라면, 중요한 평가변수에 대한 두 약제 간의 비교에 대한 신뢰 수준을 제시하고, 이 신뢰 수준에 의한 신뢰구간과 미리 정의한 동등성(비열등성) 구간과의 관계를 기술하여야 한다."라고 되어 있습니다. '동등성(비열등성) 구간'은 미리 제시되어야 합니다. 이 자료는 무료 PDF로 검색 가능하므로 찾아보면 좋습니다. 그 외에 우리말로 된 참고할 만한 내용으로는 〈식품의학품안전청-비열등성 허용한계 설정 시 고려사항(2009.6)〉도 좋습니다.

비열등성 한계의 설정

비열등성 한계는 필수적이라는 이야기를 했고, 통계적으로, 또 임상적으로 결정된다고 이야기했습니다. 비열등성 한계를 너무 후하게 잡으면 새로운 약들은 모두 비열등하다고 결론이 나겠죠. 그렇다고 비열등성 한계를 너무 좁게 잡으면 비열등성 검정의 의미가 없어집니다. 그렇기 때문에 '비열등성 한계(non-inferiority limit or margin)'를 정하는 것은 중요한 문제입니다. 이것만 연구하는 사람들도 있기 때문에 우리 같은 임상가는 누군가 만들어둔 것을 사용하는 것이 속 편합니다.

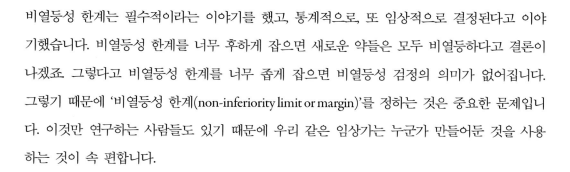

	Year	Authority	Estimation	MID, Reference
Anti-microbial	1992	FDA	Response rate	Absolute Risk Difference 10–20%1 (FDA, 1992)
	1997	Committee for Proprietary Medicinal Products	Response rate	Absolute Risk Difference 10% (CPMP, 1997)
Urinary tract Infections	1998	FDA	Response rate	Absolute Risk Difference 15% (FDA, 1998)
Anti-epileptic	1998	International League Against Epilepsy	Response rate	Absolute Risk Difference 20% (Anonymous, 1998)
Vaccines	1999	Committee for Proprietary Medicinal Products	Protection rate	Absolute Risk Difference 10% (CPMP, 1999)
Anti-retroviral	1999	FDA	Success rate[1]	Absolute Risk Difference 10% (FDA, 1999)
Thrombolytics	2000	FDA	Short-term mortality	Relative risk 1.14 (FDA, 2000)
Anti-inflammatory and anti-rheumatic drugs	1988	FDA	Amelioration (quantitative)[2]	Ratio 0.6 (FDA, 1988)
Dentistry	1995	American Dental Association	Deterioration (quantitative)[2]	Ratio 1.1 (Proskin et al., 1995)
Anti-hypertensives	1998	Committee for Proprietary Medicinal Products	Reduction of diastolic BP	Difference 2 mm Hg (CPMP, 1998)

예를 들어, 고혈압 치료제의 경우 기존 약과 확장기 혈압 축소를 비교하여 2mmHg까지 (CPMP 1998)를 기준으로 백신의 경우에는 방어율의 차이를 10%(CPMP 1999) 등으로 정한 것과 같습니다.

위의 table에서는 다양한 기준들을 보여주고 있는데, Agency for Healthcare Research & Quality (AHRQ)라는 미국의 정부기관에서 발행한 "Assessing Equivalence and Non-Inferiority"라는 PDF의 11쪽에 있는 표에서 따왔습니다. 검색하면 무료로 볼 수 있습니다만 이는 상당히 오래된 기준들입니다. 실제 논문을 쓸 때는 최신 기준들이 제시되어 있는지 검색해보는 것이 좋겠습니다.

문제는 이런 기준이 없는 경우입니다. 모든 경우에 기준을 만들어놓지도 않았을 뿐더러, 기준 자체를 정하는 기준도 아직 계속 연구되어야 할 분야이기 때문입니다.

기준을 정하는 데에는 대략 세 가지 방법이 있습니다. 키를 기준으로 한다면, ① 대조군에 비해서 5cm 작은 값, ② 대조군의 95%에 해당하는 값, ③ 대조군과 음성대조군 간격을 고려하여 결정하는 법 등이 있습니다. ③에 대해서 조금 더 설명하면, 양성대조군인 기존의 약은 100점, 음성대조군인 위약은 50점이라면, 그 차이인 50점의 90% 지점, 즉 95점을 기준으로 잡겠다는 식입니다. (이 숫자들은 모두 임의로 예를 든 것입니다.)

그런데 '왜 그런 숫자를 잡았느냐'고 심사위원이 물어본다면 사실 수학적인 근거는 없습니다. 선행 연구가 있다든지, 기준이 있으면 가장 좋지만 그렇지 않은 경우에는 연구자의 상식에 따라 결정하는 수밖에 없고, 논문의 심사위원조차도 근거가 없기 때문에 다소 우길 수도 있겠지요.

분명한 것은 연구를 시작하기 전, 첫번째 피험자를 모집하기 전에 이 margin을 정해두어야 한다는 것입니다. 논란을 피하기 위해서는 학회 등에서 적절한 가이드라인을 만들 필요가 있습니다.

예제들

지금까지는 다소 이론적인 이야기를 했습니다. 직접 예제를 보면 더 이해가 쉬울 것입니다. 특히 통계법마다 달라지는 부분이 있으므로 더욱 그러합니다.

예제에는 맞는 부분도 있고, 틀린 부분도 있습니다. 일반적인 내용도 있고, 특수한 내용도 있습니다. 다양한 예제들을 다루다 보면 어느덧 이해가 깊어질 것입니다.

예제1: t-test

1. 요약

우리나라의 한 신약이 어떻게 비열등성 검정을 하였고 KFDA를 통과하였는지 살펴보는 것은 이해를 도울 뿐 아니라, 동일하게 KFDA를 통과하고자 하는 독자가 있다면 도움이 되리라고 생각됩니다.

〈한국인 제2형 당뇨병환자에서 Mitiglinide의 유효성 및 안전성 평가: 전향적, 무작위배정, 다기관 비교 3상 시험〉을 보도록 하겠습니다. 무료 PDF를 검색할 수 있으므로 찾아서 함께 보면서 공부하는 것이 좋을 것 같습니다.

요 약

연구배경: 미티글리나이드는 메글리티나이드 계열 약물로, 제2형 당뇨병환자에서 식후 조기 인슐린분비를 증가시킴으로서 식후 혈당 상승을 억제할 수 있는 약제로 기대되고 있다. 본 연구는 한국인 제2형 당뇨병환자에게서 유효성과 안전성이 입증되어 있는 나테글리나이드를 대조약으로 하여, 미티글리나이드의 유효성과 안전성에서의 비열등성을 입증하고자 시행되었다.

우선 '요약'에서 비열등성 연구임이 나타납니다. 그런데 영문 abstract에서는 나타나지 않았습니다.

Abstract

Background: Mitiglinide, one of the meglitinides, is expected to prevent postprandial hyperglycemia of type 2 diabetes by enhancing early phase insulin secretion. The aim of this study was to verify the efficacy and safety of mitiglinide compared to nateglinide.

Methods: One hundred eleven of diabetic patients were randomised and administered of mitiglinide (n = 56) and nateglinide (n = 55) before a meal time for 12 weeks. The changes of HbA1c, fasting plasma glucose (FPG) and postprandial plasma glucose (PPG) were analyzed. The safety of this drug was investigated as well.

Results: The change of HbA1c was not significantly different between two groups (-0.77 ± 1.08% in mitiglinide vs. -0.66 ± 0.79% in nateglinide, P = 0.57). The reduction of FPG (-12.2 ± 25.0 mg/dL vs. -6.1 ± 22.3 mg/dL, P = 0.218), PPG 1 hr (-48.0 ± 47.1 mg/dL, vs. -29.4 ± 43.2 mg/dL, P = 0.051), and PPG 2 hr (-59.2 ± 58.0 mg/dL vs. -43.3 ± 59.0 mg/dL, P = 0.194) were not significantly different between the mitiglinide and the nateglinide, respectively. Drug-related adverse effects were not different between two groups (16.1% in mitiglinide vs. 27.8% in nateglinide, P = 0.137). The frequency of hypoglycemic events were not different between two groups (8.9% in mitiglinide vs. 14.8% in nateglinide, P = 0.339). There were two patients who had complained shoulder pain in the mitiglinide or deterioration of visual acuity in the nateglinide, but those were found to be unrelated with medications.

Conclusion: This study showed that mitiglinide had reduced HbA1c as similar to nateglinide and that significantly improved HbA1c, FPG and PPG during 12 weeks of treatment. The safety of mitiglinide was also comparable to nateglinide. Mitiglinide could be used as an effective glucose-lowering agent by enhancing early insulin secretion and reducing postprandial glucose excursion, and thereby might contribute long-term cardioprotective effect in Korean type 2 diabetic patients. **(J Kor Diabetes Assoc 31:163~174, 2007)**

CONSORT의 extension(2006)인 비열등성 검정에 보면, 제목, 또는 초록에 '비열등성'에 대한 언급을 하도록 되어 있습니다. 대신하는 영어 단어로 '차이가 없었다', '비슷했다', '비교할 만하다' 등의 표현이 있는데, '비열등하다'라고 하는 것이 더 정확한 표현일 것이고, 가능하면

제목에 비열등성 연구임을 밝히는 것이 좋습니다. 이 논문은 2007년에 나온 것으로 그래도 상당히 CONSORT의 원칙에 맞게 되어 있습니다.

본문에는 '목적이 비열등성을 밝히는 것'이라고 되어 있습니다.

TITLE & ABSTRACT

How participants were allocated to interventions (e.g., "random allocation", "randomized", or "randomly assigned"), specifying that the trial is a non-inferiority or equivalence trial. (CONSORT)

2. 샘플수의 계산

비열등성 검정은 보통의 우위성 검정과 샘플 수의 산정 공식이 다릅니다. 우선 본문을 살펴 보도록 하겠습니다. 비열등성 한계까지 고려하여 샘플 수를 미리 계산합니다.

1) 대상자 수 산출 및 근거

본 임상시험은 다기관 공동 임상시험의 방법으로, 유효성 비교평가가 가능한 각각 42명씩 전체 84명을 목표로 20%의 탈락률을 고려하여 각 군당 50명씩 전체 100명의 피험자를 대상으로 임상 시험을 진행하였다. 본 임상시험의 목적은 유효성 평가의 주 평가항목인 HbA1c의 변화치에서 시험약이 대조약에 비해 떨어지지 않는다는 비열등성(동등성)을 입증하는 것이었다. 대상수 (sample size)는 미티글리나이드의 일본 2상 임상시험에 근거하여 산출하였는데 이 시험결과에 의 하면 위약 및 미티글리나이드 5, 10, 20 mg을 12주간 투여 시 HbA1c의 변화치는 투여 전에 비해 각각 0.49 ± 1.41, -0.22 ± 0.96, -0.35 ± 1.03 및 -0.38 ± 1.03를 나타내었다. 국내 제2형 당뇨병 혈당강 하제 임상시험 평가 지침에서는 비열등성의 판단기준을 시험약과 대조약 간의 평균 HbA1c 차이 의 95% 신뢰구간의 상한선이 0.6% 보다 작을 것으로 규정하고 있으므로 두 군 간에 차이가 있 다고 인정할 Δ(d)를 0.6, SD (S)는 1.1로 가정하여 다음과 같이 필요한 대상수를 산출하였다. 유의 수준은 5%, 검정력은 80%로 하였을 때 최종 평가례(n)는 각 군당 42명씩 전체 84명으로 산출되 었고, 계획서 위반례 등을 20% 정도로 고려하여 각 군당 50명씩 전체 100명의 피험자를 대상으 로 임상시험을 진행하였다.

여기까지가 대상수 산정 부분이며, 이어서 매우 친절하게 공식까지 표시하였습니다.

$$n = \frac{(Za + Z\beta)^2 \times S^2 \times 2}{d^2}$$
$$= \frac{(1.645 + 0.84)^2 \times 1.1^2 \times 2}{0.6^2} = 41.5$$

우선 primary outcome이 12주간 투여 시 HbA1c의 변화치이며, 이것은 연속변수로서 학회에서 제시된 기준이 0.6이므로 0.6% 보다 작을 것으로 규정하고 이것을 사용하기로 합니다. 실험군은 미티글리나이드 10mg이고 이것의 선행 연구인 일본 실험에서 결과는 −0.35 ± 1.03이었습니다. 대조군인 나테글리나이드에 대한 선행 연구의 결과나 pilot study의 결과는 없으며, 그냥 미티글리나이드의 결과를 사용하기로 한 것 같습니다. 실제로 비열등성 연구에서는 두 군의 평균이 같고 표준편차도 같다는 전제하에 이렇게 할 수도 있고, 또 각각의 값을 이용하여 계산할 수도 있습니다.

비열등성 연구를 위한 샘플 사이즈 계산을 위해서, http://www.sealedenvelope.com/power/를 방문해보겠습니다.

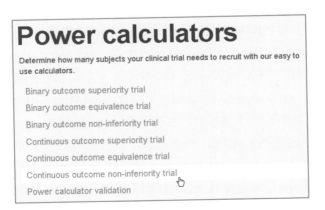

이 중에서 'Continuous outcome non-inferiority trial'을 클릭합니다.

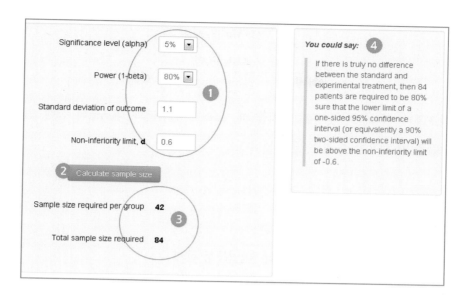

❶에 조건을 입력하고 ❷를 클릭하면, ❸에 결과가 보입니다. 논문에서의 결과와 같이 한 군에 42명씩 필요하다고 동일하게 나왔습니다. ❹에서는 논문에 쓸 수 있는 문장을 보여주고 있습니다. 그런데 이 문장이 보통 보는 논문보다 상당히 길고 자세한 편입니다.

Technical note

Calculation based on the formula:

$$n = f(\alpha, \beta) \times 2 \times \sigma^2 / d^2$$

where σ is the standard deviation, and

$$f(\alpha, \beta) = [\Phi^{-1}(\alpha) + \Phi^{-1}(\beta)]^2$$

Φ^{-1} is the cumulative distribution function of a standardised normal deviate.

아래쪽에는 사용된 공식이 나오는데 논문에 나온 것과 같은 공식입니다. 이 공식은 상당히 단순화된 공식으로 좀 더 복잡한 경우에 사용되는 공식을 살펴보겠습니다.

$$n_c = \frac{(1+\lambda)\sigma^2(Z_\alpha+Z_\beta)^2}{\lambda\,(\mu_c-\mu_t-d)^2}$$

이것은 대조군과 실험군의 숫자를 달리할 때, 그리고 실험군과 대조군의 선행 연구에서의 평균이 달랐을 때 사용할 수 있는 공식입니다.

n_c = 대조군의 샘플 수

λ = 실험군 샘플수/대조군 샘플수; 보통은1

μ_c-μ_t-d = 대조군의 평균-실험군의 평균- 비열등성 한계

한편, 여기서의 σ는 두 집단 공통의 표준편차로서 아래와 같은 공식으로 구할 수 있습니다.

공통 표준 편차= σ

$$\sigma^2 = \frac{(N_u-1)\,\sigma_u^2+(N_t-1)\,\sigma_t^2}{(N_u+N_t-2)}$$

공통의 표준편차라고 할 수 있고, pooled standard deviation between two groups라고 할 수도 있습니다.

이렇게 pilot study를 충분히 잘 한 경우에는 이 공식들을 사용할 수 있는데, 다소 계산하기 힘들 것 같아서 엑셀로 공식을 넣어서 http://cafe.naver.com/easy2know/6259에 첨부하여두었습니다.

공통표준편차	group	숫자		표준편차	공통표준편차
	1군	23		14	16.6883
	2군	23		19	

표에서 노란 칸에 숫자를 입력하면 빨간 글씨로 구해집니다.

예에서처럼 평균차 0, 표준편차도 1.1, 비열등성 한계를 0.6으로 하였더니 샘플 수가 41. 56으로 나왔습니다. ❶의 값은 위의 웹사이트에서 구해준 값과 같습니다. 엑셀 파일은 추적소실률을 추가적으로 계산할 수 있습니다. 추적소실률 0.2를 입력하면, 각 군에 52명씩 필요함을 보여줍니다. ❸에는 공식이 나와 있습니다.

이 엑셀 파일은 우위성, 동등성, 비열등성 검정을 한눈에 볼 수 있고, 우측에 계산식이 표시되어 편리합니다.

이 논문에서 왜 표준편차를 1.1로 했을까요? 본문을 보면 위약과 5mg, 10mg, 20mg, 3군의 표준편차가 각각 1.41, 0.96, 1.03, 1.03이라고 하였는데, 이들 네 값의 평균이 1.1075이기 때문일 것이라는 생각이 듭니다. 사실 실험은 10mg을 복용하였기 때문에 굳이 이들 4군의 평균을 내는 것이 의미가 있을까 싶기는 합니다.

평균차는 0으로 하였는데, 보통 비열등성 검정에서는 흔히들 0으로 합니다. 만일 선행 연구에서 실험군이 대조군보다 성적이 0.4점 우수했다면 평균차에 −0.4점을 넣게 되고, 필요한 숫자는 19명으로 줄어듭니다.

실험군:대조군 비율	alpha	beta	표준편차	평균차	비열등성 한계	샘플수	추적소실율	순응도		대조군	실험군
1	0.05	0.2	1.1	-0.4	0.6	14.9618	0.2	1		19	19

실험군:대조군 비율	alpha	beta	표준편차	평균차	비열등성 한계	샘플수	추적소실율	순응도		대조군	실험군
1	0.05	0.2	1.1	0.4	0.6	374.045	0.2	1		468	468

만일 선행 연구에서 실험군의 평균이 대조군보다 0.4점 낮았다면, 한 군당 468명이 필요하게 되어 확 달라집니다. 이처럼 비록 많은 비열등성 연구가 평균차를 그냥 0으로 계산하기도 하지만, 가급적 알 수 있는 자료를 활용해야 적절한 연구를 계획할 수 있습니다. 보통 평균차가 비열등성 한계보다 더 낮은 경우는 비열등성 검정도 잘 안하지요. 열등할 것이 예상되니까요.

$$n_c = \frac{(1+\lambda)\sigma^2(Z_\alpha + Z_\beta)^2}{\lambda(|\mu_c - \mu_t| - d)^2}$$

간혹 이렇게 공식을 써 둔 경우가 있는데, 이 공식대로 하면 예비 실험에서 실험군이 더 우수하게 나온 경우나 열등하게 나온 경우나 평균차에 절대값을 씌워서 차이가 없어집니다. 따라서 이 공식은 바람직하지 않다고 생각합니다.

추가로 이 챕터에 나오는 예제3을 보면 one-sided significance level of 0.025(the equivalent of a two-sided significance level of 0.05)라고 되어 있습니다. 우위성 검정은 거의 대부분 a two-sided significance level of 0.05인 경우가 많지만, 비열등성 검정은 일측 검정(one-sided)이 원칙적으로 맞기 때문에 one-sided significance level of 0.025라고 하는 것이 더 맞고, 샘플 수 계산에서도 alpha 칸에 0.025를 넣는 것이 맞습니다. 즉, two-sided significance level of 0.05라고 해도 0.025를 넣어야 하는데, 예제1과 2에서는 일측 검정, 양측 검정에 대한 언급이 없고 매끄러운 진행을 위해 임시적으로 one-sided significance level of 0.05로 간주하여 진행합니다. 예제 4에는 two-sided significance level of 0.05라고 되어 있는데, 이는 one-sided significance level of 0.025와 같은 것으로 간주하여 alpha에는 0.025를 입력하였습니다.

3. 무작위 배정과 가림

COSORT에서는 비열등성 검정에서도 동일하게 무작위 배정과 가림 등에 대해서 자세하고 명확하게 설명하고 있고, 아래의 표는 CONOSROT의 무작위 배정에 관한 부분을 뽑은 것입니다. 이 논문은 이 영역에 대해서는 한 글자도 언급하고 있지 않습니다.

SECTION And topic	item	Descriptor
Randomization -- Sequence generation	8	Method used to generate the random allocation sequence, including details of any restrictions (e.g., blocking, stratification)
Randomization -- Allocation concealment	9	Method used to implement the random allocation sequence (e.g., numbered containers or central telephone), clarifying whether the sequence was concealed until interventions were assigned.
Randomization -- Implementation	10	Who generated the allocation sequence, who enrolled participants, and who assigned participants to their groups.
Blinding (masking)	11	Whether or not participants, those administering the interventions, and those assessing the outcomes were blinded to group assignment. If done, how the success of blinding was evaluated.

4. 평가 항목

1차 평가항목(primary outcome)은 일반적으로 하나여야 하고, 연구시작 전에 확정되어야 합니다. 여기서는 시험약 투약 전 및 투약 종료 시에 측정한 HbA1c 변화치입니다.

> **1) 유효성 평가**
> 본 연구에서 시험약의 유효성 평가항목은 1차 평가항목으로 시험약 투약 전 및 투약종료 시에 측정한 HbA1c 변화치로 하였다. 검체는 관찰기간 (-8주~-4주), 투약 전 (-2일~-1일) 및 시험기간 (약물투여 4주, 8주, 12주)동안 각 시험 실시 기관에서 원내 분석을 실시하였고 별도로 집중 수합하여 재분석하였으며 별도로 수합하여 분석한 측정값을 보고하였다. 2차 평가항목으로 시험약 투여종료 후의 HbA1c 개

여기에서는 마치 4주, 8주, 12주 모두 평가하고 비교하는 것이 1차 평가항목인 것처럼 표현되어 있습니다만, 실제로는 다 조사하더라도, 1차 평가항목은 12주치 결과임을 분명히 밝혀야 합니다. 이것은 우위성 검정이나 비열등성 검정이나 마찬가지입니다.

왜냐하면 1차 평가항목이 명확하지 않은 상태에서 다양한 평가항목을 조사하다보면 저자가 원하는 결과의 것만 취할 수도 있기 때문입니다. 그래서 이를 꼭 사전에 밝히도록 되어 있습니다. 만일 12주치의 값이 열등하게 나왔는데, 마침 8주의 것은 비열등하게 나왔고, 미리 정해두지 않았다면 저자는 유리한 결과만 보고할 수 있기 때문입니다. 그 외 다른 모든 결과들은 조사하지 않는 것이 아니라 2차 평가항목으로 넣어서 분석하면 됩니다.

5. 통계분석 방법

본 임상시험은 일반적으로 적용되는 연구방법론(research methodology)과 통계방법론(statistical methodology)의 원칙을 따랐다. 수집된 자료는 평균 ± 표준편차로 기술되었으며, intent-to treat (ITT) 및 per protocol(PP) 분석기법을 적용하였다. ITT 분석은 시험약을 1회 이상 투여 받고 투여 전후의 HbA1c 측정치가 있는 모든 환자를 대상으로 하였고, PP 분석법은 ITT 분석법에 대상 환자 중 임상시험 계획서대로 완료한 환자—시험약을 8주 이상 투여받았고 80% 이상의 복약 순응도를 만족하였던 환자 중 정해진 방문일정(각 방문일 ± 5일)을 준수하였으며 측정치가 있었던 증례—를 대상으로 하였다. 유효성 평가에 대한 자료는 PP 분석법을 주 분석법으로 하였고, 안전성에 대한 평가는 ITT 분석법을 적용하였다. 이외의 통계분석에서는 자료의 측정수준, 분포형태, 상관관계에 따라서 이분형 변수의 경우에는 chi-square test 또는 Fisher's exact test를 이용하였고, 연속형 변수의 경우는 t-test를 적용하였다. 통계결과의 유의수준은 P값을 0.05 미만으로 하였다.

본문에는 이렇게 설명하고 있습니다. 자세히 관찰해봅시다. intent-to treat (ITT)은 '배정된 대로' 통계처리 하는 것으로 중간에 약을 자주 잊어 버린 사람도 포함되는 것입니다. 이 연구에서는 한 번이라도 약을 복용한 사람은 ITT에 포함된다고 하였군요. 원칙적인 의미에서는 변형된 ITT라는 것을 이제는 아실 것입니다. 한편 per protocol(PP)은 '계획서대로' 시행한 사람을 통계처리하는 것으로 80% 이상 약을 복용한 사람을 대상으로 한다고 합니다.

어떤 차이가 있을까요? 어떤 대상이 부작용이 때문에 중단하였다면 ITT에는 포함될 것이고, PP에는 포함되지 않을 것입니다. 그러므로 안정성을 보는 것에는 ITT를 해야 하겠습니다. 환자들이 효과가 있다고 생각되면 계속 투여할 가능성이 높고, 효과가 없다고 생각되면 투여를 중단할 가능성이 높습니다. 만약 PP군만 하게 된다면 효과 있는 사람들끼리만 비교하게 될 가능성이 높습니다. 그래서 진짜 효과가 있는지 비교하려고 할 때는 ITT군으로 하는 것을 기본으로 합니다. 그런데 비열등성 검정을 할 때는 반대로 PP 방법을 써야 보수적이 됩니다. 어떤 방향이든 보수적인, 즉 귀무가설이 유리한 쪽을 채택하는 것이 기본적인 입장입니다.

ITT	우위성 검정의 기본
PP	비열등성 검정의 기본

대충 이렇게 요약할 수 있겠군요. 그렇지만 만일 ITT와 PP의 결과가 다르다면, 즉 p값의 차이가 많이 난다면 이는 추적소실이 많다는 것을 의미하고, 둘 사이의 결과가 같아야 좋은 연구라고 할 수 있습니다.

그리고 연구를 시작하기 전에 어떤 대상을 ITT로 할 것인지, PP로 할 것인지 명확히 기술하여야 합니다.

6. 결과 1

결과의 1번 그림에는 거의 항상 CONSORT chart가 나옵니다.

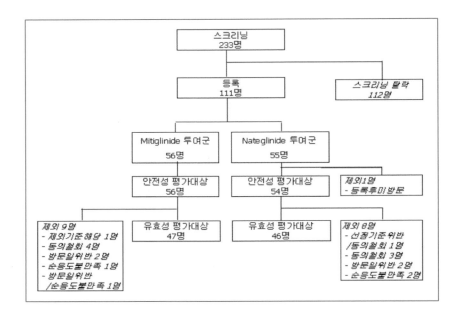

그림의 경우에는 영어로 쓰도록 한 잡지가 많은데, 아마도 이 잡지는 한글로 쓰도록 되어 있었나 봅니다. 우리가 이해하기는 훨씬 좋습니다. '안정성 평가대상'이 ITT군이고, '유효성 평가 대상'이 PP군인데, ITT, PP를 언급하는 논문도 있습니다.

Table 1. Clinical characteristics of subjects with type 2 diabetes mellitus			
	Mitiglinide (n = 47)	Nateglinide (n = 45)	P value
Sex (Male : Female, %)	42.6 : 57.4	39.1 : 60.9	0.74
Age (years)	53.5 ± 8.9	53.9 ± 8.6	0.84
Duration of diabetes mellitus (years)	3.1 ± 2.8	2.8 ± 2.7	0.62
Body mass index (kg/m²)	24.6 ± 2.8	25.2 ± 3.2	0.34
Waist (cm)	84.6 ± 8.3	86.0 ± 6.2	0.38
Systolic blood pressure (mmHg)	121.4 ± 14.6	124.7 ± 13.2	0.25
Diastolic blood pressure (mmHg)	74.4 ± 8.0	78.4 ± 8.2	0.02 ❶
HbA1c (%)	7.9 ± 1.1	7.6 ± 0.8	0.18
Fasting blood glucose (mg/dL)	157.0 ± 32.1	145.5 ± 23.5	0.05 ❷

대부분 table 1에서는 시작 상태에서의 양 군을 비교하여 baseline character 표를 제시하고, p 값은 보통 0.05보다 크게 됩니다. 무작위로 배정되었기 때문입니다. 그런데 두 항목❶❷에서 차이가 있고, 특히 FBS❷의 경우에는 당뇨병을 대상으로 하는 연구에서 p값이 작습니다. 앞서 우위성 검정에서도 다루었지만, 이것은 multiple test에 의해 우연히 발생한 것으로 간주할 수 있습니다. 무작위 배정이 잘 되었다면 말이죠. 이 연구의 경우는 무작위 배정에 대해 언급이 전혀 없으므로 조금 찜찜하긴 합니다. 연구 계획서에는 t-test를 하기로 하였기 때문에 t-test를 기반으로 하지만, ANCOVA를 하면서 이 두 변수의 보정을 시도해보는 것도 고려해볼 수 있을 것 같습니다.

Address multiplicity by reporting any other analyses performed, including subgroup analyses and adjusted analyses, indicating those pre-specified and those exploratory.

CONSORT에서는 비열등성 검정에 대해서도 이 부분을 분명히 하고 있습니다. 만일 우리가 ANCOVA를 시행한다면 앞서 배웠던 것처럼 multiplicity problem이 발생하므로 이에 대해서 분명히 해야 합니다.

한편 이 표에서도 비열등성 연구이기 때문에 PP를 기본으로 해서 두 군이 47, 45명이라는 것을 알 수 있습니다.

HbA1c 변화치와 개선율

미티글리나이드와 나테글리나이드를 투약한 후의 HbA1c 수치를 paired t-test로 분석한 결과, 두 군 모두에서 투약 전에 비하여 투약 후 4주, 8주, 12주 각각에서 HbA1c 측정치가 유의하게 감소하였다(Fig. 2A). 또한 미티글리나이드 투약 전과 투약 후 12주에 측정된 HbA1c 변화치의 평균은 −0.77 ± 1.08%로 independent t-test로 비교 분석하였을 때, 나테글리나이드 군의 −0.66 ± 0.79%에 비해 비열등함(비열등성의 한계치 Δ = 0.6%)이 확인되었다(P = 0.57).

primary outcome에 대해서 먼저 언급하였습니다. 앞서 primary outcome이 무엇인지 명확하게 하지 않았는데, 이 부분을 보니 12주의 값을 primary outcome으로 삼은 것임을 알 수 있습니다. '실험군의 95% CI 값은 얼마이고, 대조군의 것은 얼마이다'라는 말만 하고, 그 다음 '차이의 95% 신뢰구간'을 말해야 하는데 그런 말 없이 그냥 비열등하다고 말하고 있습니다. P=0.57이라고 한 것은 사족(蛇足)에 해당하며 필수적인 것은 빠트렸습니다.

> For each primary and secondary outcome, a summary of results for each group, and the estimated effect size and its precision (e.g., 95% confidence interval). For the outcome(s) for which non-inferiority or equivalence is hypothesized, a figure showing confidence intervals and margins of equivalence may be useful.

CONSORT에서는 차이값의 95% 신뢰구간을 표시하라고 말해주고 있습니다. 우위성 검정에서도 그러하지만 비열등성 검정에서는 더욱 그러합니다. 왜냐하면 비열등성 한계와 비교해야 하기 때문입니다. 이 논문에서는 그러지 않았죠.

Group Statistics

	treatment	N	Mean	Std. Deviation	Std. Error Mean
SCORE	drug_A	577	1717.44	924.683	38.495
	drug_B	601	1439.72	924.793	37.723

Independent Samples Test

		Levene's Test for Equality of Variances		t-test for Equality of Means					95% Confidence Interval of the Difference	
		F	Sig.	t	df	Sig. (2-tailed)	Mean Difference	Std. Error Difference	Lower	Upper
SCORE	Equal variances assumed	2.288	.131	5.153	1176	.000	277.725	53.897	171.979	383.470
	Equal variances not assumed			5.153	1174.058	.000	277.725	53.897	171.979	383.470

실제로 자료가 없기 때문에 다른 자료를 가지고 계산한 SPSS의 결과표입니다. Levene test에서 p>0.05이므로❶ 등분산성임을 가정❷하여 윗 줄을 읽어주어야 합니다. 그래서 두 집단의 평균의 차이는 277.7❸이면서 95% 신뢰구간은 (172.0~383.5)임❹을 알 수 있습니다. 그런데 이것은 차이이기 때문에 위의 표를 보고 drug A군은 평균이 1717.4이고 drug B군은 평균이 1439.7임을 알 수 있습니다❺. 결국 drug A군의 평균이 더 높다는 뜻이 됩니다.

모든 통계 프로그램이 당연히 평균차의 95% 신뢰구간을 구해주었겠지만, 논문에서는 제시하지 않고 있기 때문에 어쩔 수 없이 구해본다면, 공식은 다음과 같습니다.

$$(\overline{X}_1 - \overline{X}_2) \pm z_{\frac{\alpha}{2}} \sqrt{ \frac{\sigma_1^2}{n_1} + \frac{\sigma_1^2}{n_2} }$$

그러면 이 식을 이용하여 논문의 결과를 분석해봅시다.

		평균	95%구간	SD	n수	평균차=대조군-실험군	평균차의 SD	평균차의 95%. Lower	평균차의 95% upper	p
실험군	미티	-0.66		0.79	47	-0.11	0.1979867	-0.498053883	0.278053883	0.5785
대조군	나테	-0.77		1.08	45					

제가 만든 엑셀 파일입니다. 연두색 부분이 주어진 자료이고, 흰 부분이 계산된 평균차와 95% 신뢰구간입니다. 이것을 그래프로 그려보죠.

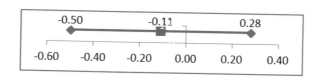

'0'으로 표시된 대조군에 비해서 '실험군'은 -0.11을 중심으로 퍼져 있습니다. 이때, 검사 수치가 HbA1c로써 -(음)으로 가야 더 우수한 것이므로, 그것을 표현해보겠습니다.

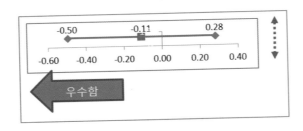

왼쪽으로 갈수록 우수한 것으로 비열등성 한계가 0.6(점선 화살표)이 되고 실험군의 분포가 비열등성 한계보다 우수한 쪽에 있으므로 비열등성이 증명되었습니다.

a figure showing confidence intervals and margins of equivalence may be useful이라고 권장하는 CONSORT의 그림이 위와 같이 표현하는 것입니다.

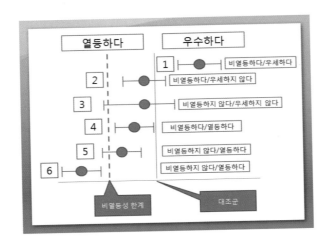

처음에 보았던 표에서, [2]에 해당하는 것이지요. 그러므로 논문에서 표현한다면, '대조군에 대한 실험군 분포의 95% 신뢰구간은 −0.50에서 0.28로 비열등성 한계인 0.6보다 우수한 쪽에 분포하므로, 비열등성을 보였다.'와 같은 문구로 작성하면 되겠습니다.

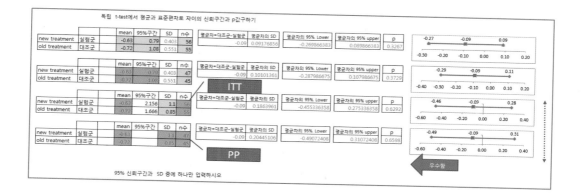

이것은 비열등성 검정을 위해서 만든 엑셀 파일로, 4번째는 47명, 45명으로 PP군을 분석한 것이고, 3번째는 56명, 55명으로 ITT군을 분석한 것입니다. 오른쪽 그래프를 비교해보면 PP 군에서 더 비열등성 한계 쪽으로 가까이 가 있는 것, 즉 더 보수적인 방향임을 알 수 있습니다. 그래서 보통 비열등성 연구에서는 PP군을 사용하는 것을 선호하는 편입니다.

통계 리뷰를 하면서 원자료 값이 없이 평균과 표준편차만 주어졌을 때, p값도 구하고, 비열등성 연구일 때는 비열등성 한계와의 관계도 구해야 하기 때문에 이런 엑셀 파일을 만들어서 사용하면 편리하겠지요. http://cafe.naver.com/easy2know/6559에 첨부해두겠습니다.

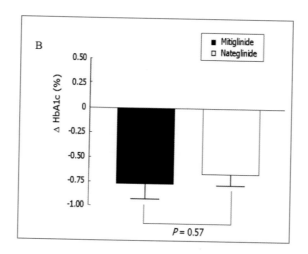

저자는 이런 그래프로 표현했습니다. 밑으로 많이 내려갈수록 더 우수한 것입니다. 만약 여기에 비열등성 한계선을 그려준다면 더 분명히 알 수 있겠지만, 다른 논문에서도 그렇게 해주지는 않는 듯합니다. 어쨌든 p값보다 더 중요한 것은 95% 신뢰구간입니다. 이 p값은 우위성 검정의 p값이기 때문에 중요성이 적습니다.

secondary outcome에 대해서는 비열등성 margin을 설정하지 않았기 때문에 p>0.05임을 보임으로써 통계적인 유의성이 없음을 반복적으로 이야기하였습니다.

---

7. ITT 분석에 의한 유효성 평가

ITT 분석에 의한 유효성 평가 결과, 전술한 PP 분석 결과와 동일한 결과를 보였다. 미티글리나이드군, 나테글리나이드군에서 HbA1c 변화치는 각각 -0.63 ± 1.10%, -0.72 ± 0.85%로 두 군 간에 통계적으로 유의한 차이가 없었고 (P = 0.627), 공복 혈당 변화치는 각각 -5.7 ± 45.2 mg/dL, -3.7 ± 30.6 mg/dL로 통계적으로 유의한 차이가 없었다 (P = 0.792). 또한 PPG 1 hr 변화치는 각각 -41.4 ± 51.8 mg/dL, -28.1 ± 46.1 mg/dL로 (P = 0.173), PPG 2 hr 변화치는 각 군에서 각각 -57.2 ± 61.1 mg/dL, -41.8 ± 61.2 mg/dL로 (P = 0.206) 통계적으로 유의한 차이는 없었다.

추가로 ITT에 의한 분석도 부수적으로 시행하여 PP에서 시행한 것과 차이가 없음을 간단히 요약하였고, 결과는 동일하다고 하였습니다. 굳이 비열등성 한계와 관련지어 그림으로 그려보면,

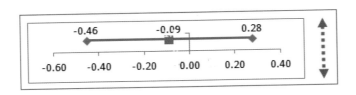

이렇게 그릴 수 있겠지요. 항상 p값이 아니라, 범위를 표현해주어야 하고, p값은 말해줄 수도 있습니다. 다른 예제를 보면서도 알 수 있을 것입니다.

8. 안전성 평가

　미티글리나이드군 56명과 나테글리나이드군 54명에 대한 이상반응을 조사한 결과, 이상반응이 발견된 대상자는 총 110명 중 42명 (38.2%)으로 미티글리나이드군에서 21명 (37.5%), 나테글리나이드군에서 21명 (38.9%)이었으며, 두 군 간 통계적으로 유의한 차이는 없었다 ($P = 0.881$). 이상반응 발현건수를 산출한 결과 모두 97건으로, 미티글리나이드군에서 48건, 나테글리나이드군에서 49건이었다. 이상약물반응이 발견된 피험자는 24명 (21.8%)으로 미티글리나이드군에서 9명 (16.1%), 나테글리나이드군에서 15명 (27.8%)이었으며, 두 군 간 유의한 차이는 없었다 ($P = 0.137$). 이상약물반응 발현건수를 산출한 결과 모두 57건으로 미티글리나이드군에서 23건, 나테글리나이드군에서 34건이었다.

또한 안전성 평가에서는 비열등성 한계를 정한 것이 아니므로, p값이 0.05보다 크다는 것을 보이는 것으로 정리하였습니다. 안정성 평가군은 56명, 54명이므로 총 110명입니다. 이 논문의 경우에는 ITT군의 정의도 약을 한 번이라도 먹은 사람으로 하였기에 56명과 54명이 되므로 안정성 평가군과 같아집니다만, 원칙적으로 ITT는 56명과 55명이죠.

다시 한번 각각의 숫자를 살펴보세요.

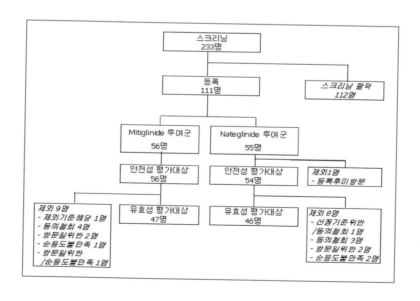

오즈비와 (상대)위험비와 위험차

앞서 보았던 309쪽의 표에서 비열등성 한계의 기준을 보면, Absolute Risk Difference, Relative risk, Ratio, Difference 등이 있었습니다. 아래 표는 그 표의 일부분만을 뽑아낸 것입니다.

	Year	Authority	Estimation	MID3), Reference
Vaccines	1999	Committee for Proprietary Medicinal Products	Protection rate	Absolute Risk Difference 10% (CPMP, 1999)
Thrombolytics	2000	FDA	Short-term mortality	Relative risk 1.14 (FDA, 2000)
Anti-inflammatory and anti-rheumatic drugs	1988	FDA	Amelioration (quantitative)2)	Ratio 0.6 (FDA, 1988)
Anti-hypertensives	1998	Committee for Proprietary Medicinal Products	Reduction of diastolic BP	Difference 2 mm Hg (CPMP, 1998)

이것들은 각각 어떤 통계법을 사용하는 것일까요? 우선 마지막 줄에 있는 Difference 2mm의 경우는 앞서 예제로 살펴본 것처럼 평균을 비교하는 t-test의 방법을 사용하는 것이 적당할 것입니다. 나머지들은 어떤 통계법을 사용하는 것일까요?

우선 Risk에 대해서 간단히 설명하지 않을 수 없군요. 앞서도 설명했지만 다시 설명하겠습니다. 특히 비열등성 검정에서 Risk를 이해하지 않으면 혼란이 있기 때문입니다.

100명의 대조군과 100명의 실험군을 추적하였더니, 대조군에서 50명이 완치되었고, 실험군에서는 60명이 완치되었기 때문에, 각각의 risk는 0.6과 0.7입니다. 여기서 Risk라고 하면 약간 안 좋은 의미가 있는 것 같지만, 부정적인 뜻은 아니고 그냥 발생할 확률이라는 의미입니다. 병이 발생할 확률은 안 좋은 것이지만, 완치가 발생할 확률은 좋은 것이죠. 양 쪽 모두 통계에서는 risk라고 부릅니다.

Absolute Risk Difference(RD)는 0.6-0.5이니까, 0.1이 됩니다. Risk Ratio(RR)는 0.6/0.5=1.2가 됩니다. 아주 간단하지요.

Odds ratio(오즈비, OR)도 아주 많이 사용되는 것입니다.

대조군의 오즈는 0.5/0.5=1이고, 실험군의 오즈는0.6/0.4=1.5이며, 이것의 비(=오즈비)는 1.5/1=1.5가 됩니다. 그래서 보통 2분변수로 나타나는 결과, 즉 '완치되었다'거나 '발병했다' 등의 경우에 이렇게 3가지 ratio가 사용됩니다. RD의 경우 0이라면 차이가 없는 것이고, OR 이나 RR은 1이면 차이가 없는 것입니다.

한편 각각의 95% CI(신뢰구간)를 구할 수 있습니다.

		result			OR	ln(OR)	SE	ln(CI)		CI	
		+	-								
exposure	+	139	10898	11037	0.57609	-0.5514858	0.10753	-0.762245	-0.34073	0.46662	0.71125
	-	239	10795	11034							
		378	21693	22071							

		result			RR	ln(RR)	SE	ln(CI)		CI	
		+	-								
exposure	+	139	10898	11037	0.58143	-0.5422615	0.10582	-0.74966162	-0.33486	0.47253	0.71544
	-	239	10795	11034							
		378	21693	22071							

"OR, RR, RD and their 0.95 CI. Jeehyoung Kim. 130429"의 한 시트입니다. 위에 노란 칸에 숫자를 입력하면 역시 나머지가 계산되는데 빨간 글씨 부분이 보통 필요한 부분입니다. 검은 글씨의 것도 계산 과정에서 나오는 숫자이며 굳이 알 필요는 없지만, 공부를 원하시는 분을 위해서 남겨두었습니다.

		result			RD	p1	p2		CI	
		+	-							
exposure	+	139	10898	11037	-0.00907	0.012594	0.02166		-0.01249	-0.00564
	-	239	10795	11034						
		378	21693	22071						

RD(Risk Difference)도 마찬가지로 쉽게 구해집니다.

앞의 표(330쪽)에서 말한 비열등성 한계에서 제시하는 ratio는 아마도 OR 또는 RR을 말하거나 혹은 둘 다를 말하는 것이라고 생각됩니다.

그리고 또 다른 경우에 오즈비와 이것의 95% CI 값을 구할 수 있습니다. 바로 logistic regression인데요. 공부를 좀 하셨다면 통계 프로그램에서 오즈비와 95% CI를 쉽게 구할 수 있을 것입니다. 한편 생존분석 중 하나인 Cox regression에서도 위험비(hazard ratio)와 이것의 95% CI를 구해줍니다. 이렇게 해서 모두 5개의 통계값과 CI값을 구할 수 있게 됩니다.

이제 이것들을 이용한 비열등성 검정의 예를 공부해보도록 하겠습니다.

예제2: 카이제곱

한글 논문으로 디자인이 깔끔하면서도 교훈을 주는 예제를 찾았습니다. 〈선택적 대장 절제술 후 예방적 항생제 투여 기간에 대한 전향적 다기관 무작위 대조 연구 : 3일 요법과 5일 요법〉이라는 제목의 무료 PDF를 볼 수 있습니다.

예방적 항생제의 사용에 관해서 '5일 이내로 하라'는 권고안이 있긴 하지만, 증거가 희박하여 저자들은 전향적 무작위 대조 연구를 계획하게 됩니다. 역시 한글로는 '비열등'이라는 말을 본문의 통계 부분에 딱 한 번 표현하고 있으나 제목과 초록도 아닌 통계의 방법 부분에서만 쓰였고, '열등하지 않'다는 말은 토론 부분에서야 쓰였습니다. 영어로는 초록의 결론에 한 번 사용하였습니다(may be not inferior). 사실 다른 예제를 봐도 제목에 쓰인 경우는 많지 않은데 CONSORT의 권고를 생각해서 앞으로는 제목에 꼭 써야겠습니다.

1. 샘플 수의 계산

본 임상연구는 예방적 항생제 3일 사용이 5일 사용보다 수술 후 감염률이 높지 않음을 증명하기 위한 비열등성 시험으로 설계되었다. 대장절제술 후 감염률은 5~30%로 알려져 있으므로, 예방적 항생제 5일 사용 시 감염률을 15%로 예상하고 3일 사용 시 감염률 상승이 10%를 넘지 않는다면 3일 사용이 5일 사용보다 열등하지 않다라고 가설을 세웠다. 유의수준을 10%로 하고 검정력을 80%로 가정했을 때 필요한 환자 수는 각 군당 115명이 필요한 것으로 나타났다. 10%의 탈락률을 고려하면 본 연구에 필요한 총 피험자 수는 250명이었다.

통계분석은 변수의 특징에 따라 chi-square 및 independent T-test로 통계적 유의성을 검정하였고 P값이 0.05 미만일 때 유의한 것으로 판정하였다.

이 내용을 바탕으로 샘플 수를 계산한다고 할 때,

카이제곱 검정 비열등성	실험군:대조군 비율	alpha	beta	대조군 발생율	실험군 발생율	비열등성 한계	샘플수		추적소실율	순응도		대조군	실험군
	1	0.1	0.2	0.15	0.15	0.1	114.95		0.1	1		128	128
				평균 발생율	0.15							합계	256

우선 대조군의 발생률은 15%, 실험군은 그와 동일한데, 비열등성 한계는 10%로 잡았습니다. 특이하게 유의수준을 10%로 잡았는데 대부분의 논문이 5%로 잡는 것을 이 논문은 10%로 잡은 것은 무슨 이유일까요?

카이제곱 검정 비열등성	실험군:대조군 비율	alpha	beta	대조군 발생율	실험군 발생율	비열등성 한계	샘플수		추적소실율	순응도		대조군	실험군
	1	0.05	0.2	0.15	0.15	0.1	157.66		0.1	1		176	176
				평균 발생율	0.15							합계	352

만일 보통 하듯이 5%로 잡으면, 이 정도가 되어 약 100명 정도가 늘어납니다. 본문에서 유의수준을 다시 0.05로 잡는다고 되어 있는데, 샘플 수 계산에서는 10%로 잡았다가 결과 계산에서는 5%로 잡는 아주 특이한 계산법이 사용되었습니다. 필요한 샘플 수를 줄이기 위해서 이런 선택을 한 것으로 보입니다.

한편 이 연구는 5일, 혹은 그보다 며칠 더 경과한 시점까지 관찰하면 창상 감염이 판단될 가능성이 많기 때문에 군이 추적소실률을 10% 정도로 과하게 잡을 필요는 없을 것 같다는 게 저의 생각입니다. 감염이 보통 15% 정도 발생한다는 것을 고려할 때, 비열등성을 보이기 위해서 비열등성 한계를 10%로 정한 것은 조금 과한(넉넉한) 것으로 보입니다. 물론 이는 다소 주관적인 의견이므로 학회 등에서 미리 정한 것이 있다면 더 좋겠습니다.

무작위 배정에 대해서는,

> 무작위 배정은 수술 방법(개복수술과 복강경 수술)과 당뇨 여부를 층화 변수로 고려하고 block size를 4와 6으로 조합한 난괴법(randomized block design)에 따라 3일 항생제 투여군과 5일 항생제 투여군을 1:1의 비율로 배정하였다.

라고 언급되어 있는데, 충분히 자세하게 기술하였습니다. 앞에서 배운 바로 충분히 이해하실 수 있으실 것입니다.

그 외 가림(blinding) 및 배정 은폐(concealment)에 대해서는 언급이 없습니다. 이 점 역시 CONSORT에서 아주 강조하는 영역입니다.

2. 결과

역시 그림1에서 기본적인 정보를 보여줍니다.

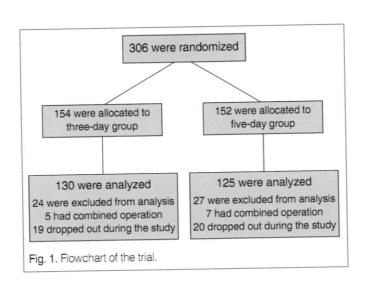

Fig. 1. Flowchart of the trial.

표1, 2에서 두 군의 상황을 잘 보여주었는데, 그림은 생략하겠습니다.

Table 3. Postoperative outcomes

Variables	3-day group (n=130)	5-day group (n=125)	P-value
Overall infection	5 (3.8)	6 (4.8)	0.708
Surgical site infection	4 (3.1)	3 (2.4)	1.000
Superficial incisional	4 (3.1)	2 (1.6)	0.684
Deep incisional	0	0	
Organ-space	0	1 (0.8)	0.490
Anastomotic leakage	2 (1.5)	0	0.498
Pneumonia	0	1 (0.8)	0.490
Urinary tract infection	0	2 (1.6)	0.239
Wound seroma	6 (4.6)	4 (3.2)	0.749
Postoperative ileus	3 (2.3)	6 (4.8)	0.327
Postoperative morbidity	12 (9.2)	19 (15.2)	0.145
Mean length of stay, day (SD)	8.2 (2.73)	8.8 (3.68)	0.127
Postoperative mortality	0	0	

Values are presented as number (%) unless otherwise indicated.

표3에서 우리가 궁금해 하는 결과가 나왔습니다.

수술 후 감염에 대한 결과를 Table 3에 제시하였다. 수술 부위 감염은 3일 요법에서 3.1%, 5일 요법에서 2.4%로 차이가 없었다(P=1.000). 문합부 누출은 3일 요법에서 2명이 있었으나 통계적으로 의미 있는 차이는 없었다. 수술 후 전체 감염에 있어서도 두 군 간에 차이가 없었다(3일, 3.8%; 5일, 4.8%; P=0.708).

저자는 p값만을 제시하여 차이가 없었다고 하지만, 앞에서도 설명했듯이 p값이 중요한 것이 아니라, 비열등성 한계를 지나는가 아닌가가 비열등성을 판단하는 근거가 됩니다. 꼭 그림을 그려줄 필요는 없지만, 그림을 그려서 생각하면 개념 잡기에 편리하며, 논문에서는 p값이 아니라, 95% 신뢰구간을 반드시 표시해주어야 합니다. 왜냐하면 대부분 p값은 0.05 이상이 나오기 때문입니다.

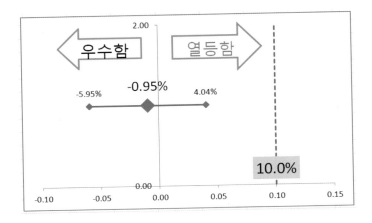

		result			RD	CI	
		+	-				
exposure	+	5	125	130	-0.01	-0.06	0.04
	-	6	119	125			
		11	244	255			

비열등성 한계	
	0.1

그래프로 그려보니 명확해졌습니다. 감염률은 +(양)일수록 열등한 것이고, 그 기준을 10%로 잡았고, 결과는 'p값도 0.05보다 클 뿐 아니라, 비열등 한계를 벗어나 우수한 쪽으로 나왔기 때문에 비열등성을 증명하였다'라고 써야 합니다. 본문에서처럼 '의미 있는 차이는 없었다'는 식으로 표현하는 것은 마땅하지 않습니다.

3. 고찰

저자들은 고찰 부분에서 이렇게 말하고 있습니다.

하지만 예상했던 것보다 실제 연구에서는 감염률이 낮았다. 5일 사용 시 감염률을 2.5%로 예상하고 3일 사용 시 5%의 감염률을 넘지 않을 때 3일 사용이 5일 사용에 비해 열등하지 않다는 조건으로 검정력을 계산하면 각 군 125명의 환자 수로는 35% 밖에 나오지 않는다. 이번 연구에서 나온 감염률을 볼 때 유의한 차이를 보기 위해 적절한 검정력을 가지려면 전체 576명의 환자가 필요하다. 이번 연구의 결과에서는 3일 사용이 5일 사용에 비해 감염률의 차이를 보이지 않았지만 열등하지 않다는 결론을 내리기에는 검정력이 약하다.

이 말을 쓰면서 저자는 얼마나 안타까웠을까요? 선행 연구의 조사 결과가 미흡했거나, 혹은 샘플 수가 너무 많아 연구가 힘들 것 같아서 샘플 수를 적게 하기 위해 감염률을 너무 높게 가정하였기 때문에 결과적으로 검정력(power)이 매우 약한 연구가 되었습니다. 이번 연구 결과의 의미가 반감된 것입니다.

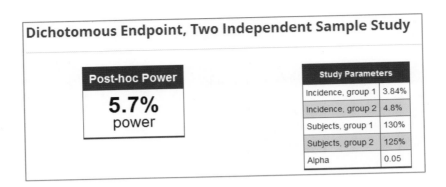

http://clincalc.com/Stats/Power.aspx에서 계산한 결과로 post-hoc power는 5.7% 밖에 되지 않습니다. 본문에선 35%라고 하였으니 차이가 큽니다. 제가 만들어둔 엑셀 계산식에서도 역시 5.7%가 나오는군요

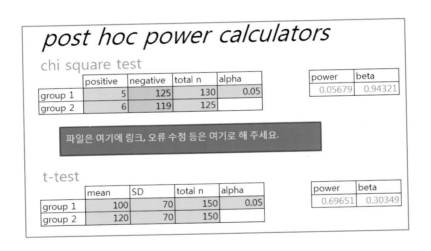

어쨌든 그동안 약 150명의 환자를 관찰해서 이렇게 power가 낮은 결과가 나온 것은 처음 샘플 수를 계산할 때 정보가 너무 적었기 때문입니다.

chi-squared test : non-inferiority	treatment : control ratio	alpha	beta	rate of success in control group	rate of success in treatment group	non-inferiority limit	sample size
	1	0.05	0.2	0.0384	0.048	0.025	426.84373
				average rate of success	0.0432		

만약에 이번 연구를 선행 연구로 삼아 다시금 연구를 한다면, 즉 발생률을 이 연구에서 나온 값으로 하고, 비열등성 한계를 2.5%로 하면 (또 유의수준도 5%로 하면) 한 군당 427명이 필요합니다.

저자들이 이것을 몰랐을까요? 제 생각에는 이러한 제한점을 알고 있었을 것 같습니다.

> 이번 연구는 검정력과 유의수준을 낮게 잡아 표본수 계산을 시행하였으며 수술 부위 감염률을 낮게 책정한 제한점이 있다. 향후 더 많은 환자를 대상으로 예방적 항생제에 대한 다양한 사용 기간별 연구가 필요할 것으로 생각된다.

고찰의 마지막에 나오는 문장입니다. 연구의 처음에 유의수준을 0.1로 잡은 것은 매우 특이한 것으로 샘플 수를 적게 하려고 의도적으로 그렇게 한 것 같다는 생각이 듭니다. 한마디로 너무 작은 샘플을 사용했기 때문에 이 연구의 결과를 신뢰할 수 없다는 후회의 마음이 느껴집니다. 제한된 환경에서 어쩔 수 없이 연구를 하려다 보니, 가급적 적은 수로 연구를 해야 했기 때문은 아닐까요? 앞으로 전개될 외국의 예제들을 보면 아마도 실감이 되실 것입니다.

부언하여 '수술 부위 감염률을 낮게'에서 '낮게'가 아니라 '높게' 책정한 잘못이 있습니다. 연구 초기에 감염 발생률을 높게 책정하였기 때문에 작은 샘플 수가 필요한 것으로 착각한 셈이죠.

예제3: Risk Difference

금연을 위해서 전통적으로 사용한 Nicotine에 비해서, Cytisine이 비열등한지를 확인하고 싶습니다[1]. 배경을 보면 위약 대비 Cytisine은 금연 성공률이 Nicotine에 비해 우수할 것이 예상되므로 whether cytisine was at least as effective as nicotine-replacement therapy in helping smokers to quit라고 되어 있습니다. at least as effective as라는 표현이 비열등성 검정의 또 다른 표현입니다.

We conducted a pragmatic, open-label, noninferiority trial in New Zealand in which 1310 adult daily smokers who were motivated to quit and called the national quitline were randomly assigned in a 1:1 ratio to receive cytisine for 25 days or nicotine-replacement therapy for 8 weeks.

초록에 나온 내용입니다. Nicotine은 8주 치료, Cytisine은 25일 치료로 blinding을 포기하고 그냥 open-label로 연구를 진행했습니다. National Quitline은 아마도 국가 시책으로 전화를 통해서 진행하는 금연 프로그램인 듯합니다. 금연을 희망하는 사람이 이곳에 전화를 걸면 등록 및 관리를 해주는 것 같습니다.

Randomization
~~ randomly allocated, by computer, to nicotine-replacement therapy or cytisine in a 1:1 ratio. Randomization was stratified with the use of minimization according to sex, ethnicity (Maori, Pacific Islander, or non-Maori and non–Pacific Islander), and cigarette dependence~~

무작위 배정은 컴퓨터를 이용해 1:1 비율로 나누었는데, 성별, 민족, 담배의존도에 따라 층화하였습니다. 그러면 무작위 배정표를 몇 개로 나누어야 할까요? 성별 2가지, 민족 3가지,

---

1_Walker, Natalie, Colin Howe, Marewa Glover, Hayden McRobbie, Joanne Barnes, Vili Nosa, Varsha Parag, Bruce Bassett and Christopher Bullen (2014). Cytisine versus Nicotine for Smoking Cessation. *New England Journal of Medicine*, 371(25), 2353–2362. doi:10.1056/NEJMoa1407764.

의존도 2가지(다음 본문에 설명될 5점을 기준으로 2개로 나눔), 총 12개의 배정표를 만들어야 합니다. 그리고 블록을 만들지 않은 것 같은 데 써두었다면 더 좋았겠습니다.

Nicotine 그룹은 nicotine patch나 gum이나 lozenges(마름모꼴 사탕)을 주었고, cytisine 그룹은 25일간 알약을 주었습니다.

> The primary outcome was continuous abstinence from smoking (self-reported abstinence since quit day, with an allowance for smoking a total of five cigarettes or less, including during the previous 7 days) 1 month after quit day.

primary outcome은 명확히 규정되었습니다. Secondary outcomes도 있지만, 생략하겠습니다.

1. 샘플 수의 계산과 PLAN

> For our sample of 1310 people (655 per group), we assumed a loss of 20 % to follow-up and a power of 90% at the one-sided significance level of 0.025 (the equivalent of a two-sided significance level of 0.05) to detect a 5 % difference in 1-month quit rates between groups. The 1-month quit rate in the cytisine group was assumed to be 55%, midway between the estimate of 60 % for varenicline8 and 50% for nicotine-replacement therapy. A noninferiority margin of difference between the group proportions was set at 5 %.

본문에 주어진 조건을 따라 엑셀 파일에 입력해봅시다.

chi-squared test : non-inferiority	실험군 : 대조군 비율	alpha	beta	대조군 발생율	실험군 발생율	비열등성 한계	표본수
	1	0.025	0.1	0.5	0.55	0.05	523.5383
				평균 발생율	0.525		

주어진 공식을 이용하여 표본수를 얻었습니다.

표본수		추적소실율	순응도		대조군	실험군
523.5383		0.2	1		655	655
				합계		1310

본문에 나온 추적소실률(loss of 20% to follow-up)을 적용하여 본문에 나온 수와 동일한 수를 얻을 수 있었습니다.

> The primary analyses were carried out on an intention-to-treat basis (participants for whom outcomes were missing were assumed to be smoking). In the case that noninferiority was evident, assessment as to whether cytisine had effectiveness superior to that of nicotine-replacement therapy was carried out ~~

주된 분석은 ITT군으로 진행하였습니다. Missing이 된 사람들은 다시 흡연한 것으로 간주하기로 했습니다(이 경우는 합리적인 선택이라고 할 수 있습니다). 비열등하다고 판단된 경우는 우수한지 검정합니다. 사실 이것은 거의 자동으로 되는 것이긴 한데, 논문에서는 자주 protocol에 적혀 있는 것 같습니다.

앞서 보았듯이 우수성 검정에서 ITT가 권장되는 것에는 거의 이견이 없습니다. 비열등성 검정에서는 ITT와 PP가 나름대로 장점이 있어서 의견이 반반입니다. PP가 조금 더 우세한 듯합니다. 이 경우는 ITT를 하기로 했고,

> Per-protocol analyses excluded participants who had missing data at 1 month or who had major protocol violations (e.g., death, pregnancy, withdrawal from the study, loss to follow-up, or noncompliance).

동시에 PP군도 분석하였습니다. 1달째 군으로 분석하였습니다. ITT와 PP가 모두 일치된 결과를 보이는 것이 바람직합니다.

> Compliance in the cytisine group was defined as having taken 80% or more of the required number of tablets within 1 month after the quit date (i.e., 80 tablets or more). Compliance in the nicotine-replacement therapy

group was defined as having used nicotine-replacement therapy at both 1 week and 1 month after the quit date. Participants with missing data were assumed to be noncompliant with the study regimen.

순응한 경우를 미리 정의하였습니다. 당연한 것이지만, 간혹 빠뜨리는 경우가 있기도 합니다.

Complete case analysis was also undertaken, and quit rates, relative risk, risk difference, and the number needed to treat were calculated. Treatment groups were compared with the use of chi-square tests and unadjusted and adjusted logistic regression modeling (adjusting for minimization factors and education).

Complete case에 대해서도 분석하기로 했습니다. 주된 검정은 카이제곱 검정이지만, logistic regression도 같이 시행했습니다. 성공률을 낮게 만드는 factor에 대해서 알고 싶었습니다.

In prespecified subgroup analyses, the consistency of effects was assessed with tests for heterogeneity for the primary outcome according to ethnicity (Maori vs. non-Maori), age (<40 years of age vs. ≥40 years of age), ~~ in the preceding 12 months.

subgroup analyses에 대해서는 언제 데이터를 이용해서 어떤 항목으로 분석할 것인지 prespecified 된 것을 시행하였습니다. 그 외 다른 것도 분석하였는데, 거의 모든 항목에 대한 protocol을 세워서 계획대로 진행하였습니다. 전형적인 RCT의 모양을 갖추고 있습니다.

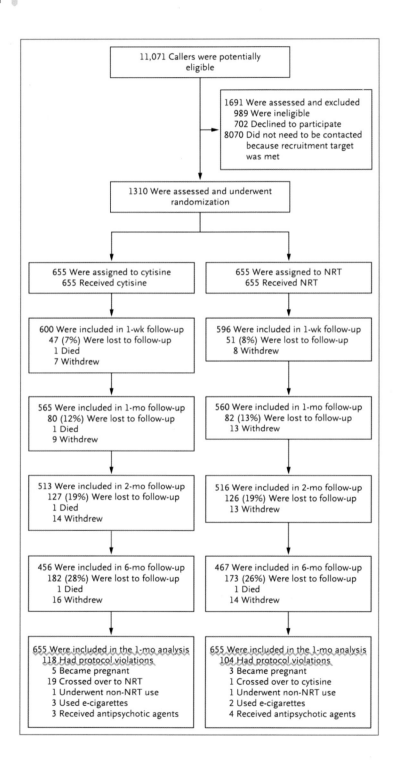

역시 결과의 첫 번째는 CONSORT chart입니다. 특히 이 경우는 추적소실이 꽤 있었고, 자세하게 기술하였습니다. Secondary outcome을 얻기 위해, 1주, 1달, 6달째의 기록들을 모두 얻었고, 제일 아래 칸에는 전체 수와 protocol을 violate한 수를 정확하게 기술하였습니다.

Table 1. **Baseline Characteristics of the Participants.**		
Characteristics	**Cytisine (N = 655)**	**NRT (N = 655)**
Female sex — no. (%)	372 (57)	372 (57)
Age — yr	37.8±11.8	38.4 (11.9)
Ethnic group — no. (%)†		
New Zealand Maori	215 (33)	213 (33)
Non-Maori	440 (67)	442 (67)
Less than 12 years of schooling — no. (%)	344 (53)	329 (50)
Cigarettes smoked per day‡	19.3±11.9	19.0 (10.0)
Cigarette dependence§	5.4±2.1	5.3 (2.3)

Table 1에는 전형적으로 Baseline Characteristics를 보여줍니다. 정보가 적어서 보통의 경우보다는 훨씬 짧은 표입니다. 그렇지만 흡연과 연관된 것들, 연구 결과와 연관될 만한 것들은 조사되어 있습니다.

Cytisine was not only noninferior to nicotine-replacement therapy but had superior effectiveness: 1-month continuous abstinence rates were significantly higher in the cytisine group (40%, 264 of 655) than in the nicotine-replacement therapy group (31%, 203 of 655) (risk difference, 9.3 percentage points; 95% confidence interval [CI], 4.2 to 14.5; number needed to treat, 11)

Cytisine은 비열등할 뿐 아니라, 우수하였습니다. p값은 언급되어 있지 않고, RD의 신뢰구간이 표시되어 있습니다. NTT도 나와 있습니다.

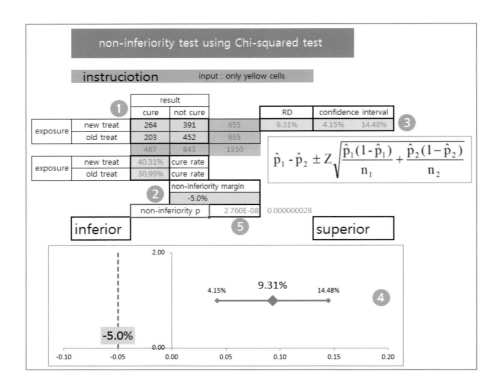

비열등성 검정을 위해서 특별히 만든 엑셀 시트(http://goo.gl/BwXlny)입니다. 노란 칸에 숫자를 넣으면 됩니다❶. RD와 신뢰구간❸은 본문과 일치하게 얻어졌습니다. 비열등성 한계❷를 입력하면 아래쪽의 차트❹에 비열등성 한계를 포함하여 그려집니다.

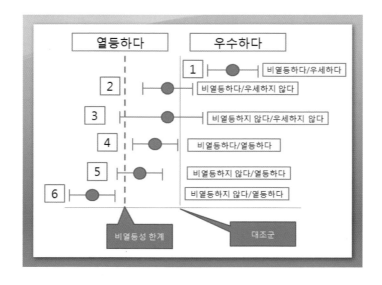

앞서 보았던 이 그림의 [1]에 해당하다는 것을 알 수 있습니다. 즉 이 경우는 비열등하면서 동시에 우수한 것입니다. 저는 이 그림을 좋아합니다. 이 그림을 보면 어떤 상태인지 금방 알 수 있거든요.

비열등 검정의 p는❺ 사실상 필요 없고, CONSORT에서도 언급하고 있지 않습니다. 이 논문의 경우에도 언급되어 있지 않지만 다른 비열등성 검정을 하는 많은 논문들이 사용하고 있길래 만들어보았습니다. 비열등할 경우에 p<0.25가 됩니다. 가급적 사용하지 않는 것이 좋겠습니다

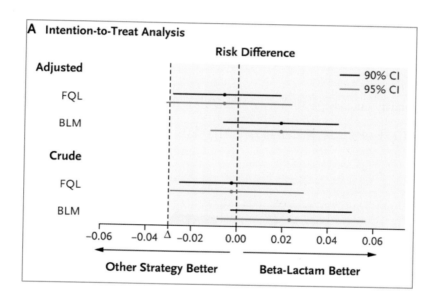

이것은 'Antibiotic Treatment Strategies for Community-Acquired Pneumonia in Adults'라는 제목의 비열등성 연구에서 보여준 'Noninferiority Plot'의 예로 많은 논문에서 흔하게 보이는 것은 아닙니다. 하지만 시각적으로 비열등함과 비열등성 한계, 우수함을 잘 보여주어서 저는 사용하기를 권하는 plot입니다. 물론 제가 만든 엑셀 시트를 이용하시면 금방 만들 수 있습니다.

Table 2. Continuous Abstinence and 7-Day Point-Prevalence Abstinence According to Treatment Group, According to the Intention-to-Treat Analysis.

Abstinence	Cytisine (N=655)	NRT (N=655)	Relative Risk (95% CI)	Risk Difference (95% CI)	P Value
	no./total no. (%)				
Continuous					
Quit rate*					
1 Wk	394 (60)	303 (46)	1.3 (1.2 to 1.4)	13.9 (8.5 to 19.2)	<0.001
1 Mo	264 (40)	203 (31)	1.3 (1.1 to 1.5)	9.3 (4.2 to 14.5)	<0.001
2 Mo	202 (31)	143 (22)	1.4 (1.2 to 1.7)	9.0 (4.3 to 13.8)	<0.001
6 Mo	143 (22)	100 (15)	1.4 (1.1 to 1.8)	6.6 (2.4 to 10.8)	0.002
Sensitivity analyses for 1-mo quit data					
Complete cases only†	264/565 (47)	203/560 (36)	1.3 (1.1 to 1.5)	10.5 (4.8 to 16.2)	<0.001
Per protocol					
Population with protocol violations excluding noncompliance‡	252/537	199/551	1.3 (1.1 to 1.5)	10.8 (5.0 to 16.6)	<0.001
Population with protocol violations including noncompliance§	189/330	167/407	1.4 (1.2 to 1.6)	16.2 (9.1 to 23.4)	<0.001

다음으로 secondary outcome에 대해서 분석했습니다. RR과 RD와 이것들의 p값을 제시하고 ❶ 몇 개는 ITT가 아니므로 분모가 다르게 되는데, 이것도 표시하였습니다❷.

앞서 보았던 엑셀에서 RR과 RD 및 95% 신뢰구간을 구할 수 있습니다. 표의 제일 아래에 있는 한 줄을 예시로 만들어보았습니다. 이후에 adverse events에 대해서 자세히 기술하였습니다.

예제4: Risk Difference를 오즈비로 환산

HCV 감염 환자에게 24주 동안 항바이러스제를 투여하면 상당수가 효과를 봅니다. 그런데 만일 이 투여 기간을 줄이면 어떨까요? 몇 개의 논문이 12주만 투여해도 효과가 좋다는 결과를 보여주었습니다. 과연 그럴까요? 만일 투여 기간을 줄여서 비열등성을 증명할 수 있다면 얼마나 좋을까요? 비용도 훨씬 절감할 수 있고 부작용도 적어질 것입니다. 저자들은 이런 목적으로 연구를 진행합니다[1] (We conducted a large, randomized, multinational, noninferiority trial to determine whether similar efficacy could be achieved with only 16 weeks of treatment with peginterferon alfa-2a and ribavirin).

24주간 치료를 하면 약 80%에서 효과를 본다는 선행 임상 결과를 알고 있습니다(virologic response rates of approximately 80%). 이 자료를 이용해서 샘플 수를 계산해보니 어마어마한 샘플이 필요하다는 것을 알게 되었기 때문에 (당연한 것이지만) 다기관 연구를 진행하게 됩니다. 결과적으로 모두 1469명의 환자를 132개 센터에서 모아서 진행했고, 24주간의 치료 후 24주간 추적을 하였습니다.

1_Shiffman, Mitchell L., Fredy Suter, Bruce R. Bacon, David Nelson, Hugh Harley, Ricard Solá, Stephen D. Shafran, et al. (2007) Peginterferon Alfa-2a and Ribavirin for 16 or 24 Weeks in HCV Genotype 2 or 3. *New England Journal of Medicine* 357,(2), 124–134.

1. 샘플 수의 계산과 PLAN

'Statistical Analysis'에서 언급하기를 per-protocol population으로 연구를 했고, 이것이 비열등성 연구에서 더 보수적이라고 친절하게 설명해주는군요(because it is considered to be more a conservative means of analysis in a noninferiority trial). 동시에 ITT도 시행했고(A modified intention-to-treat analysis was also performed, because it is considered to be a more stringent means of measuring overall efficacy and tolerability and it includes data from all patients who were randomly assigned to a treatment group and who received at least one dose of study medication) 친절하게 그 의미까지도 설명하였습니다. 앞에서 말씀 드린 내용입니다. modified intention-to-treat은 mITT라고 줄여서 자주 부르기 때문에 약자도 알아두면 좋습니다. 여기서는 ITT와 mITT를 약간 혼용해서 사용하는 듯합니다.

여기서 ITT와 PP 문제를 다시 한 번 언급할 필요가 있습니다(앞에서 자세히 이야기했으므로 앞부분을 읽어 보는 것이 더 좋습니다). 예를 들어 24주에 배정된 환자가 12주까지는 약을 먹었는데 도저히 부작용 때문에 약을 더 못 먹고 중단했다면, 이 사람은 어느 군에 속하게 될까요? 또는 12주만 약을 먹었는데 이미 자각 증상이 좋아져서 환자가 먹지 않겠다고 하면 어느 군에 속하게 될까요? 이런 것들을 언급하여 연구 계획서에 써두어야 합니다. 이런 문제 때문에 배정된 대로(ITT)와 프로토콜대로(PP) 문제가 중요할 수 있으며, 이에 대해서는 앞부분을 다시 읽어 보길 권합니다. 친절하게도 Moreover, when intention-to-treat and per-protocol analyses lead to essentially the same conclusions, confidence in the trial results is increased라고 본문에 말해주고 있고, ITT와 PP가 일치할 때 우리는 더 확신하게 될 것입니다.

비열등성 한계는 6%로 하였고(defined by a noninferiority margin of 6%) 통계 방법은 Cochran–Mantel–Haenszel test(after data were stratified according to country of residence and HCV genotype)입니다. 이것은 카이제곱 검정과 비슷하면서, 한 가지 요인에 대해서 층화하여(stratified) 보정할 수 있기 때문에 '층화 카이제곱'이라고도 하고, '2 x 2 x k 카이제곱'이라고도 불립니다. 이것의 샘플 수 계산은 PS프로그램에서 가능하고 그 공식을 적용하려면 일단 각 층(strata)에 해당하는 예상 결과가 다 있어야 하기 때문에 복잡합니다.

비열등성 검정이므로 The common odds ratios and 95% confidence intervals를 구해서 비열등성 한계와 비교하게 될 것입니다. Cochran–Mantel–Haenszel test를 사용했기 때문에 common odds ratio라는 말을 쓰게 되었습니다. 그리고 The interaction of treatment group and HCV genotype was assessed with the use of the Breslow–Day test, with data stratified according to genotype라고 한 것도 Cochran–Mantel–Haenszel test이기 때문입니다.

Breslow–Day test에 대해서는 Cochran–Mantel–Haenszel test(190쪽)에 나오는 Woolf's test for homogeneity는 오래되고 전통적인 것이며 Breslow–Day test(1980)와 이것의 Tarone Correction(1985) 등이 있습니다.

참고로 SPSS의 경우는 Woolf's test는 없고, Breslow–Day와 Tarone만 있습니다.

chi-squared test : non-inferiority	실험군 : 대조군 비율	alpha	beta	대조군 발생율	실험군 발생율	비열등성 한계	표본수
	1	0.025	0.2	0.8	0.8	0.06	697.6782
				평균 발생율	0.8		

$$n_c = \frac{\{ Z_\alpha[(1+\lambda)\overset{\circ}{p}(1-\overset{\circ}{p})]^{0.5} + Z_\beta[\lambda\, p_c(1-p_c) + p_t(1-p_t)]^{0.5}\}^2}{\lambda(p_c - p_t - d)^2}$$

본 논문에서는 각 군당 700명씩 필요할 것을 예상하였는데(The planned enrollment of 700 patients per treatment group assumed a sustained virologic response rate of 80% in both groups, a statistical power of the study of 80%, and a two-sided significance level of 0.05.) 이는 Cochran–Mantel–Haenszel test보다는 Chi-square test의 비열등성 검정으로 계산한 것일 거라(거의 비슷하니까) 추정해서 계산해보면 698명으로 거의 비슷한 값이 나옵니다.

The noninferiority margin was converted from 6% to an odds ratio of 0.70 by assuming a sustained virologic response rate of 80% in the 24-week group. On this basis, the 16-week and 24-week regimens would be considered equivalent if the lower limit of the 95% confidence interval for the odds ratio was at least 0.70

한편, 이 챕터의 주제인 RD를 OR로 환산하는 이야기가 있습니다. 대조군의 성공률을 80%로 추정하였고, non-infiriority margin으로 6% 적은 값은 74%가 됩니다. 이것을 오즈비로 환산하면 (74/26)/(80/20)=0.7115이므로 조금 더 여유 있게 잡아서 0.70으로 정했고, 앞으로 구하게 될 오즈비의 95% 신뢰구간이 0.70보다 높다면 비열등한 것으로 판단하게 될 것입니다.

왜 이렇게 오즈비로 환산한 것일까요? 일단 오즈비가 많이 쓰이는 것도 있고, 공인 기관에서 미리 정한 비열등성 한계가 가끔 RD가 아니라, ratio라고 되어 있어서이기도 합니다(309쪽, 비열등성 한계의 설정 참조). 그리고 로지스틱 회귀분석 또는 Cochran–Mantel–Haenszel test에서는 오즈비와 95% 신뢰구간이 계산되기 때문에, 이 논문에서는 오즈비로 환산한 것 같습니다.

다른 인자들의 영향을 보정하기 위해 Stepwise, backward, and multiple logistic-regression analyses도 시행하였다고 하며 교호작용의 가능성도 있어서(interaction between treatment group and genotype (P=0.06)) 그룹을 분리하여 연구하였는데, 교호작용을 볼 때도 logistic regression은 편리한 점이 있습니다.

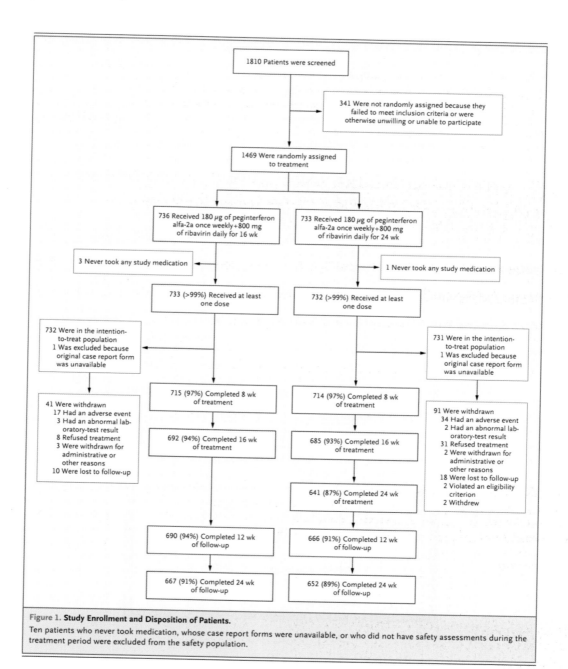

Figure 1. Study Enrollment and Disposition of Patients.

Ten patients who never took medication, whose case report forms were unavailable, or who did not have safety assessments during the treatment period were excluded from the safety population.

Ch9. 비열등성 연구

353

역시 결과의 첫 그림은 CONSORT chart로 보여줍니다. 자주 검사를 시행해서(physical examin ations and laboratory tests at weeks 2, 4, 8, 12, and 16 in both groups and at weeks 20 and 24 in the 24-week group (all during the treatment period), as well as at weeks 4, 12, and 24 of the follow-up period in both groups) 관찰 하였으며 그 과정을 일목요연하게 보여줍니다.

The results failed to show noninferiority of the 16-week regimen relative to the 24-week regimen in both the per-protocol and the modified intention-to-treat analyses.

양 군의 시작 시 특성들 역시 표1에서 보여주고 본문에서는 매우 간단하게 설명하였습니다. (표1은 생략)

결과에서 비열등성을 보이는 데 실패하였다고 하였습니다. 두 군의 성공률은 65%와 76%로 odds ratio는 0.59이고, 오즈비의 95% CI(신뢰구간)은 0.46~0.76로, 하안선이 0.70보다 높아야 하는데 실패했습니다. p<0.001이었고, mITT군에서도 같은 양상입니다. (the per-protocol analysis (65% vs. 76%; odds ratio for 16 weeks vs. 24 weeks, 0.59; 95% confidence interval [CI], 0.46 to 0.76; P<0.001) and in the modified intention-to-treat analysis (62% vs. 70%; odds ratio, 0.67; 95% CI, 0.54 to 0.84; P<0.001))

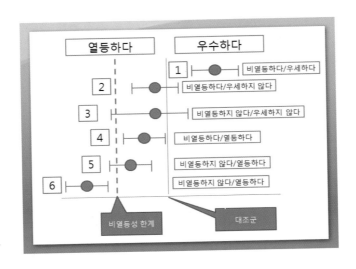

그림으로 보면 [5]에 해당하는 셈입니다. p값도 0.05보다 작고, 비열등성 한계에도 걸쳐있는 상황, 딱 [5]군요. 이것을 한번 계산해봅시다.

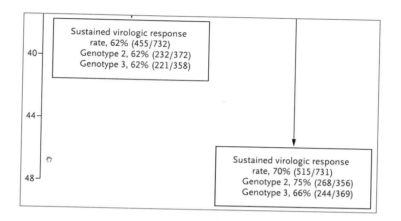

데이터를 잘 보여주는 그림3의 일부분인데, 이 자료를 이용하겠습니다.

		result				OR	ln(OR)	SE	ln(CI)		CI				
		+	-												Yates chi-square
exposure	+	455	277	732		0.68893	-0.3726086	0.11126	-0.59068259	-0.15453	0.55395	0.85681			
	-	515	216	731									0.00079		0.00097
		970	493	1463										Pearson chi-square	

		result				RR	ln(RR)	SE	ln(CI)		CI			
		+	-											
exposure	+	455	277	732		0.68229	-0.1252365	0.03749	-0.19871538	-0.05176	0.81978	0.94956		
	-	515	216	731									0.00079	0.00097
		970	493	1463										

엑셀 파일에 이 값을 넣고 계산해보면, 오즈비의 95% 신뢰구간은 (0.55~0.86)으로 조금 다릅니다. 이것은 아마도 Cochran–Mantel–Haenszel test와 카이제곱 검정의 차이에 의한 것으로 생각됩니다.

Test for OR=1 (M-H)

Chi²	df	p
5.32	1	0.021071

Test for homogeneity

Chi²	df	p
5.84	3	0.119594

Total

Exp.	Cases	Ctrl.	Total
+	261	439	700
0	223	505	728
Total	484	944	1428

Weighted estimate

OR	SE	95% CI
1.32		1.07
		1.62

Crude estimate

OR	SE	95% CI
1.35		1.08
		1.68

앞에서도 보았던 http://cafe.naver.com/easy2know/6151에 첨부된 엑셀 파일은 2×2×6까지 Cochran–Mantel–Haenszel test가 가능합니다. crude라고 된 것이 그냥 층화하지 않고 분석한 오즈비와 신뢰구간이고, 위의 weighted라고 된 것이 층화하여 분석한 값인데 이 둘이 약간 다른 것을 알 수 있습니다. 그러나 이것을 분석하기 위해서는 각 층들의 결과값을 알 수 있어야 하는데, 논문에서는 그 값들을 제시해주지 않았기 때문에 교정된 신뢰구간을 구할 수는 없습니다. 저자들이 제시해준 결과를 보면 되겠습니다. Cochran–Mantel–Haenszel test는 매우 오래된 통계법이기 때문에 가지고 계신 통계 프로그램에서도 다 시행해줄 것입니다.

		result			RD	p1	p2		CI	
		+	-							
exposure	+	455	277	732	-0.08293	0.6215847	0.704514		-0.13118	-0.03468
	-	515	216	731						
		970	493	1463						

한편, 그냥 risk difference로 계산한다면 이렇게 됩니다. 신뢰구간이 (-0.13~-0.03)이므로 -0.06 보다 우수해야 하는데 비열등성을 보이는 데 실패하게 되는군요.

The virologic response rate at the end of the treatment period was significantly higher in the 16-week group than in the 24-week group (odds ratio for 16 weeks vs. 24 weeks, 1.82; 95% CI, 1.35 to 2.47), because more patients in the 24-week group were withdrawn prematurely and were considered not to have had a response. Thus, the significant difference in the sustained virologic response rate reflects a significantly higher relapse rate in the 16-week group (31%; 95% CI, 27 to 34) than in the 24-week group (18%; 95% CI, 15 to 21; P<0.001) (Figure 3).

이 연구에서 보이는 독특한 결과는 16주 치료를 마친 상태와 24주 치료를 마친 상태 중에 16주 치료를 마친 상태에서 더 우수한 결과를 보여준다는 것입니다. 이는 24주 치료군에서 이미 일부 환자가 withdrawal 했기 때문인 것으로 분석하고 있군요. 이건 연구자로서는 잘 알아야 하는 부분입니다. 숫자를 잘 보면서 분석해보면 알 수 있는 것이기도 합니다.

Lower pretreatment HCV RNA level, lower weight, and absence of bridging fibrosis or cirrhosis were predictive of a sustained virologic response in separate analyses performed for patients with HCV genotype 2 and those with HCV genotype 3 (P<0.01 for all analyses). Treatment for 24 weeks predicted a sustained virologic response in patients infected with genotype 2 (P<0.001) but not in those infected with genotype 3 (P=0.12)

stepwise, backward, and multiple logistic-regression은 그 외 요인들을 분석해주었습니다. Lower pretreatment HCV RNA level, lower weight, and absence of bridging fibrosis or cirrhosis는 요인들이었고, genotype 2에서는 24주간 치료하는 것이 요인이 되지만, genotype 3은 아니라고 하는 군요. 로지스틱 회귀분석을 통해서 여러 인자들을 분석하는 것이 흥미로운 주제이기는 하지만 다른 책에서 자세히 다루었으므로 여기서는 생략하겠습니다.

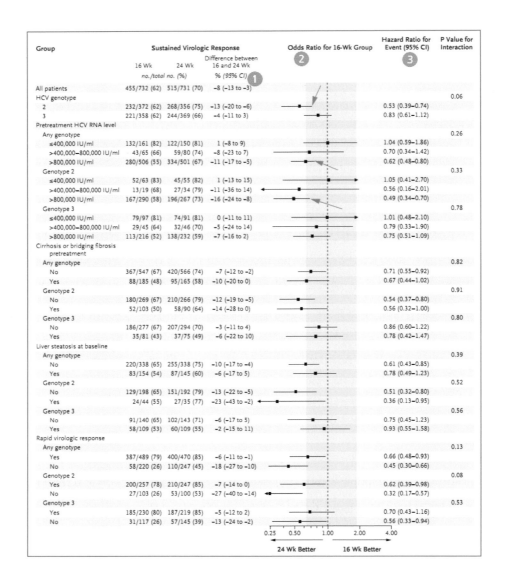

이것은 subgroup analysis 한 것을 하나의 표로 보여주고 있습니다. 앞서 보았던 것과 비슷하지요? ❶에서는 Risk difference를 보여주고 있습니다. 이것은 아까 보았던 엑셀 시트에서 구할 수 있는 값들입니다. 그리고 −0.06보다 크면 비열등성이 증명되는 그 값입니다. 안타깝게 그렇지는 못하지만.

❷의 'Odds Ratio for 16-Wk Group'은 단변수 분석을 했다면 역시 엑셀 파일에서 구할 수 있고, 아마도 다변수 분석인 logistic regression을 시행했을 수도 있습니다. Hazard ratio❸라고 한

것은 보통 생존분석에서 쓰는 용어인데, 이 경우는 OR(oddes ratio)을 잘못 쓴 것 같습니다. HR(Hazard ratio)의 값을 보면 옆의 OR 그래프의 값과 일치하는 듯합니다. 이 둘의 성격이 비슷하긴 합니다. 그리고 OR 차트의 희미한 회색 band는 비열등성 한계인 0.7을 보여주려고 한 것 같은데 0.65 정도에 조금 잘못 그려진 것 같습니다. 그냥 장식일 수도 있고요.

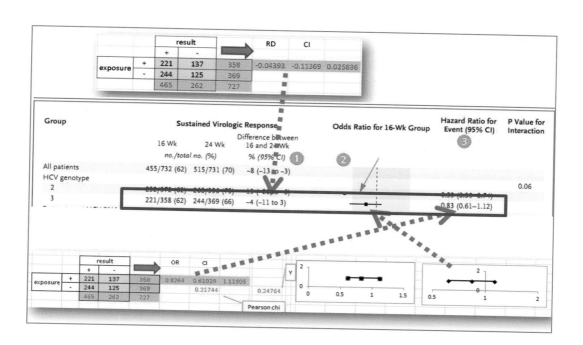

파란색 박스 하나를 위해서 4개의 숫자를 엑셀 파일에 입력하면 각각 RD와 OR과 차트가 만들어지며 이것은 표에 나온 값과 일치합니다. (잘 만들었죠?) 한편, 빨간 화살표 여러 개로 표시된 것들은 오즈비 그래프로서 잘못되었다고 생각되는 것들입니다. 아래쪽에 스케일이 로그 단위로 되어 있으면 오즈비의 양팔은 길이가 같아야 하는데, 양팔의 길이가 다른 것들을 표시한 것입니다.

4. 고찰

The results of several small studies suggest that treatment with pegylated interferon and ribavirin for 12 or 16 weeks, rather than 24 weeks, does not adversely affect sustained virologic response rates in patients with HCV genotype 2 or 3.[4-6] In two such studies,[5,6] patients treated for 24 weeks had somewhat lower virologic response rates at the end of the treatment period than did those receiving shorter regimens, presumably because of higher dropout rates with longer treatment. In contrast, relapse rates were somewhat higher with the shorter duration of treatment. As a result, the higher dropout rates in the 24-week treatment groups were offset by the higher relapse rates in the shorter-treatment groups, resulting in the groups having similar sustained virologic response rates. This finding led many to conclude that a shorter regimen is as effective as the standard 24-week regimen. The intention-to-treat analysis of our data reveals the same pattern: higher dropout rates in the 24-week group and higher relapse rates in the 16-week group. Response rates at the end of the treatment period were similar (within 3%; data not shown) in the two groups, according to the per-protocol analysis. This similarity, in addition to our large sample size, shows that reducing the treatment duration from 24 to 16 weeks results in increased relapse rates and therefore reduced sustained virologic response rates.

토론 부분에서 아주 재미있는 내용을 보여주고 있습니다. 몇 개의 작은 연구들이 12주 요법이 24주 요법과 효과는 거의 같으면서 부작용은 적을 가능성을 제시합니다. 12주 요법은 재발이 많았기 때문에 24주 요법보다 열등함에도 불구하고 선행 연구에서는 24주 요법과 비슷하게 보였던 것은 dropout 때문에 생긴 오해였던 것으로 이해할 수 있습니다. 즉 dropout을 고려한 이번 연구에서 얻어진 성과라고 생각됩니다.

가능한 시나리오를 생각해본다면, 24주 복용은 12주 복용보다 재발률을 확실히 줄일 수 있을 것입니다. 그런데 어떤 사람은 부작용이 심해서 도무지 24주까지 복용할 수가 없었던 모양인지 중간에 drop되었던 것 같습니다. 어쨌든 어떤 환자에게 12주 요법을 쓰고 어떤 환자에게 24주 요법을 쓸 것인지, 보다 연구가 진행되어서 최상의 요법이 나오면 제일 좋겠지요. Subgroup analysis의 결과를 보면 HCV RNA level이 400,000 이하인 경우는 12주 요법만으로도 결과가 비열등할 가능성이 있어 보이므로, 이를 위한 후속 연구를 준비하는 것도 도움이 될 것 같습니다.

Ch10.
protocol 만들기

RCT는 protocol을 빼놓고 이야기할 수가 없습니다. protocol은 마치 영화의 대본과도 같습니다. 배역이 정해지기 전, 무대가 만들어 지기 전에 이미 확정되어야 하기 때문입니다. 그러나 합병증 부작용 등 가능성이 있는 다양한 상황들을 미리 가정해야 하므로 대본 이상이어야 하기도 합니다.

이러한 protocol을 잘 만들고, 쉽게 만들기 위한 방법을 알아보도록 하겠습니다.

SPIRIT 2013과 CONSORT 2010

앞 부분을 읽어보셨다면 protocol(연구 계획서)이 얼마나 중요한지 실감하셨을 것이라고 생각합니다. CONSORT는 논문이 갖추어야 할 요소를 포함한 것이라면, SPIRIT(Standard Protocol Items: Recommendations for Interventional Trials) 2013은 protocol이 갖추어야 할 내용을 제시하고자 한 것입니다. Protocol이 논문의 내용과 겹치는 것이 상당히 많기 때문에 SPIRIT에도 CONSORT와 겹치는 내용이 꽤 있습니다.

CONSORT(http://www.consort-statement.org/resources/spirit)에서도 SPIRIT이 소개되어 있습니다.

http://www.spirit-statement.org에서 자세한 내용을 볼 수 있습니다. 여기서 Checklist 및 관련 글들을 읽어볼 수 있습니다❶. 한국어로 번역된 것❷이 있다는 것은 매우 감사한 일입니다. (Nam D, Lee H, Ahn H, Lee SMK, Lee S, Lee SS, Shin Y께 감사드립니다.) SEPTRE(SPIRIT Electronic Protocol Tool & Resource)❸는 protocol을 쉽게 만들 수 있도록 도와주는 web-based 도구로 아직 개발 중이라 지금은 비어 있습니다.

SPIRIT 2013은 여러 임상시험과 관련된 권장사항과 규정들을 만족시키도록 되어 있습니다. 2008년 헬싱키 선언, 1996년 International Conference on Harmonisation Good Clinical Practice E6, World Health Organization, International Committee of Medical Journal Editors, ClinicalTrials.gov, European Commission 등의 요구 사항도 만족시킵니다. CONSORT 2010(Consolidated Standards of Reporting Trials)의 요구 사항도 만족시키면서 가급적 쉽게 변환 가능하도록 비슷한 항목의 checklist를 일치할 수 있도록 하였습니다.

또 이와 비슷한 protocol을 만드는 데 기여하는 Clinical Data Interchange Standards Consortium Protocol Representation Group과 Pragmatic Randomized Controlled Trials in Healthcare의 지도자들과도 긴밀히 협조한 가운데 작업하였습니다. 비유하자면 교통법, 공정

거래법, 부동산법, 개인정보보호법 등 다양한 법령들을 모두 만족할 수 있도록 제정한 실제적인 checklist라고 할 수 있습니다.

이제 구체적으로 알아보면서 CONSORT와 비교해보겠습니다.

Title	1	Descriptive title identifying the study design, population, interventions, and, if applicable, trial acronym

SPIRIT은 title이 있지만, abstract라는 항목이 없습니다. title에 이미 study design, population, interventions를 밝히도록 합니다. 간혹 이름이 너무 길기 때문에 약어(acronym)를 쓸 수도 있습니다.

Title and abstract	1a	Identification as a randomised trial in the title
	1b	Structured summary of trial design, methods, results, and conclusions (for specific guidance see CONSORT for abstracts)

CONSORT는 Title and abstract라고 되어 있습니다. 즉 실제적으로는 거의 비슷합니다. CONSORT에 기술하도록 되어 있는 randomised trial이라는 말은 빠졌습니다. SPIRIT의 경우에 Interventional Trials를 위한 것이기 때문에 꼭 randomised trial이 아닐 수도 있기 때문에 그러한 것 같습니다.

위의 예에서 보이듯이 SPIRIT의 것을 먼저 흰색 표로 보고, CONSORT의 것을 하늘색 표로 이어서 보도록 하겠습니다.

Trial registration	2a	Trial identifier and registry name. If not yet registered, name of intended registry.
	2b	All items from the World Health Organization Trial Registration Data Set (Appendix Table, available at www.annals.org)
Protocol version	3	Date and version identifier
Funding	4	Sources and types of financial, material, and other support
Roles and responsibilities	5a	Names, affiliations, and roles of protocol contributors
	5b	Name and contact information for the trial sponsor
	5c	Role of study sponsor and funders, if any, in study design; collection, management, analysis, and interpretation of data; writing of the report; and the decision to submit the report for publication, including whether they will have ultimate authority over any of these activities

	5d	Composition, roles, and responsibilities of the coordinating center, steering committee, end point adjudication committee, data management team, and other individuals or groups overseeing the trial, if applicable (see item 21a for DMC)

이 부분은 CONSORT에 없던 것으로 상당히 자세하게 기술하고 있습니다. 연구 등록에 대해 강조하여 어떤 등록처에 몇 번으로 등록했는지, 연구비의 출처, 책임자는 누구이며 어떤 역할을 하는지 등을 아주 자세하게 언급하고 있습니다. 모두 연구 계획서(protocol)에 기술해야 할 내용입니다.

Introduction		
Background and rationale	6a	Description of research question and justification for undertaking the trial, including summary of relevant studies (published and unpublished) examining benefits and harms for each intervention
	6b	Explanation for choice of comparators
Objectives	7	Specific objectives or hypotheses
Trial design	8	Description of trial design, including type of trial (e.g., parallel group, crossover, factorial, single group), allocation ratio, and framework (e.g., superiority, equivalence, noninferiority, exploratory)

SPIRIT은 introduction에서 상당히 자세하게 설명하도록 권하고 있습니다.

Introduction		
Background and objectives	2a	Scientific background and explanation of rationale
	2b	Specific objectives or hypotheses

오히려 CONSORT는 단순하며, trial design의 경우에는 본문에서 자세히 다루었던 것인데, SPIRIT에서는 introduction에서 이야기하도록 하였습니다.

Study setting	9	Description of study settings (e.g., community clinic, academic hospital) and list of countries where data will be collected. Reference to where list of study sites can be obtained
Eligibility criteria	10	Inclusion and exclusion criteria for participants. If applicable, eligibility criteria for study centers and individuals who will perform the interventions (e.g., surgeons, psychotherapists)

Participants	4a	Eligibility criteria for participants
	4b	Settings and locations where the data were collected

SPIRIT에서는 CONSORT보다 좀 더 자세히 기술한 것을 볼 수 있습니다. 전반적으로 SPIRIT이 CONSORT보다 상세한 것은 당연합니다. 보통 논문은 제한된 지면에 꼭 필요한 것만 기술하도록 하지만, protocol은 거의 책 한 권의 분량이기 때문에 장수에 제한이 없습니다.

Interventions	11a	Interventions for each group with sufficient detail to allow replication, including how and when they will be Administered response to harms, participant request, or improving/worsening disease)
	11b	Criteria for discontinuing or modifying allocated interventions for a given trial participant (e.g., drug dose change in
	11c	Strategies to improve adherence to intervention protocols, and any procedures for monitoring adherence (e.g., drug tablet return, laboratory tests)
	11d	Relevant concomitant care and interventions that are permitted or prohibited during the trial

Interventions	5	The interventions for each group with sufficient details to allow replication, including how and when they were actually administered

역시 CONSORT에 비해서 매우 자세하게 기술하고 있습니다. 특히 adherence를 높이기 위한 전략을 기술한 것은 특별하며 실제적입니다. 혈액 검사를 해서 약을 잘 복용했는지를 확인하기도 하고, 지속적으로 처치에 임할 수 있도록 선물을 주기도 하는 등 다양한 활동이 필요할 수 있습니다.

Outcomes	12	Primary, secondary, and other outcomes, including the specific measurement variable (e.g., systolic blood pressure), analysis metric (e.g., change from baseline, final value, time to event), method of aggregation (e.g., median, proportion), and time point for each outcome. Explanation of the clinical relevance of chosen efficacy and harm outcomes is strongly recommended

Outcomes	6a	Completely defined pre-specified primary and secondary outcome measures, including how and when they were assessed
	6b	Any changes to trial outcomes after the trial commenced, with reasons

CONSORT에 비해 SPIRIT은 더 구체적인 예를 많이 들어서 설명하고 있습니다. 물론 CONSORT의 경우에 자세한 설명은 홈페이지 등을 통해서 추가적으로 했기에 좀 더 요약적이라고 할 수 있습니다. 이 부분에 대해서는 둘 다 상세하고 정확한 표현을 해야 합니다.

Participant timeline	13	Time schedule of enrollment, interventions (including any run-ins and washouts), assessments, and visits for participants. A schematic diagram is highly recommended (Figure).

이 부분은 SPIRIT의 독특한 것입니다. CONSORT diagram이 전체적으로 몇 명의 숫자가 포함되어서 얼마나 유지되었는지 등을 잘 보여준다면, SPIRIT diagram은 언제 어떤 검사를 했는지 등 시간의 전후 관계를 잘 보여줍니다.

Figure. Example template of recommended content for the schedule of enrolment, interventions, and assessments.*

	STUDY PERIOD							
	Enrolment	Allocation	Post-allocation					Close-out
TIMEPOINT**	$-t_1$	0	t_1	t_2	t_3	t_4	etc.	t_x
ENROLMENT:								
Eligibility screen	X							
Informed consent	X							
[List other procedures]	X							
Allocation		X						
INTERVENTIONS:								
[Intervention A]			●———————●					
[Intervention B]			X		X			
[List other study groups]			●———————————●					
ASSESSMENTS:								
[List baseline variables]	X	X						
[List outcome variables]				X		X	etc.	X
[List other data variables]			X	X	X	X	etc.	X

http://www.spirit-statement.org/publications-downloads/에는 word와 PDF 파일로 예시 그림을 다운받을 수 있게 되어 있습니다. Gantt 차트와 약간 유사하면서 시간별로 어떻게 진행되는지를 확실히 살펴볼 수 있습니다.

Sample size	14	Estimated number of participants needed to achieve study objectives and how it was determined, including clinical and statistical assumptions supporting any sample size calculations

Sample size	7a	**How sample size was determined**
	7b	**When applicable, explanation of any interim analyses and stopping guidelines**

Sample size에 대해서는 표현만 다를 뿐 결국 같은 내용입니다. 한편 많은 연구자들이 정확한 근거 없이 샘플 수를 제안하는 경우가 있어 좀 더 구체적으로 SPIRIT에서 표현한 듯합니다. 중간분석(interim analysis)에 대해서는 SPIRIT의 21b항목에서 다룹니다.

Recruitment	15	Strategies for achieving adequate participant enrollment to reach target sample size

SPIRIT에서는 환자를 어떤 식으로 모을 것인지에 관한 전략(strategy)을 구체적으로 표현하도록 요구하고 있군요. CONSORT에는 없는 내용입니다.

Assignment of interventions (for controlled trials) Allocation Sequence generation	16a	Method of generating the allocation sequence (e.g., computer-generated random numbers), and list of any factors for stratification. To reduce predictability of a random sequence, details of any planned restriction (e.g., blocking) should be provided in a separate document that is unavailable to those who enroll participants or assign interventions.

Sequence generation	8a	**Method used to generate the random allocation sequence**
	8b	**Type of randomisation; details of any restriction (such as blocking and block size)**

이 부분은, 표현은 다르지만 내용은 같다고 생각됩니다. 무작위 배정을 어떻게 만들었는지 구체적으로 자세히 기술하도록 합니다.

Allocation concealment mechanism	16b	Mechanism of implementing the allocation sequence (e.g., central telephone; sequentially numbered, opaque, sealed envelopes), describing any steps to conceal the sequence until interventions are assigned
Implementation	16c	Who will generate the allocation sequence, who will enroll participants, and who will assign participants to interventions

Allocation concealment mechanism	9	Mechanism used to implement the random allocation sequence (such as sequentially numbered containers), describing any steps taken to conceal the sequence until interventions were assigned
Implementatio n	10	Who generated the random allocation sequence, who enrolled participants, and who assigned participants to interventions

이 두 부분도 거의 동일한 내용입니다. SPIRIT은 미래형(will) CONSORT는 과거형 (generated)으로 표현된 것이 차이점인데, SPIRIT은 계획서(protocol)이기에 당연합니다.

Blinding (masking)	17a	Who will be blinded after assignment to interventions (e.g., trial participants, care providers, outcome assessors, data analysts), and how
	17b	If blinded, circumstances under which unblinding is permissible, and procedure for revealing a participant's allocated intervention during the trial

Blinding	11a	If done, who was blinded after assignment to interventions (for example, participants, care providers, those assessing outcomes) and how
	11b	If relevant, description of the similarity of interventions

Blinding에 대해서는 둘 다 비슷하게 강조하고 있습니다. CONSORT에서는 masking이라는 용어도 많이 쓰인다고 본문에 설명되어 있습니다.

Data collection methods	18a	Plans for assessment and collection of outcome, baseline, and other trial data, including any related processes to promote data quality (e.g., duplicate measurements, training of assessors) and a description of study instruments (e.g., questionnaires, laboratory tests) along with their reliability and validity, if known. Reference to where data collection forms can be found, if not in the protocol

	18b	Plans to promote participant retention and complete follow-up, including list of any outcome data to be collected for participants who discontinue or deviate from intervention protocols
Data management	19	Plans for data entry, coding, security, and storage, including any related processes to promote data quality (e.g., double data entry; range checks for data values). Reference to where details of data management procedures can be found, if not in the protocol

Data collection에 관해서는 CONSORT에 없었던 내용입니다. 아주 꼼꼼하고도 자세한 이야기를 다루고 있으며, 역시 여기에서도 plan이라는 표현을 쓰고 있습니다.

Statistical methods	20a	Statistical methods for analyzing primary and secondary outcomes. Reference to where other details of the statistical analysis plan can be found, if not in the protocol
	20b	Methods for any additional analyses (e.g., subgroup and adjusted analyses)
	20c	Definition of analysis population relating to protocol nonadherence (e.g., as-randomized analysis), and any statistical methods to handle missing data (e.g., multiple imputation)

Statistical methods	12a	Statistical methods used to compare groups for primary and secondary outcomes
	12b	Methods for additional analyses, such as subgroup analyses and adjusted analyses

Statistical methods에 대해서는 비교적 단순하며 합당합니다. subgroup and adjusted analyses를 미리 protocol에 써두어야 함을 앞에서 여러 번 강조하였습니다. Definition of analysis population은 ITT나 PP 등의 정의에 대해서 분명히 하도록 한 것입니다. SPIRIT에서 missing data를 어떻게 처리할 것인지 미리 계획하도록 되어 있습니다. 그 이유에 대해서는 상세히 설명드렸습니다. CONSORT의 checklist에는 missing data에 대해서는 언급하지 않습니다.

Monitoring		
Data monitoring	21a	Composition of DMC; summary of its role and reporting structure; statement of whether it is independent from the sponsor and competing interests; and reference to where further details about its charter can be found, if not in the protocol. Alternatively, an explanation of why a DMC is not needed.
	21b	Description of any interim analyses and stopping guidelines, including who will have access to these interim results and make the final decision to terminate the trial
Harms	22	Plans for collecting, assessing, reporting, and managing solicited and spontaneously reported adverse events and other unintended effects of trial interventions or trial conduct
Auditing	23	Frequency and procedures for auditing trial conduct, if any, and whether the process will be independent from investigators and the sponsor

Monitoring 부분은 SPIRIT에만 있는 것으로 data의 질을 높이기 위한 것입니다. 앞서 다루지 않았던 interim에 관한 것을 여기에서 이야기하고 있습니다. Auditing은 회계 또는 감시를 의미하는 것입니다. 연구의 중간에 연구가 잘 시행되고 있는지, 얼마나 자주, 어떤 방식으로 시행해야 할지를 계획해야 합니다.

Ethics and dissemination		
Research ethics approval	24	Plans for seeking REC/IRB approval
Protocol amendments	25	Plans for communicating important protocol modifications (e.g., changes to eligibility criteria, outcomes, analyses) to relevant parties (e.g., investigators, RECs/IRBs, trial participants, trial registries, journals, regulators)
Consent or assent	26a	Who will obtain informed consent or assent from potential trial participants or authorized surrogates(대리인), and how (see item 32)
	26b	Additional consent provisions for collection and use of participant data and biological specimens in ancillary studies, if applicable(동의서, 생체 조직 활용 동의서 등)
Confidentiality	27	How personal information about potential and enrolled participants will be collected, shared, and maintained in order to protect confidentiality before, during, and after the trial(개인 정보 활용 동의서.등)
Declaration of interests	28	Financial and other competing interests for principal investigators for the overall trial and each study site
Access to data	29	Statement of who will have access to the final trial data set, and disclosure of contractual(계약서상의) agreements that limit such access for investigators
Ancillary and post-trial care	30	Provisions(조항, 준비), if any, for ancillary(부가적인) and post-trial care, and for compensation(보상) to those who suffer harm from trial participation
Dissemination policy	31a	Plans for investigators and sponsor to communicate trial results to participants, health care professionals, the public, and other relevant groups (e.g., via publication, reporting in results databases, or other data-sharing arrangements), including any publication restrictions
	31b	Authorship eligibility guidelines and any intended use of professional writers
	31c	Plans, if any, for granting public access to the full protocol, participant-level data set, and statistical code
Appendices		
Informed consent materials	32	Model consent form and other related documentation given to participants and authorized surrogates
Biological specimens	33	Plans for collection, laboratory evaluation, and storage of biological specimens for genetic or molecular analysis in the current trial and for future use in ancillary studies, if applicable

24번부터 33번은 특히나 SPIRIT에만 있는 것으로 33번이 마지막입니다. data의 질을 높이고, 예상되는 다양한 가능성에 대비하기 위한 항목들도 많습니다. 읽어보는 것만으로도 protocol 을 만들 때 어떻게 해야 할지 방향을 잡을 수 있습니다.

Results		
Participant flow (a diagram is strongly recommended)	13a	For each group, the numbers of participants who were randomly assigned, received intended treatment, and were analysed for the primary outcome
	13b	For each group, losses and exclusions after randomisation, together with reasons
Recruitment	14a	Dates defining the periods of recruitment and follow-up
	14b	Why the trial ended or was stopped
Baseline data	15	A table showing baseline demographic and clinical characteristics for each group
Numbers analysed	16	For each group, number of participants (denominator) included in each analysis and whether the analysis was by original assigned groups
Outcomes and estimation	17a	For each primary and secondary outcome, results for each group, and the estimated effect size and its precision (such as 95% confidence interval)
	17b	For binary outcomes, presentation of both absolute and relative effect sizes is recommended
Ancillary analyses	18	Results of any other analyses performed, including subgroup analyses and adjusted analyses, distinguishing pre-specified from exploratory
Harms	19	All important harms or unintended effects in each group (for specific guidance see CONSORT for harms)
Discussion		
Limitations	20	Trial limitations, addressing sources of potential bias, imprecision, and, if relevant, multiplicity of analyses
Generalisability	21	Generalisability (external validity, applicability) of the trial findings
Interpretation	22	Interpretation consistent with results, balancing benefits and harms, and considering other relevant evidence
Other information		
Registration	23	Registration number and name of trial registry
Protocol	24	Where the full trial protocol can be accessed, if available
Funding	25	Sources of funding and other support (such as supply of drugs), role of funders

이것은 CONSORT의 것으로 우리가 흔히 보는 논문의 양식에 맞는 항목들이며 당연히 결과에 관련된 부분이므로 SPIRIT에는 이에 대한 언급이 없습니다. 그렇지만 23, 24, 25번의 내용은 SPIRIT과 중복됩니다.

미국 NIH의 protocol

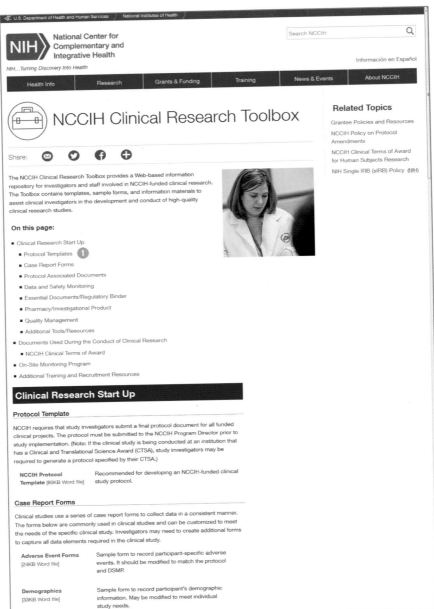

U.S. Department of Health and Human Services   National Institutes of Health

NIH National Center for Complementary and Integrative Health

NIH...Turning Discovery Into Health

Search NCCIH

Información en Español

| Health Info | Research | Grants & Funding | Training | News & Events | About NCCIH |

NCCIH Clinical Research Toolbox

Share:

Related Topics

Grantee Policies and Resources

NCCIH Policy on Protocol Amendments

NCCIH Clinical Terms of Award for Human Subjects Research

NIH Single IRB (sIRB) Policy (NIH)

The NCCIH Clinical Research Toolbox provides a Web-based information repository for investigators and staff involved in NCCIH-funded clinical research. The Toolbox contains templates, sample forms, and information materials to assist clinical investigators in the development and conduct of high-quality clinical research studies.

On this page:

- Clinical Research Start Up
  - Protocol Templates ①
  - Case Report Forms
  - Protocol Associated Documents
  - Data and Safety Monitoring
  - Essential Documents/Regulatory Binder
  - Pharmacy/Investigational Product
  - Quality Management
  - Additional Tools/Resources
- Documents Used During the Conduct of Clinical Research
  - NCCIH Clinical Terms of Award
- On-Site Monitoring Program
- Additional Training and Recruitment Resources

Clinical Research Start Up

Protocol Template

NCCIH requires that study investigators submit a final protocol document for all funded clinical projects. The protocol must be submitted to the NCCIH Program Director prior to study implementation. (Note: If the clinical study is being conducted at an institution that has a Clinical and Translational Science Award (CTSA), study investigators may be required to generate a protocol specified by their CTSA.)

NCCIH Protocol Template [80KB Word file]   Recommended for developing an NCCIH-funded clinical study protocol.

Case Report Forms

Clinical studies use a series of case report forms to collect data in a consistent manner. The forms below are commonly used in clinical studies and can be customized to meet the needs of the specific clinical study. Investigators may need to create additional forms to capture all data elements required in the clinical study.

Adverse Event Forms [24KB Word file]   Sample form to record participant-specific adverse events. It should be modified to match the protocol and DSMP.

Demographics [33KB Word file]   Sample form to record participant's demographic information. May be modified to meet individual study needs.

Ch10. Protocol 만들기

6.1 → Schedule of Evaluations

Assessment	Screening: Visit 1 (Day -14 to Day -1)	Baseline, Enrollment, Randomization: Visit 1 (Day 0)	Treatment Visit 2 (W1)	Treatment Visit 3 (W2)	Treatment Visit 4 (W3)	Treatment Visit 5 (W4)	Treatment Visit 6 (W5)	Followup: Final Visit (W10)
Informed Consent Form	X							
Demographics	X							
DXA	X							X
Medical History	X							X
General Physical Examination	X	X	X				X	X
Current Medications	X	X						
Blood Chemistries	X	X						
Hematology	X	X	X			X		X
Urine Analysis	X	X	X			X		X
Vital Signs	X	X	X	X	X	X	X	X
Inclusion/Exclusion Criteria		X						
Enrollment/Randomization		X						
Treatment Administration Form			X	X	X	X	X	
Concomitant Medications		X	X	X	X	X	X	X
Adverse Events		X	X	X	X	X	X	X

6.2 → Description of Evaluations

Descriptions for the Schedule of Evaluations define what is to be done at each study period and include special considerations or instructions for evaluations.

This section should include definitions of the column headings in the Schedule of Evaluations and any special instructions.

6.2.1 → Screening Evaluation

These evaluations occur to determine if the candidate is eligible for the study.

Consenting Procedure

Before any screening procedure is performed, informed consent must be obtained. Indicate whether there will be two consenting processes or a single informed consent form that describes both the screening and study procedures.

State which study staff will conduct the consent process and how it will be implemented.

Describe individual's education and informed consent process; any plan for review of consent document in case changes may be required; and how documentation of signed consent will be maintained by the study.

Screening

Specify allowable range of time prior to study entry during which all screening evaluations to determine eligibility must be completed. List and briefly describe all screening evaluations in bulleted format.

Include only those evaluations that are necessary to assess whether an individual meets enrollment criteria. Discuss the sequence of events that should occur during screening and the decision points regarding eligibility. List the time frame prior to enrollment within which screening tests and evaluations must be done. For example, DXA must be measured within 30 days of study enrollment.

6.2.2 → Enrollment, Baseline, and/or Randomization

Enrollment

The act of enrolling a study participant should be defined. Since informed consent must be obtained if screening procedures are not a part of routine care, some studies use two informed consents: one for screening and one for enrollment. In this case the enrollment date is day the individual has met all the screening criteria and signs the second informed consent form.

Some studies utilize a single informed consent form that describes both screening and study procedures. In these studies, enrollment is defined as the randomization date or as the date all of the screening criteria are met and the individual agrees to participate.

In any case the enrollment date should be defined and recorded on a case report form along with the allowable window between screening and randomization.

Baseline Assessments

For participants who have successfully been screened for eligibility and are enrolled into the study, baseline assessments are performed against which to measure the study outcome. They also ensure that the groups are balanced with respect to baseline characteristics. For example if the study hypothesis is "dietary intervention and exercise will reduce body weight by X% within one year", body weight will be assessed and documented.

List and briefly describe all baseline evaluations in a bulleted format.

Randomization

Randomization must precede intervention administration in a randomization study.

Specify time window for (a) randomization relative to completion of screening and baseline and (b) initiation of study intervention relative to randomization.

375

NIH에는 임상연구를 위해서 각종 자료를 다운받을 수 있는 toolbox가 마련되어 있습니다. 우리는 여기(https://nccih.nih.gov/grants/toolbox#OSMfaq)에서 protocol의 template❶을 얻을 수 있습니다. (그 외 매우 유용한 자료들을 많이 얻을 수 있지만, 지금은 일단 protocol에만 집중하겠습니다.)

23쪽짜리 template의 제목이 체계적으로 열거❷되어 있습니다. 그중에서 SPIRIT 2013에서 보여주었던 그림과 비슷한 것❸이 여기에도 있군요. 이 파일이 저장된 것은 2015년 7월 17일로 VER 1.0입니다.

한국 식약처의 protocol

한국어로 된 이와 비슷한 자료가 있으면 좋겠습니다.

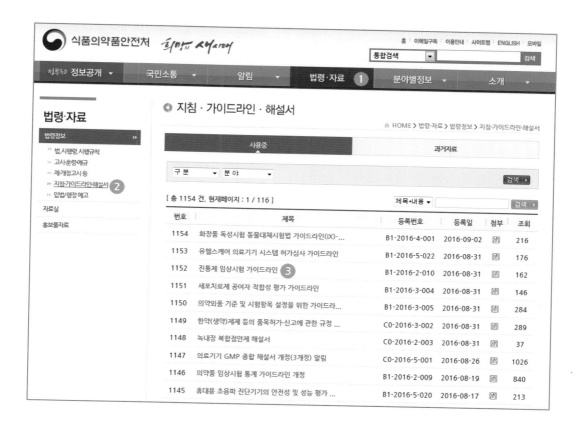

식품의학품안전처(http://www.kfda.go.kr)에 가서 '법령 자료❶' 아래의 '지침 가이드라인 해설
서❷'를 보면 다양한 가이드라인을 찾을 수 있습니다. 그중 하나로 '진통제 임상시험 가이드
라인❸'을 다운받아보겠습니다.

아마도 2005년부터 효능군별로 가이드라인을 만들고 있는 듯합니다. 비교적 최근에 올린 것이 이 '진통제 임상시험 가이드라인'으로 유용한 정보가 많습니다만, 연구책임자 등등 다른 내용은 없고 진통제에 국한된 정보만 나와 있습니다. protocol template이라기보다는 protocol을 만들 때 사용할 수 있는 참고자료에 가깝습니다.

24쪽에 걸친 자료인데 제가 좋아하는 책갈피 기능이 없어서 찾아보기가 불편합니다.

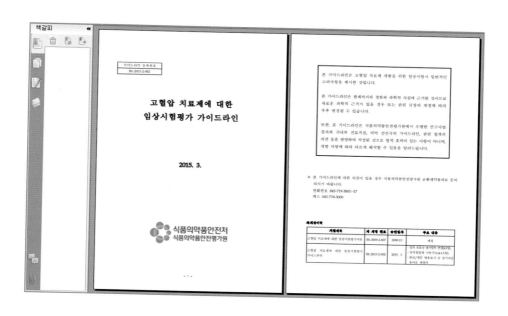

'고혈압 치료제에 대한 임상시험평가 가이드라인'은 2015년 3월에 나온 것입니다. 역시 책갈피 기능은 없으며 protocol template이라고 보기는 힘들 것 같습니다.

식약처 '의료기기안전국(http://www.mfds.go.kr/medicaldevice)'의 '자료실❶'로 가보겠습니다.

'시험검사/임상시험❷' 항목에서 최초에 발행된 것❸을 보면 '~길라잡이'라고 표현된 것이 있습니다(빨간 박스). 이 중에 한 가지를 선택해 다운받아보겠습니다.

> # 임상시험계획서에 포함되어야 할 사항은 다음과 같다.
>
> - 의료기기법 시행규칙 제12조 제2항 참조
>
> 1. 임상시험의 명칭
> 2. 임상시험실시기관의 명칭 및 소재지
> 3. 임상시험의 책임자·담당자 및 공동연구자의 성명 및 직명
> 4. 임상시험용 의료기기를 관리하는 관리자의 성명 및 직명
> 5. 임상시험의뢰자의 성명 및 주소
> 6. 임상시험의 목적 및 배경
> 7. 임상시험용 의료기기의 사용목적 (대상질환 또는 적응증을 포함한다.)
> 8. 피험자의 선정기준·제외기준·인원 및 근거
> 9. 임상시험 기간
> 10. 임상시험 방법 (사용량·사용방법·사용기간·병용요법 등을 포함한다.)
> 11. 관찰항목·임상검사항목 및 관찰검사방법
> 12. 예측되는 부작용 및 사용 시 주의 사항
> 13. 중지·탈락 기준
> 14. 성능의 평가기준, 평가방법 및 해석방법 (통계분석방법에 의한다.)
> 15. 부작용을 포함한 안전성의 평가기준·평가방법 및 보고방법
> 16. 피험자동의서 서식
> 17. 피해자 보상에 대한 규약
> 18. 임상시험 후 피험자의 진료에 관한 사항
> 19. 피험자의 안전보호에 관한 대책
> 20. 그 밖의 임상시험을 안전하고 과학적으로 실시하기 위하여 필요한 사항

1쪽에는 반드시 포함되어야 할 항목들이 열거되어 있고, 연구의 책임자, 연락처 등을 포함하여 protocol이 갖추어야 할 내용들이 예시와 함께 설명되어 있습니다. Template으로 쓰기에 적절한 용도입니다.

예 **인공무릎관절**

8.1 피험자 선정 기준

☐ 인공무릎관절의 객관적 적응증이 되는 질환과 나이
  ○ 예, 퇴행성 관절염, 류마토이드 관절염, 외상 후 관절염, 기타 관절염 환자
  ○ 예, 45세부터 75세인 자
☐ 대상 피험자 중 임상 시험 설명 후 자발적 동의 절차 확인

8.2 제외 기준

☐ 일반적인 제외 기준 환자
  ① 면역이 억제된 환자
  ② 전신적인 상태가 위중한 환자
  ③ 취약한 환경에 있는 피험자(Vulnerable Subject)
  ④ 임신한 여자
  ⑤ 약물 또는 알코올 중독자
  ⑥ 추시 결과와 재활에 영향을 미칠 수 있는 정신질환자
  ⑦ 과체중 환자
    * 예 BMI > 40 이상

☐ 그 외 제외 기준 환자
  ① 인공무릎관절의 결과에 영향을 미칠 수 있는 질환 선별

- 10 -

의료기기 임상시험계획서 작성을 위한 길라잡이

    (예, 감염)
  ② 인공무릎관절 수술의 불량한 결과를 예측할 수 있는 질환 선별
    (예, 무릎관절유합 상태, 신경병성 관절)
  ③ 술 전 관절운동범위 제한이 심한 환자
  ④ 추시 누락이나 임상시험 동의 철회 환자
  ⑤ 양측 동시 슬관절 전치환술 시행 환자(연구 책임자의 판단이 필요함)
    * 술 전 기능 점수, 관절운동범위, 변형의 정도는 술 후 결과에 많은 영향을 미치므로 각 군간 결과의 비교를 하는 연구에서는 중등도 이상의 기능 점수나 관절운동범위, 변형 정도를 조건화 하는 것이 좋다.

10쪽에는 '선정 기준'과 '제외 기준'이 질환군에 맞추어 예시되어 있어서 거의 그대로 사용할 수 있을 정도의 template이라고 할 수 있습니다.

표 1. 평행설계와 교차설계

구분	평행설계	교차설계
정의	피험자가 2개 이상의 군 중 한 군에 무작위 배정되며 각 피험자는 하나의 치료만을 받음	피험자가 한 가지 이상의 치료를 다른 용량기간(dosing period)에 받음
장점	- 간단하고 수행하기 쉬움 - 보편적으로 인정 - 급성 질병에도 적용 가능 - 통계적 분석 및 해석의 용이	- 피험자 내에서의 비교 가능 - 피험자간의 변이성 제거 - 만성적이며 안정적인 질병에 적합 - 짧은 치료기간을 고려중인 시험에 적합
단점	- 예후인자의 고려가 어려움 - 피험자 모집이 느림	- 통계적 분석 및 해석의 어려움 - 반감기가 긴 약물에 대해서는 수행의 어려움

표 2. 확률화 방법

구분	설명
단순 확률화 (Simple randomization)	- 각 피험자는 각 군에 할당될 확률이 모두 같음 - 처리 할당의 확률화는 전체 N명의 피험자 각각에 대해 독립적으로 수행 - 실행하기 쉽지만 처리 불균형이 나타날 확률이 높음 임상시험에서는 거의 사용하지 않음
블록 확률화 (Block randomization)	- 블록 지정 후 각 블록에서 확률화 할당 - 처리 불균형 해소 - 예후인자 고려가 힘듦
층화 확률화 (Stratified randomization)	- 주 변수의 영향을 미치는 예후인자에 대하여 층화한 후 각 층에서 단순 확률화 - 예후인자의 고려가 용이 - 예후인자가 많은 경우 수행이 힘듦

15쪽에는 protocol template이면서 동시에 연구자들을 공부시켜주는 내용도 같이 있어서 과도할 정도로 친절하다는 생각이 듭니다.

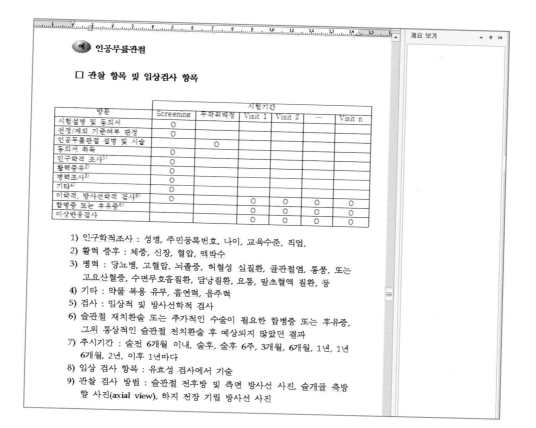

20쪽에는 SPRIT 2013에 나왔던 timeline이 나와 있습니다. 84쪽에 이르는 꽤 잘 만들어진 문서라고 할 수 있습니다. 이 파일은 HWP 파일인데, 안타깝게도 '개요 보기'를 해도 전체 문장의 개요를 볼 수 없습니다. HWP의 '개요 보기'는 긴 글을 체계적으로 보여주기에 매우 유용한 기능인데, 이 문서는 그렇게 만들어지지 않았습니다. 어떤 문서는 PDF로 되어 있지만 그것 역시 '개요 보기'와 유사한 기능을 하는 '책갈피'가 없습니다. 저는 HWP를 사용하는 교수님이나 공무원께서 꼭 '개요 보기' 기능을 활용하기를 강조합니다. 이 기능은 글을 쓰는 사람이나 보는 사람 모두에게 매우 도움이 됩니다.

8.1 피험자 선정 기준

☐ 인공무릎관절의 객관적 적응증이 되는 질환과 나이

· · · 예, 퇴행성 관절염, 류마토이드 관절염, 외상 후 관절염, 기타 관절염 환자

· · · 예, 45세부터 75세인 자

☐ 대상 피험자 중 임상 시험 설명 후 자발적 동의 절차 확인

8.2 제외 기준

☐ 일반적인 제외 기준 환자

· · · ① 면역이 억제된 환자

· · · ② 전신적인 상태가 위중한 환자

· · · ③ 취약한 환경에 있는 피험자(Vulnerable Subject)

· · · ④ 임신한 여자

· · · ⑤ 약물 또는 알코올 중독자

· · · ⑥ 추시 결과와 재활에 영향을 미칠 수 있는 정신질환자

· · · ⑦ 과체중 환자

· · · * 예, BMI > 40 이상

☐ 그 외 제외 기준 환자

· · · ① 인공무릎관절의 결과에 영향을 미칠 수 있는 질환 선별

· · · · · (예, 감염)

· · · ② 인공무릎관절 수술의 불량한 결과를 예측할 수 있는 질환 선별

· · · · · (예, 무릎관절유합 상태, 신경병성 관절)

· · · ③ 술 전 관절운동범위 제한이 심한 환자

· · · ④ 추시 누락이나 임상시험 동의 철회 환자

· · · ⑤ 양측 동시 슬관절 전치환술 시행 환자(연구 책임자의 판단이 필요함)

　　　* 술 전 기능 점수, 관절운동범위, 변형의 정도는 술 후 결과에 많은 영향을
　　　미치므로 각 군간 결과의 비교를 하는 연구에서는 중등도 이상의 기능 점수
　　　나 관절운동범위, 변형 정도를 조건화 하는 것이 좋다.

8.3 고려 사항

☐ 지속적으로 복용중인 약물(특히 steroids)

☐ 흡연력(nicotine)

☐ 음주력

그래서 이 hwp 파일을 워드파일로 변환해서 찾아보기 좋도록 만들어 http://blog.naver.com/kjhnav/220807822755에 첨부하여 두었습니다. 원본인 hwp 파일과 보기 좋게 바꾼 docx 파일, 그리고 NIH에서 나온 영어 docx 파일까지 3가지를 첨부하였습니다.

아무쪼록 protocol을 만드는 작업이 귀찮은 통과 작업이나 알지 못하는 암호문으로 여겨지지 않고, 알고자 하는 궁금증을 해결해주는 중요한 도구로서 쓰이기를 바랍니다. 또 분명한 효과를 재현가능한 방법으로 증명하여 인류에 도움이 되는 지식을 만드는 도구로서 사용되기를 바랍니다.

부록.
Primary outcome이 실패하면 어떻게 할까?

지금까지의 이야기를 잘 이해하셨다면 이 질문에 대한 답은 자명할 것입니다.

공부하면 시험 문제를 잘 풀 수 있지만, 시험 문제를 풀면서 공부한 것을 더 잘 이해할 수도 있듯이, 이 질문의 대답을 생각해보면 앞서 배운 것들의 의미를 깊이 있게 이해할 수 있을 것입니다.

서론

이 질문에 대해 답변한 논문이 있어서 같이 읽어보면 좋을 듯합니다. The Primary Outcome Fails — What Next? 라는 제목의 글로 NEJM에 2016년 9월에 나온 무료로 볼 수 있는 논문입니다. 저자는 London School of Hygiene and Tropical Medicine의 의학통계학과에 있는 Stuart J. Pocock, Ph.D.와 Columbia University Medical Center의 Gregg W. Stone, M.D.입니다. 예제들은 모두 심장에 관련된 것들이지만, 이해하는 데 큰 어려움은 없을 것입니다.

아래의 Questions to Ask When the Primary Outcome Fails.가 열거되면서 하나씩 답변해가는 양식으로 진행됩니다.

> Is there some indication of potential benefit?
> Was the trial underpowered?
> Was the primary outcome appropriate (or accurately defined)?
> Was the population appropriate?
> Was the treatment regimen appropriate?
> Were there deficiencies in trial conduct?
> Is a claim of noninferiority of value?
> Do subgroup findings elicit positive signals?
> Do secondary outcomes reveal positive findings?
> Can alternative analyses help?
> Does more positive external evidence exist?
> Is there a strong biologic rationale that favors the treatment?

이 질문들은 여러분들이 이미 생각해본 것일 수 있고, 생각해볼 만한 것입니다. 본론을 읽어보기 전에 먼저 생각해보시기 바랍니다. 단, 이 질문들은 잘 시행된 RCT이면서 우위성 검정임을 전제로 하고 있습니다.

본론

본론은 앞에서 보았던 질문들에 대한 답변으로 구성되어 있습니다. 논문에 나왔던 내용을 소개하면서도 적절히 보충 설명을 곁들이겠습니다.[1]

Is there some indication of potential benefit?

만일 p값이 0.05보다 많이 높은 경우, 뭔가 더 우수하다는 것을 전제할 만한 이유가 없다면 결론은 단순하고 확고합니다. 우수하지 않은 것이죠. PERFORM trial[2]은 조기에 중단되었습니다. HR은 1.02(95% confidence interval [CI], 0.94 to 1.12)였고, 부작용 면에서도 특별히 우수할 만하게 보이는 이점은 없는 듯했습니다. 반면 TORCH trial[3]에서는 primary outcome의 p값은 0.052로 0.05보다 조금 높았지만, 나머지 outcome은 모두 significant하였습니다. 이런 경우에는 뭔가 다음의 생각할 여지를 남겨둔 것이죠.

1_부록에서 인용한 각 논문의 정보는 편의상 간략하게 표기하였습니다.

2_Terutroban versus aspirin in patients with cerebral ischaemic events (PERFORM): a randomised, double-blind, parallel-group trial. *Lancet*, 2011;377, 2013-2022

3_Salmeterol and fluticasone propionate and survival in chronic obstructive pulmonary disease. *N Engl J Med*, 2007;356, 775-789

Was the Trial Underpowered?

systolic heart failure 환자에 대해 bisoprolol의 효과를 보았는데, CIBIS I trial[1]에서는 621명으로 보았을 때, HR은 0.80(95% CI, 0.56 to 1.15; P=0.22)으로 통계적으로 유의하지 못하였습니다. 그러나 2647명을 대상으로 시행한 CIBIS II trial[2]에서는 HR은 0.66(95% CI, 0.54 to 0.81; P<0.0001)이었습니다. 이때 CIBIS II trial의 HR인 0.66이 첫 연구의 95% CI에 포함되어 있다는 것에 주목할 필요가 있습니다.

대략적으로 말할 때 p>0.05는 의미가 없다기보다는, 즉 negative가 아니라 inconclusive한 것입니다. 이 경우에서처럼 샘플 수가 적어서 결과적으로 power가 적었다고 판단한 경우입니다. 그러면 더 많은 수로 하면 p<0.05일까요? 역시 p>0.05일 수 있습니다. 그래서 지금까지의 결과를 바탕으로 얼마의 숫자가 필요할지 계산해보아야 하는 것입니다.

Was the Primary Outcome Appropriate (or Accurately Defined)?

PROactive trial[3]은 pioglitazone 약물이 제2형 당뇨에 효과가 있는지 본 연구입니다. primary outcome은 여러 가지를 종합하였는데 death, myocardial infarction, stroke, acute coronary

---

1_A randomized trial of β-blockade in heart failure: the Cardiac Insufficiency Bisoprolol Study (CIBIS). *Circulation* 1994;90, 1765-1773

2_The Cardiac Insufficiency Bisoprolol Study II (CIBIS-II): a randomised trial. *Lancet*, 1999;353, 9-13

3_Secondary prevention of macrovascular events in patients with type 2 diabetes in the PROactive Study (PROspective pioglitAzone Clinical Trial In macroVascular Events): a randomised controlled trial. *Lancet*, 2005;366, 1279-1289 syndrome, endovascular surgery, leg amputation으로 잡았습니다. 514명의 event가 발생한 실험군과 572명의 event가 발생한 대조군을 비교하니 p=0.08입니다. 보통 많이 사용하는 outcome으로 death, myocardial infarction, stroke를 잡을 경우 301 : 358 (p=0.03)이 됩니다. 즉 outcome에 너무 많은 것을 포함하면 noise가 포함되어 치료 효과가 희석되었다고 생각됩니다.

CHAMPION PLATFORM trial[1]은 cangrelor을 clopidogrel와 비교하였는데, myocardial infarction의 정의가 명확하지 못해서 유의한 결과를 보이지 못했다고 생각되어[2] 이후에 시행한 CHAMPION PHOENIX[3]에서 22%의 감소가 있었고(p=0.005), 미국과 유럽에서 인정을 받았습니다.

여기서 배울 수 있는 교훈은 primary outcome을 명확하게 정하면서 동시에 약물과 관련된 보다 specific한 것을 골라야 한다는 점입니다. 비유적으로 설명하자면 새로운 수학 교수법의 효과를 보려면 수학 성적을 비교해야 하는데, 전 과목 성적을 비교하면 당연히 효과가 희석될 것입니다. 또는 수학 교수법이라고 하더라도 좀 더 세분하여 방정식, 미적분, 집합론, 통계 등 새 교수법이 특별히 효과적이라고 생각되는 부분을 비교할수록 더욱 명확하게 검정될 것입니다.

1_Intravenous platelet blockade with cangrelor during PCI. *N Engl J Med*, 2009;361, 2330-2341

2_A novel approach to systematically implement the universal definition of myocardial infarction: insights from the CHAMPION PLATFORM trial. *Heart*, 2013;99, 1282-1287

3_Effect of platelet inhibition with cangrelor during PCI on ischemic events. *N Engl J Med*, 2013;368, 1303-1313

Was the population appropriate?

BEAUTIFUL[1]과 SIGNIFY[2]와 stable coronary disease 환자를 포함한 대규모 연구였는데 ivabradine의 효과를 보여주는 데 실패했습니다. SHIFT trial[3]은 chronic heart failure를 포함한 연구에서 26%의 감소(P<0.0001)를 보였습니다. 대상을 정확히 선정하는 것이 중요하다는 점을 보여주는 연구입니다.

한편 효과가 있는 대상과 효과가 없는 대상을 함께 포함하는 경우에도 역시 noise가 발생하여 효과를 희석시킵니다. 예를 들어 노인 환자에게 특히 효과적인 치료법을 전 연령층을 대상으로 하거나, 아시아인에게 특히 효과적인 치료법을 여러 인종에게 적용하면 효과를 희석시킬 수도 있습니다. 또 같은 질병이더라도 stage I에서는 효과적인 치료법인데, stage II나 III 환자도 포함되면 효과가 희석될 수 있습니다. 앞서 했던 비유인데, 사과에 효과적인 새로운 농법을 사과와 배를 섞어서 적용하여 비교하면 샘플 수는 늘어나지만 효과는 희석되어 증명하기 힘들어집니다.

1_Ivabradine for patients with stable coronary artery disease and left-ventricular systolic dysfunction (BEAUTIFUL): a randomised, double-blind, placebo-controlled trial. *Lancet*, 2008;372, 807-816

2_Ivabradine in stable coronary artery disease without clinical heart failure. *N Engl J Med*, 2014;371, 1091-1099

3_Ivabradine and outcomes in chronic heart failure (SHIFT): a randomised placebo-controlled study. *Lancet*, 2010;376, 875-885

Was the treatment regimen appropriate?

TARGET trial[1]과 MOXCON trial[2]은 dosage의 문제였습니다. 전자는 너무 낮았고, 후자는 너무 높았습니다. 보통은 phase 2 연구에서 dose를 결정하기에 추가적으로 dose를 결정할 일은 많지 않지만, PEGASUS-TIMI 54[3]의 경우에는 placebo와 함께, 60mg과 90mg을 사용하여 3군으로 연구를 하였습니다.

Were there deficiencies in trial conduct?

좌심실의 ejection fraction이 보존된 심부전 환자를 대상으로 6개국이 포함된 TOPCAT trial[4]은 (hazard ratio 0.89; 95% CI, 0.77 to 1.04; p=0.14)로 통계적으로 의미 없는 결과가 나왔습니다. 그런데 Russia와 Georgia의 결과에서는 event가 너무 적게 나왔고, 나머지 4군데의 결과만 분석하면 (hazard ratio, 0.82; 95% CI, 0.69 to 0.98; p=0.026)으로 유의하게 나왔습니다. 어쩌면 두 개 나라의 경우는 연구진이 충분히 훈련을 받지 못했거나, 검사 장비가 나빴거나, 피험자들이 실험을 정확히 이해하지 못했을 수도 있습니다. 어쩌면 실제로 나라에 따라서 효과가

1_Comparison of two platelet glycoprotein IIb/IIIa inhibitors, tirofiban and abciximab, for the prevention of ischemic events with percutaneous coronary revascularization. *N Engl J Med*, 2001;344, 1888-1894

2_Adverse mortality effect of central sympathetic inhibition with sustained-release moxonidine in patients with heart failure (MOXCON). *Eur J Heart Fail*, 2003;5, 659-667

3_Long-term use of ticagrelor in patients with prior myocardial infarction. *N Engl J, Med* 2015;372, 1791-1800

4_Spironolactone for heart failure with preserved ejection fraction. *N Engl J Med*, 2014;370, 1383-1392

다를 수도 있습니다. 그러나 이 경우는 subgroup analysis로서 그 결과를 확신할 수 없습니다. 그렇기 때문에 연구가 진행되기 전에 loss된 환자가 없도록 계획을 세우고, 검사자는 제대로 훈련받았는지 확인하는 것이 중요합니다. 경우는 약간 다르지만, 사과와 배의 비유에서처럼 효과가 없는 배가 섞여서 효과가 희석된 것과 비슷하게 특정 지역이나, 특정 연구원, 특정 검사 장비의 결과가 믿을 수 없게 되어버리면 전체적으로 결과가 희석됩니다.

Is a claim of noninferiority of value?

이 부분은 본문을 좀 소개하는 것이 좋겠군요.

> When a new treatment fails to show superiority to an active control, can noninferiority be claimed? Such a claim can be desirable if the new treatment has other advantages (e.g., it is less invasive or has fewer side effects), but in most cases it is appropriate to make that claim only if the noninferiority hypothesis was prespecified.

새로운 치료법이 우수하다는 것을 보이는 데 실패했다면 비열등하다고 주장할 수 있을까요? 새 치료법이 덜 침습적이거나 부작용이 적다면 그럴 수도 있지만, 대부분의 경우에 비열등성 가설이 선행된 연구이어야 합니다. 앞서 자주 이야기한 내용이며 제가 말하는 p의 3대 오결론 중의 하나입니다.

VALIANT trial[1]에서는 (hazard ratio, 1.00; 97.5% CI, 0.90 to 1.11; p=0.98)였습니다. 그리고 noninferiority margin을 1.13로 잡았기 때문에 비열등성 범위도 확보되어 비열등하다고 주장할 만합니다. 그렇지만 side effects가 더 많이 발생하였기 때문에 비열등하다고 주장하기 어려웠습니다.

1_Valsartan, captopril, or both in myocardial infarction complicated by heart failure, left ventricular dysfunction, or both. *N Engl J Med*, 2003;349, 1893-1906

VALIANT trial의 예는 사실 이런 경우에 적절한 사례는 아닙니다. 너무 많은 예들이 이 경우에 속합니다. 여러분들의 분야에서 가장 좋다고 하는 top journal 중의 하나를 골라서 이런 관점으로 한번 자세히 읽어보십시오. 당장 많은 예를 찾게 될 것입니다. 다음에 이어질 subgroup 결과에 대한 예도 금방 찾을 겁니다.

Do subgroup findings elicit positive signals?

Although it is appropriate to consider subgroup findings in any major trial, for a trial in which the overall result for the primary outcome is neutral or negative, such considerations are often misleading ~~ even if the findings from statistical tests of interaction are significant, such findings should usually be perceived as useful for generating hypotheses at best

원문을 그대로 옮겨보면 전체는 유의하지 않게 나오고, subgroup에서는 유의하게 나온 것은 misleading할 가능성이 많습니다. 그리고 그것은 결론이 아니라 (기껏해야 at best) 가설 (hypotheses)로 생각해서 다음 연구를 위한 재료로 사용될 수 있습니다.

SYNTAX trial[1]에서 전체적으로는 CABG군이 더 우수한 것으로 나왔는데, subgroup with left main coronary artery disease에서는 PCI가 acceptable (possibly superior) alternative로 보였으므로 이어지는 EXCEL trial[2]을 하도록 했고 그 결과는 2016년 가을에 나올 것입니다.

EXCEL trial 결과는 어떨까요? 앞서 배웠듯이 subgroup의 결과는 우연에 의한 false positive일 가능성이 증가하므로, 이어지는 EXCEL trial의 결과는 어떻게 될지 알 수 없습니다(안다면

1_Coronary artery bypass graft surgery versus percutaneous coronary intervention in patients with three-vessel disease and left main coronary disease: 5-year follow-up of the randomised, clinical SYNTAX trial. *Lancet*, 2013;381, 629-638

2_Design and rationale for a randomized comparison of everolimus-eluting stents and coronary artery bypass graft surgery in selected patients with left main coronary artery disease: the EXCEL trial. EuroIntervention 2016 (in press).

왜 새로 시도할까요? 모르니까 시도하는 거지요).

Do secondary outcomes reveal positive findings?

secondary outcomes에서 의미 있게 나온 것은 결론적인 것이 아닙니다. usually considered to be hypothesis-generating라고 표현되어 있군요. 다음 연구에서 primary outcome으로 두고 연구해야 할 것입니다. 물론 이런 결과도 guideline이나 치료 현장에 영향을 줄 수 있습니다.

ASCOT trial[1]에서 primary outcome에 대한 hazard ratio는 0.90 (95% CI, 0.79 to 1.02; p=0.11)였습니다.

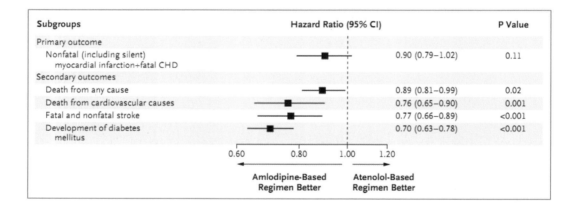

그런데 여러 Secondary outcomes들이 Amlodipine-Based Regimen이 우수한 쪽으로 결과를 보여주었습니다. 돌아보면 primary outcome을 잘못 설정한 것이라고 할 수 있습니다(In

---

1_Prevention of cardiovascular events with an antihypertensive regimen of amlodipine adding perindopril as required versus atenolol adding bendroflumethiazide as required, in the Anglo-Scandinavian Cardiac Outcomes Trial-Blood Pressure Lowering Arm (ASCOT-BPLA): a multicentre randomised controlled trial. *Lancet*, 2005;366, 895-906 hindsight, the primary outcome was an odd choice). 이 경우는 atenolol을 더 권장하지 않는 쪽으로 secondary outcome의 결과가 recommendation에 영향을 주었습니다. (이런 경우가 일반적이라고 할 수는 없습니다.)

MATRIX trial[1]에서 primary outcome에 대해서는 relative risk, 0.94(95% CI, 0.81 to 1.09; p=0.44)의 결과를 보여서 의미가 없었는데, secondary outcome의 결과는 relative risk, 0.71(95% CI, 0.51 to 0.99; p=0.04)였습니다. 이상적으로는 다음 연구에서 검정해야 합니다. (ideally requires an additional adequately powered trial for resolution.)

Can alternative analyses help?

Covariate Adjustment

Covariate-adjusted analysis that includes baseline variables strongly related to the primary outcome will result in slightly greater statistical power than a crude unadjusted analysis. However, if the covariates were not precisely prespecified or the adjusted analysis was not predeclared as primary, the finding will be perceived as interesting and exploratory rather than one that affects the main conclusions of the trial.

공변량을 분석하는 통계법에 관해 앞서 이야기했던 내용입니다. 사전에 미리 protocol에 계획된 것이 아니라면 adjustment한 통계 방법의 결과는 main conclusion이 될 수 없습니다. Interesting and exploratory 하지만 말이죠.

SPARCL trial [2]에서는 adjust하지 않고서는 p=0.05가 나왔습니다. prespecified, covariate-adjusted analysis의 hazard ratio는 0.84(95% CI, 0.71 to 0.99; p=0.03)입니다. 그런데 이 연구에서는 어떤 것이 primary outcome인지 명확하지 않았습니다. 결론은 modest(대단치 않은, 조심

1_Bivalirudin or unfractionated heparin in acute coronary syndromes. *N Engl J Med*, 2015;373, 997-1009

2_The Stroke Prevention by Aggressive Reduction in Cholesterol Levels (SPARCL) Investigators. High-dose atorvastatin after stroke or transient ischemic attack. *N Engl J Med*, 2006;355, 549-559

스런, 소극적인) evidence라고 할 수 있습니다.

As-Treated or Per-Protocol Analyses

Analysis conducted according to the intention-to-treat principle is the main method used to make a valid comparison between two treatment strategies according to the treatments that were actually delivered to all patients who underwent randomization. When an intention-to-treat analysis fails to reach statistical significance, arguments are advanced that nonadherence and treatment crossovers may have masked real treatment effects and that as-treated or per-protocol analyses may get closer to the truth. Unfortunately, the use of as-treated or per-protocol populations introduces selection bias, because patients who do not adhere to the treatment regimen and those who cross over to the other treatment strategy may have a different prognosis that is unrelated to actual treatment. Hence, such analyses rarely influence conclusions regarding treatment efficacy that are based on the intention-to-treat principle. However, on-treatment analyses may be considered appropriate when safety issues are examined.

이 부분은 전부를 그대로 넣었는데, 해석이 쉽고 앞에서 여러 번 강조했던 것은 반복이라서 다시 언급할 사항이 없겠습니다. As-treated가 더 진실에 가깝다고 주장하고 싶은 마음은 있겠지만, 이것은 selection bias가 작용합니다. 마지막 문장도 의미가 있습니다. 부작용이나 안전성 평가에서는 on-treatment analyses가 더 적당합니다.

STICH trial[1]에서는 ITT로는 primary outcome의 HR은 0.86 (95% CI, 0.72 to 1.04; p=0.12)으로 유의하지 않았습니다. as-treated와 PP에서는 각각 p<0.001와 p=0.005입니다.

Nonetheless, the principal conclusion remained 'no significant difference' 그럼에도 불구하고 주된 결과는 '통계적으로 의미 없다'입니다. 그 외 다른 여러 outcome들을 종합할 때 CABG가 좀더 좋다는 쪽으로 생각되기는 하지만, 결론은 그렇습니다.

1_Coronary-artery bypass surgery in patients with left ventricular dysfunction. *N Engl J Med*, 2011;364, 1607-1616

BARI 2D trial[1]에서는 심각한 정도의 crossover가 발생했습니다. medical therapy를 받은 환자의 42%가 반대군으로 넘어간 것입니다. 당연히 우리는 medical therapy의 효과에 대해서 의심할 수밖에 없습니다. when crossovers occur frequently, it is fair to ask whether an adequate distinction may be drawn between the alternative strategies 만일 crossover가 자주 일어난다면, 두 치료법을 명확히 구분하는 것이 가능할지 재고해보아야겠지요. 다시 말해 ITT가 원칙이더라도 crossover가 많이 일어났다면, 연구 결과를 신뢰하기 힘듭니다.

Analyses of Repeat Events

반복적으로 사건이 발생하는 경우에 처음 발생한 것만 분석하게 된다면 통계적인 검정력이 떨어지게 됩니다. 통계적인 검정력이 떨어진다는 말은 '차이 있는 두 모집단에서 추출된 자료가 차이 있게 나타날 가능성'이 낮아진다는 거죠.

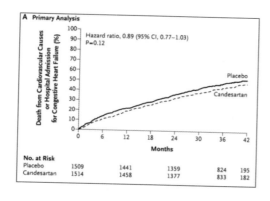
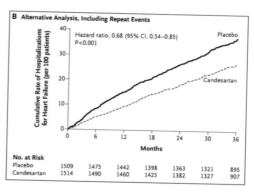

CHARM-Preserved trial[2]에서는 HR이 0.89(95% CI, 0.77 to 1.03; p=0.12)로 통계적인 차이가 없었지만, 추가 분석에서 반복적인 사건을 분석하였을 때 HR은 0.75(95% CI, 0.62 to 0.91;

1_A randomized trial of therapies for type 2 diabetes and coronary artery disease. *N Engl J Med*, 2009;360, 2503-2515

2_Analysing recurrent hospitalizations in heart failure: a review of statistical methodology, with application to CHARM-Preserved. *Eur J Heart Fail*, 2014;16, 33-40 p=0.003)가 되었습니다. 저자는 "recurrent events should be routinely incorporated into the analysis of future clinical trials in heart failure."라고 했습니다. 그렇지만 이 연구에서는 적어도 추가분석의 결과를 결론으로 삼을 수는 없습니다.

Does more positive external evidence exist?

충분히 검정력을 가진 연구에서 통계적인 유의성이 없게 결과가 나왔는데, 선행 연구들에서는 차이가 있다고 나온 경우라면, 그 선행 연구들을 다시 주도면밀하게 검토해보아야 합니다.

the strength and quality of prior studies must be scrutinized First, nonrandomized comparisons and surrogate(대용의) end points from prior trials are not strong evidence. Evidence from analogous trials or meta-analyses involving similar types of patients, treatments, and outcomes are more valuable.

다른 선행 연구가 무작위 대조 연구가 아니거나 primary outcome이 아닌 경우는 강한 증거라 할 수 없습니다. 유사한 환자와 치료법으로 된 연구(analogous trials)나 meta-analyses가 더 가치 있을 수도 있습니다.

ASPEN trial[1]에서는 HR이 0.90(95% CI, 0.73 to 1.12; p=0.34)으로 나왔습니다. 그러나 더 많은 대상으로 시행한 CARDS trial[2]에서는 HR이 0.63(95% CI, 0.48 to 0.83; p=0.001)으로 나왔고, meta-analysis에서도 유의하게 나왔습니다. 아마도 ASPEN trial은 우연에 의해 그렇게 나온

1_Efficacy and safety of atorvastatin in the prevention of cardiovascular end points in subjects with type 2 diabetes: the Atorvastatin Study for Prevention of Coronary Heart Disease Endpoints in non-insulin-dependent diabetes mellitus (ASPEN). *Diabetes Care*, 2006;29, 1478-1485

2_Primary prevention of cardiovascular disease with atorvastatin in type 2 diabetes in the Collaborative Atorvastatin Diabetes Study (CARDS): multicentre randomised placebo-controlled trial. *Lancet*, 2004;364, 685-696

것이 아닐까요(perhaps ASPEN was just the "unlucky" statin trial). 그러면 (진짜 차이가 있는 두 집단 인데,) 우연에 의해 ASPEN trial과 같이 차이가 없게 나올 확률이 바로 β error이고, 보통 20% 정도로 잡아서 샘플 수를 계산하곤 하죠. 만일 제약회사 사장이거나 대표 연구자라면 20%나 되는 가능성을 용납할 수 있나요? 더 줄이고 싶을 것입니다. 그러면 더 정밀하게 예측값(평균과 표준편차, 발생률 등)을 계산하고, β error의 값을 줄여서, 즉 10%나 5% 정도로 정해서 샘플 수를 계산할 수 있죠. 그러면 보통 샘플 수가 많이 필요하게 됩니다.

Nonetheless, favorable findings from meta-analyses should be interpreted cautiously, given the variations across trials in patient selection, the actual treatments studied, and definitions of outcomes and other differences in trial design and conduct. In general, evidence from one large, adequately powered randomized trial is preferred to that from a meta-analysis of smaller studies. Discrepancies between a large trial and a prior meta-analysis warrant further studies to resolve these inconsistencies.

이 부분은 직접 읽어보시는 것도 좋을 것 같아 그대로 옮겼습니다. 메타분석의 결과를 해석할 때는 신중해야 하고, 대체적으로 하나의 크고 잘 디자인된 RCT가 작은 연구들을 합친 메타분석보다 더 낫습니다.

Is there a strong biologic rationale that favors the treatment?

대부분의 임상연구는 임상전연구에서 과도할 정도의 생물학적인 근거나 동물실험의 결과를 가지고 있습니다. 역사적으로 보면 그런 연구들이 결국에는 유익한 결과를 보이지 않거나 혹은 부작용 때문에 사용할 수 없게 되는 경우가 수없이 많았습니다. 요약하면 biologic rationale이 있다고 해서 임상적으로 우수할 것이라고 생각하는 것은 금물입니다.

결론

요약하면, 통계적으로 의미가 없는 결과가 나왔을 때 3가지 선택이 가능합니다 ① 그래도 우수하다는 것을 주장하는 것, ② 다음 연구를 계획하는 것, ③ 우수하지 않다고 인정하는 것. 각각을 생각해봅시다.

다음의 경우는 primary outcome이 우수함을 보이는 데 실패했지만, 우수성을 주장하는 몇 가지 예들입니다.

- ASCOT and CAPRICORN: Data from secondary outcomes provided strong evidence of superiority
- TOPCAT: Findings were positive after the exclusion of outlier countries
- SYNTAX: Data from a study subgroup provided justification for another trial
- STICH: Data from the as-treated and per-protocol analyses and from extended follow-up provided support for the primary outcome
- CHARM-Preserved: Data supporting the study drug were strong after recurrent events were incorporated into the analysis

However, although such considerations may inform guidelines committees, regulators are rarely swayed by such secondary analyses. 이런 것들이 guideline에는 영향을 줄 수 있지만, regulators(FDA 같은)에는 거의 영향을 주지 않습니다.

CAPRICORN trial[1] 같은 특별한 예외가 있는데, primary outcome의 HR이 0.92(95% CI, 0.80 to 1.07; p=0.30)였지만, secondary outcome인 all-cause mortality의 HR은 0.77(95% CI, 0.60 to 0.98; p=0.03)로 유의한 상황이었습니다. 많은 토론 후에 FDA approval을 얻게 되었는데, 아마도 중간에 연구자에 의해 바뀌긴 했지만 all-cause mortality가 처음의 primary outcome이었던 점과 그 외 다른 연구의 뒷받침에 의한 것으로 생각됩니다.

연구자나 제약회사 등은 유익함을 증명하는 데는 실패했지만, 이 연구 결과를 바탕으로 다음 연구를 계획하게 됩니다. treatment regimen을 바꾸거나 study population을 달리 해볼 수도 있고, primary outcome을 바꾸는 것도 고려해봅니다. sample size를 늘리기도 하고 연구의 질을 향상시킬 수 있도록 계획할 수 있습니다. 이런 계획은 힘들고 비용이 많이 들기 때문에 절대 순진한 긍정적인 생각이 아닌 현실에 기반해야 합니다.(should be based on realistic expectations rather than naive optimism.)

예를 들어 SYMPLICITY HTN-3 trial[2]의 경우에는 유익함을 보이는 데 실패했습니다. 면밀한 검토를 해보니 unfavorable mix of patients, 즉 inclusion criteria에 적절한 환자를 잘 선택하지 못하고 섞이게 되었습니다. inadequate delivery of radiofrequency energy, 즉 치료에서도 적절하지 못한 것이 있었고, 약물 치료도 적절하지 못했습니다. 이렇게 치료가 적절하지 못하면 (또는 적절하지 못한 진단이나 적절하지 못한 환자 선택 등등) 결과는 평균으로 가까워지고, 변동성이 커져서 통계적으로 의미가 없는 결과가 나오게 됩니다. Blinding의 문제 역시 마찬가지입니다. 그래서 더 잘 계획된 다음 실험이 필요하게 됩니다.

통계적으로 의미가 없는 결과가 나왔을 때는 그래도 우수하다고 주장하는 길(rare)과 앞에서 보았듯이 뭔가 부족한 부분을 보완해서 다음 연구를 진행하는 길(상당히 비용이 많이 들죠), effective하지 않다고 결론을 내리는 길이 있습니다(frustrating option). 가장 좋은 것은 이러한

1_The CAPRICORN Investigators. Effect of carvedilol on outcome after myocardial infarction in patients with left-ventricular dysfunction: the CAPRICORN randomised trial. *Lancet*, 2001;357, 1385-1390

2_A controlled trial of renal denervation for resistant hypertension. *N Engl J Med*, 2014;370, 1393-1401

상황을 미연에 방지하는 것이고, 그러기 위해서는 치밀한 사전 계획(rigorous upfront planning)
이 필요합니다. 앞에서 충분히 다루었던 항목들이죠.

마치며

자 이제 긴 이야기를 마무리하려고 합니다. 그리 즐겁지 않은 이야기였을 수도 있고, 어려운 이야기였을 수도 있습니다. 어떤 분은 아주 즐겁게 읽었을 것이라 기대도 해봅니다.

지금까지 많은 통계책들이 프로그램을 어떻게 쓸 것인가를 다루어왔습니다. 그렇기에 정작 중요한 논문의 연구 디자인에 관한 이야기는 별로 없었던 것 같습니다. 마치 글쓰기보다는 워드프로세서 사용법에 관한 것만 알려주는 책처럼 말이죠. 이 책은 글쓰기에 보다 초점을 맞춘 책입니다. 이 책을 통해서 (특히) 무작위 대조 연구의 기본적인 방향을 알게 되고, 연구에 도움을 받아 귀중한 결과를 얻게 된다면 저자로서 더없이 기쁘겠습니다.

CONSORT에는 더 많은 항목들이 있습니다. 제목에 RCT라고 표현해야 할 것과 같이 제가 소개하지 않더라도 읽어보면 바로 이해할 수 있는 내용은 굳이 옮기지 않았습니다. 다른 몇 가지 것들, N of 1, cluster design 등을 담지 못한 것이 아쉽지만, 지금도 적지 않은 분량인데 이것까지 공부해야 한다고 생각하면 독자들의 심적 부담이 클 것이라 생각했습니다. 이런 내용들은 다음에 기회가 주어진다면 같이 공부해보도록 하겠습니다.